百大名醫

詳解十三類常見疾病

本書內容是編輯團隊收錄臨床醫生多年來行醫與研究的精華彙集，融合了現代的科學知識與中華傳統的醫學智慧，其內容普遍適用於一般社會大眾；但由於個人體質多少有些互異，若在參閱、採用本書的建議後仍未能獲得改善或仍有所疑慮，建議您還是向專科醫師諮詢，才能為您的健康做好最佳的把關。

推薦序

「國以民為本，民以健為天」。

今天，健康又成為廣大公眾共同關注的焦點，因為，健康是一個人全面發展的基礎，關係到千家萬戶的幸福。所以實際上，健康是節約，是和諧，也是生產力，健康就是 GDP，是人生最大的幸福，是國家最大的實力。

21 世紀的健康新觀念是什麼？20 養成好習慣；40 指標都正常；60 以前沒有病；80 以前不衰老；輕輕鬆鬆 100 歲；快快樂樂一輩子。自己少受罪，兒女少受累，節省醫藥費，才能造福全社會。

那麼，怎樣才能做到呢？1992 年，前世界衛生組織總幹事中島宏博士指出：「每年有 1,200 萬人死於心血管疾病，而如果採取預防措施，就可以減少 600 萬人死亡」。他進一步指出：「許多人不是死於疾病，而是死於無知」，並再三忠告：「不要死於愚昧，不要死於無知」。1992 年的《維多利亞宣言》指出，健康的四大基石可使各種慢性疾病的發病率整體下降一半，同時降低一半死亡率，延長十年的健康壽命，並大大提升生活品質。

近來一項多國研究表明，九大危險因素可以解釋 90% 的急性心肌梗塞，而如果採取預防措施，則每六位急性心肌梗塞中可減少五位發病。這九大因素就是「高血壓、高血脂、吸菸、糖尿病、肥胖、精神緊張、不愛運動、少吃蔬菜水果、酗酒」。換句話說，作為人口死因最重要的慢性疾病是可以預防的，健康其實掌握在自己手中，自己才是健康的主人。

中央電視台的《健康早班車》節目，多年來提高了廣大公眾的健康意識和自我保健能力，每次都請到中國著名的專家主講，內容涉及預防、保健、醫療、膳食、運動、心理平衡等各個方面，精彩紛呈。既有科學性，又有實用性，深入淺出，平易近人，讓人一聽就懂，一懂就用，一用就靈，因而深受廣大觀眾的歡迎。

現在將節目以圖書形式收錄出版，讓更多讀者受益，從中不僅得到知識的滋養，還有更多智慧的啟迪和心靈的感悟，相信會讓人獲益匪淺。

衷心祝福廣大讀者，都能健康快樂一百歲，天天都有好心情！

目錄

05　兒科

06　皮膚科

07　眼科

12　風濕免疫科

13　神經系統

01

呼吸系統

- 哮喘，重在自我管理
- 兒童過敏性哮喘，別與感冒混淆了
- 鼻炎不是小毛病
- 感冒，要分清風寒風熱
- 吸菸，受傷害的不只是肺

哮喘，重在自我管理

黃克武

首都醫科大學附屬北京朝陽醫院

呼吸科主任

　　有些老年人在呼吸的時候，經常會出現「吼吼」的聲音，常常以為是得了慢性支氣管炎，其實，這很有可能是哮喘。哮喘不僅會發生在老年人身上，年輕人甚至小孩也會發生。嚴重哮喘有時可能會有生命危險，所以哮喘病患的家屬一定要學會急救方法。哮喘者本人也要學會自我管理，預防和控制病情的發展。

什麼是哮喘

　　呼吸對於多數人來說，就像每天吃飯睡覺一樣自然，幾乎感覺不到，但是對於哮喘病患者來說，就是一種折磨。人的呼吸靠氣管、支氣管、肺共同完成，通暢的氣管、支氣管是確保呼吸的正常通道，而肺是進行氣體交換的場所，當氣管、支氣管這些枝枝蔓蔓的管道受到過敏原刺激時，就會發生痙攣、水腫，同時分泌大量黏液，於是腔管慢慢縮小變窄，吸進肺裡的氣，不能順暢地呼出來，人會覺得憋悶，上不來氣，咳嗽、喘，甚至窒息，就發生了哮喘。

　　哮喘有一種很典型的症狀，就是在呼氣時，有一種「吼吼」的聲音。但在很多情況下，並沒有這種典型的聲音，有時就只是咳嗽。很多人不知道是哮喘，以為是支氣管炎，治療了很長時間也沒好。而且聞到什麼氣味以後就咳嗽或者打噴嚏，在這種情況下，就應該去醫院檢查一下，做個氣道反應性測定，如果發現有氣道高反應性，就是哮喘。

遺傳和過敏是主要原因

　　哮喘的形成，主要有兩個方面的原因。一個是內因，主要為遺傳因素。如果父母雙方有一方是哮喘患者，那麼他得哮喘的機率，就會比父母不是哮喘的高將近三倍，如果父母雙方都是哮喘的話，可能會高七倍。

　　另一個是外因，主要就是環境方面的誘因，比如接觸過敏物質，正好本身又是過敏體質，內因外因結合，就很容易出現哮喘症狀。

診斷哮喘的方法

哮喘最典型的症狀就是喘，呼吸的時候有一種拉風箱的聲音。還有一些症狀是咳嗽、氣短、胸悶。診斷哮喘還需要看病史。很多哮喘症狀有季節性，就是在某一個季節，比如有的患者在春天或秋天比較明顯，還有就是有晝夜差別，即白天和晚上是有差別的，一般哮喘病患者，晚上發病比較明顯，特別是凌晨三四點鐘，就會出現前面所說的那些症狀，等到白天就好多了。

另外，醫生還要詢問家族病史，就是患者父母有沒有哮喘。除此之外，還要問患者有沒有過敏，比如有沒有過敏性鼻炎，或者皮疹、濕疹，有沒有藥物、食物過敏。如果這些因素都存在，那麼基本上就能診斷為哮喘。

與慢性支氣管炎的區別

哮喘症狀有時與慢性支氣管炎很相似，需要注意區別。

首先，慢性支氣管炎患者年齡大多比較大，得病的時候一般是 40 歲以上。哮喘發病人群從幾歲到幾十歲都有。其次，慢性支氣管炎的患者，多數都有吸菸史，下廚女性得病的也較多。再次，慢性支氣管炎經常在冬天犯病，而哮喘的發病可以是任何季節。

治療慢性支氣管炎和治療哮喘的結局也不一樣，哮喘比較容易治癒，而慢性支氣管炎或者肺氣腫，只能延緩病情的發展，很難達到完全治癒。

哮喘病患者如果不經過正規治療，反覆發作時間長了，他的氣道結構會發生變化，也會發展成慢性支氣管炎，再治療就非常困難了，所以得了哮喘，應該早診斷早治療。

哮喘的治療

對於哮喘，目前還是靠內科的吸入治療為主，但在西方國家，會用熱成形的方法治療，就是從氣管伸進一種器械，把氣道裡面的一塊肌肉破壞掉，使哮喘症狀得到緩解。

吸入治療，就是把藥從嘴裡吸進去。目前治療哮喘，最好的藥是激素。一說到激素，一般人可能會比較緊張，都知道激素有很多副作用，比如長胖或者出現免疫功能低下、糖尿病等。但治療哮喘吸入的激素跟我們平時口服或靜脈注射的激素不一樣，而且是局部吸入，劑量也非常小，我們普通服用激素，或者吃潑尼松，一般

要五毫克，但吸入一次激素的量是以微克計算，由於是直接吸入病變部位，所以雖然量小，但作用很強。如果靠靜脈滴注或口服激素，經過血液或者胃，再經過肝臟代謝以後，才作用於氣道，一方面會對其他部位產生副作用，另一方面，也會降低需要用藥部位的藥效。

一般來說，經過治療，患者的肺功能都會恢復正常，生活品質完全不受影響，爬山、運動都沒問題。奧運會上，有很多運動員就是哮喘患者，特別是歐美國家的，他們一樣在奧運的賽場上爭金奪銀，所以，只要持續正規治療，康復是沒有問題的。

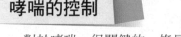

哮喘的控制

對於哮喘，很關鍵的一條是要讓患者知道自己有哮喘，第二要知道這個病是什麼原因引起的，第三要知道這個病需要長期的規律用藥。

對於過敏引起的哮喘，最重要的是要遠離過敏原。首先要查明是對哪一種物質過敏。一般來說，花粉、塵、寵物的皮毛都是很容易引起過敏的。冬天穿的羽絨衣，裡面的羽毛也會導致過敏。還有常用的枕頭，如果很長時間沒換枕芯，裡面就會產生一些粉末，也會引起哮喘發作。所以一旦明確知道對哪種東西過敏，就要脫離這個環境，然後再採取藥物治療。如果不脫離這個過敏環境，或是根本不知道周圍有過敏原，即使用藥物治療，效果也要大打折扣。

除了外界環境刺激，情緒影響也不容忽視。我曾經在臨床上碰到不到 30 歲的女性，問起症狀，她就說逗小孩玩的時候，一高興哈哈大笑，笑完以後，就覺得自己氣短、胸悶。所以說情緒過於興奮也會出現哮喘。相反地，心情憂鬱或者特別緊張也容易發生哮喘。所以保持情緒平穩很重要。

預防重在自我管理

與肺炎、感冒不一樣，感冒或者肺炎得過一次，治療之後很快就會好，而哮喘一旦診斷以後，就意味著像高血壓、糖尿病一樣，成為一種慢性病。所以，除了在哮喘發作時去醫院治療以外，很重要的一點是，在沒有症狀的時候，也要去看醫生。

哮喘患者自己還要做一件事，就是進行自我管理，比如經常測測自己的肺功能情況。哮喘主要是氣道對外界的一種過敏，過敏後氣道會收縮，那麼吹氣的時候，一次呼出氣體的量就會減少，因為不可能每天到醫院去做肺功能檢查，所以家裡就要準備一個測試裝置，每天早晚各測一次，把數據記錄下來。這樣就診的時候，有助於醫生判斷。

用藥方面，並不是要求每個患者每天都要用藥，一些症狀很輕的患者，只需在某個高發季節用一些藥，其他時候就可以不用。

家庭自救方法

家裡有哮喘患者，一般要隨時準備擴張支氣管的藥物，比如沙丁胺醇，這是一種應急藥物，當哮喘發作時，可以用這個藥物做吸入，吸入兩三次，如果覺得無效，20 分鐘後再吸入一次，它可以很快擴張支氣管。

如果經常發生哮喘可以在家做霧化吸入治療，一般在哮喘發作的時候，用霧化的效果會比吸入的效果更好，因為使用吸入裝置需要一定的技巧，如果哮喘發作很嚴重，當下可能掌握不好這個技巧，會使治療效果大打折扣。

專家 Q & A

Q 哮喘病常在夜間發作，有什麼辦法可以防治？

A 平時要做針對性治療，比如吸入激素，或者其他藥物治療，有的患者只要用藥兩三天症狀就消失了，晚上也不會出現症狀。最好不要等到晚上憋醒時，才用急救藥物。

Q 哮喘患者能吸菸嗎？

A 哮喘患者吸菸對身體非常不好，哮喘患者本身就是對外界刺激高度過敏的人，再吸菸的話，對肺功能影響非常大，吸菸對藥物療效也會大打折扣。有吸菸習慣的人，要盡快戒菸。

Q 哮喘患者平時能做劇烈的運動嗎？

A 哮喘並不影響其他生活品質，可以像正常人一樣運動，甚至可以爬山，參加運動會都沒問題，但是有症狀的時候不要運動，因為運動本身會誘發或加重哮喘。

兒童過敏性哮喘，別與感冒混淆了

向 莉

醫學博士、首都醫科大學附屬北京兒童醫院
兒科研究所呼吸功能研究室和哮喘中心主任

有很多孩子，一到春天，就會發生很嚴重的咳嗽，家長往往當做感冒治療，卻延誤了病情，因為兒童過敏性哮喘在初期和感冒很相似，貽誤了病情，很可能就會帶來嚴重的併發症，影響孩子的一生。除了積極治療，家長還必須學會正確的護理和急救方法，以免在孩子發病時徒增焦慮。

什麼是哮喘

哮喘是一種非常常見的慢性呼吸道疾病，常見的症狀有反覆咳嗽、喘息、呼吸急促、胸悶等，最大的特點是反覆發作。經過治療，可以得到迅速的緩解，所以是可逆性的。

另外一個重要的特點，醫學上叫作「氣道高反應性」，就是說有一些患者，他會在一些冷空氣的環境中，或者在運動的過程中哮喘發作。另外在病毒感染的時候，症狀會反覆出現。綜合來說，可逆性和氣道高反應性是哮喘的兩個基本特徵。

發病多在三歲以前

哮喘的發病率，在呼吸道的慢性疾病裡是很高的，尤其是在兒童，調查顯示，0 ～ 14 歲的發病率在 2 ～ 5%，個別區域可能比這個值還要更高一些。在兒童階段，又有 70% 的哮喘發病於三歲以前。

另外還有一些女性，在年齡比較大的時候，特別是以前有哮喘症狀的，會有反覆發作。

初期症狀像感冒

　　很多孩子經常感冒，其實可能就是過敏性鼻炎，因為病人也有流鼻涕、打噴嚏、鼻塞等表現，很快會出現慢性咳嗽，接著就喘起來。所以過敏性哮喘初期的症狀有點類似感冒初期的表現。

　　普通感冒和過敏性哮喘其實還是有很多區別，感冒的症狀，除了咳嗽、流鼻涕等局部表現之外，可能還有發熱或者是全身肌肉痠痛，但是過敏性鼻炎，只是鼻塞、鼻子癢、流清水一樣的鼻涕、連續打噴嚏這些症狀。此外會有花粉過敏，接觸了貓狗或者是在天氣特別潮熱的時候，碰到一些發霉的東西，會使症狀更明顯，這時候就要考慮，可能是由於過敏性鼻炎而導致下呼吸道出現過敏症狀。

　　還有一些初期的表現，比如有些孩子可能在運動時出現反覆的咳嗽，嚴重的時候，呼吸時喉嚨裡總有「」的聲音或者「呼嚕呼嚕」的聲音，這個時候要考慮到孩子是不是有哮喘的問題。

不及時治療會有併發症

　　哮喘如果不及時治療，會帶來一系列問題，有時還相當嚴重。

　　首先，哮喘急性發作的時候會缺氧，如果缺氧嚴重，就會發生呼吸衰竭，接著心臟也會衰竭，最後可能會導致多種臟器的損傷，出現嚴重昏迷等情況。

　　在慢性持續期，氣管痙攣雖然不太嚴重，但也會影響生活品質。有喘息和呼吸困難，學習和體育活動都會受影響。

　　如果孩子的哮喘沒經過正規治療，慢性炎症持續進展，到了成年期以後，還會出現肺氣腫、肺心病等遠期併發症。

過敏性哮喘的病因

　　過敏性哮喘發病的原因有兩個方面，一個是遺傳因素，一個是環境因素。如果環境因素和遺傳因素共同作用，就更容易導致哮喘發生。

　　還有一些要注意的問題，如肥胖可能會加重原有的哮喘，或者肥胖本身也會成為哮喘的原因。

　　另外吸菸也會誘發一些哮喘，孕期吸菸會對胎兒的肺發育造成影響，這個孩子可能在出生以後，很快就會出現哮喘。

吸入治療效果好

過敏性哮喘的治療，要根據不同的病期做不同的治療。急性發作期，首先要緩解症狀，可以使用一些速效藥物，急性症狀控制以後，到了慢性持續期，有反覆的症狀時，就需要使用控制類的藥物。

控制類藥物的種類非常多，但效果比較好的還是使用吸入療法，通過吸入裝置，讓藥物以粉霧形式通過呼吸道，進入支氣管來對抗慢性炎症。吸入療法的局部作用快、副作用小，適合長期的控制治療。

當然也有一些口服藥物可以使用，但效果相對差一些。在急性發作期，如果情況嚴重，還有一些靜脈用的藥物可以使用。

家庭護理和急救

哮喘是因為氣道變窄、氣流受限，要知道氣流進出是否正常，可以通過風速儀來監測。風速儀上面有刻度，裡頭有一個小葉片，用的時候深深地吸一口氣，含住管子，努力把剛才吸入的氣體快速呼出來，這時葉片在氣流作用下推動彈簧移動游標，停止在相應的刻度處，這樣就知道呼吸流速是多大了。

一般情況下，孩子如果氣道正常，會在300～400的水準，當然它與身高、年齡、體重都有關，使用的時候要仔細看說明。如果氣道流速不正常，就應該及時就醫。

除了監測氣道流速，還要常備迅速緩解症狀的藥，否則一旦出現症狀，孩子無法得到有效緩解。很多家長在孩子發病的時候非常焦慮、擔心，然後只會抱著孩子趕緊奔往醫院去，其實只要有快速緩解的藥物，氣道痙攣馬上就可以得到改善。

專家 Q & A

Q 哮喘會遺傳給孩子嗎？

A 遺傳在哮喘的發病原因裡是一個非常重要的因素，如果爸爸或媽媽一方有哮喘，那麼孩子得到哮喘的機率會在 20 ～ 30%，如果父母雙方都有哮喘或過敏性疾病，比如過敏性鼻炎等，那麼遺傳給孩子的機率，可能就會加倍，達到 40 ～ 60%。

Q 孩子長期用藥副作用會很大嗎？

A 醫生會根據病情的嚴重程度，給最適合的藥物劑量，使患者在很的短時間內盡可能達到臨床控制，然後會將吸入藥物的劑量調整到一個最適合的低劑量。

經過多年臨床驗證，吸入小劑量糖皮質激素，不會影響孩子健康，只要嚴格按照醫囑進行治療，並且定期隨訪，且不隨意調整治療方案，是不會造成全身副作用的。

Q 在家有症狀時就用藥可以嗎？

A 有一些家長在孩子一出現症狀時就用藥，症狀一緩解就停藥，這是不建議的。如果時間長了，得不到規律的治療，等到發作嚴重了再治療，就需要更長的時間才能治癒。所以不要自行用藥，一定要在醫生指導下規律治療。

鼻炎不是小毛病

王榮光

中國人民解放軍總醫院

耳鼻咽喉頭頸外科主任醫師、醫學博士、博士研究生導師

　　鼻子是人體重要的呼吸和嗅覺器官，因為暴露在外，經常會出現一些小的毛病，比如鼻塞、流鼻涕，但往往不會引起足夠的重視，認為這是小毛病。其實鼻子出現問題，有時也會帶來大麻煩，鼻炎就是一種難以擺脫的麻煩，但只要找到原因，對症治療，有時也能很快得到控制而康復。

認識鼻子的作用

　　有人說，鼻子是人體的空調，這種說法從醫學的角度來看當然不是很嚴謹，但也有一定的道理，因為鼻腔是人體重要的器官，它的功能首先是呼吸，另外就是嗅覺功能，再有就是發揮發音共鳴的作用，比如感冒鼻塞，發音就會有「囔囔」的聲音，這就是鼻腔共鳴發生了障礙。

　　至於說鼻子好比空調，那就是除了以上功能外，鼻腔還可以對吸入的空氣發揮清潔和過濾作用。空氣中難免會有一些粉塵，吸入鼻腔後，可以通過皮毛把它黏住而過濾掉。同時對吸入的空氣，也有加溫、加濕的作用，讓空氣通過鼻腔後，變得更加濕潤，並提高溫度。比如在寒冷的地方，空氣溫度很低，經過鼻腔到肺部的時候，就可以提高到 31℃，有利於發揮肺的呼吸功能。所以從這一點來講，把鼻子比作空調也不無道理。

鼻炎就是鼻子發炎

　　有很多人弄不明白鼻炎到底是怎麼回事，簡單說，鼻炎就是鼻子發炎了，是鼻黏膜的一種炎症。而確切來說，鼻炎就是鼻腔黏膜和黏膜下層的炎症。鼻炎還可以分為很多不同類型，比如過敏性鼻炎、非過敏性鼻炎、乾燥性鼻炎、萎縮性鼻炎、味覺性鼻炎、老年性鼻炎等。另外，還有一些比較特殊的鼻炎，比如血管運動型鼻炎、情感型鼻炎，甚至還有蜜月型鼻炎和妊娠性鼻炎。總之鼻炎的種類非常多，但歸根到底都是一種炎症。

感冒是一種通俗的說法，在醫學上稱為「急性鼻炎」，它是一種病毒感染引起的鼻炎，所以也叫「病毒性鼻炎」。急性鼻炎經過治療三個月之後還沒有痊癒，就會轉變為慢性鼻炎，根治的難度比較高。

鼻炎的危害

鼻炎本身不是大病，不會對健康或生命造成威脅，但對生活品質的影響還是比較明顯。有鼻炎的人，通常會鼻塞頭痛，嗅覺減退，生活品質相應降低。

此外，鼻炎也會引起打呼影響睡眠，嚴重還會發生呼吸驟停，是很危險的。一些特殊的鼻炎，比如過敏性鼻炎，還可以併發哮喘，對健康造成嚴重影響。特別是兒童鼻塞，對健康影響更大。

鼻炎的危害不僅在於疾病本身，還在於它的發病率相當高。幾乎每個人都有鼻炎的經歷，比如急性鼻炎，就是常說的感冒，健康的人每年都可能會得一兩次，只是沒有太在意或者不認為是鼻炎而已。

過敏性鼻炎的發病率也相當高，達 10 ～ 15%，全球有過敏性鼻炎的人大約超過五億人，因此，鼻炎可說是人類發病率最高的疾病之一。

找出原因好治療

引起鼻炎的原因很多，不同類型的鼻炎原因各不相同，急性鼻炎是病毒感染引起的，有些過敏性鼻炎還可能與遺傳有關係。

有些口服藥物也容易引發鼻炎，比如高血壓病患者長期服用抗高血壓的藥，可造成鼻黏膜充血，就會形成鼻炎。還有激素的問題，比如女性在月經期、妊娠期，或者是患有內分泌疾病，如甲狀腺功能低下症，都可能會患上激素性鼻炎。

再有就是職業性鼻炎，比如工作環境中粉塵比較多，或者高溫高濕、嚴重空氣汙染，也會造成鼻炎。

用藥不當也是造成鼻炎的一個重要因素，比如有些人喜歡自己去藥店買藥滴鼻子，用藥時間長了，就會造成藥物性鼻炎。

治療鼻炎，首先要診斷是什麼原因造成的，然後根據具體情況，採取不同的治療方法。比如過敏性鼻炎就要用抗過敏藥，職業性鼻炎就要想辦法改善或脫離職業

環境。有一些鼻炎，有鼻腔結構異常如鼻甲肥大、鼻中膈彎曲，則需要手術治療。

血管運動型鼻炎並沒有特定過敏原，只是對季節的變換、空氣的變化、溫度濕度的變化有反應，只要適當用一些藥物，並去除這些因素就好了。

預防和緩解的方法

預防鼻炎的發生，要從以下幾個方面著手：

首先要注意鍛鍊身體，保持比較好的健康狀態。中醫認為「正氣存內，邪不可干」，身體好，疾病就難以找上你。

其次是盡量不要到空氣汙染比較嚴重，或者溫度、濕度變化比較大的地方，如果到這些地方，最好戴上口罩。遇到傳染病或者感冒流行，盡量不到人多的地方去，尤其是要和患者隔離。

有過敏性鼻炎的人，在季節交替的時候容易犯病，這時外出最好戴上口罩。對花粉過敏者，首先要遠離花粉，在房間裡要把門窗關好，不要讓花粉進來。

飲食上盡量吃一些清淡的食物，避免油膩和刺激性食物。有很多人吃辣椒就打噴嚏，其實就是血管運動型鼻炎，應該盡可能避免這類食物刺激鼻黏膜。

保持好的心情也很重要的，有些人情緒不好，也會出現鼻炎。此外，也要避免緊張勞累。

對於鼻炎，也有一些小妙招。用 2% 的鹽水沖洗鼻子，對緩解過敏性鼻炎是有效的。市面上有賣鼻沖洗器，也可以用它來沖洗，通過沖洗鼻子，能夠把鼻腔裡面的粉塵等過敏原沖洗掉，症狀就會減輕。另外，淡鹽水也有消腫作用，沖洗之後，鼻腔通氣就會改善，對於分泌物比較多的鼻炎，也可以把分泌物洗掉。

專家 Q & A

Q 冬天總感覺要流鼻涕，但實際上又沒有，是鼻炎的表現嗎？

A 這種情況嚴格說來也是鼻炎，可能是血管運動型鼻炎，主要是因為冷空氣的刺激，造成鼻黏膜的反應，表現為流清鼻涕，或者輕微的打噴嚏，甚至鼻塞。

Q 睡覺總是打呼，感覺鼻塞，與鼻炎有關係嗎？

A 是有關係的。打呼其實是上呼吸道多個層面阻塞所造成，當然也包括鼻子的阻塞。如果有鼻部阻塞的症狀，建議及時做相應的治療，鼻阻塞的問題解決了，打鼾的症狀就可能會減輕。

Q 過敏性鼻炎緩解了還要繼續治療嗎？

A 對於過敏性鼻炎，如果在鼻腔使用糖皮質激素，一般建議要用四週，如果服用抗過敏藥，建議不少於二週。但是很多患者沒有遵從醫囑，往往是感覺好一點了就停下來，不好了就接著再用。這樣就會造成遷延不癒，讓鼻炎一直治不好。所以，治療一定要持續，才有好效果。

感冒，要分清風寒風熱

周繼朴

首都醫科大學附屬北京中醫醫院
內科主治醫師

日常生活中，最常見的疾病就屬感冒，我們每個人每年可能都會發生幾次，有的人體質不好，可能經常反覆發生，但每次感冒的原因卻可能各不相同，看似簡單的感冒，卻很可能引發嚴重的併發症，不可輕視。由於感冒有不同類型，所以在治療上也有著截然不同的方法，分清楚感冒的類型，才能有效治療。

感冒就是上呼吸道感染

感冒到底是什麼呢？感冒就是由病毒引起的上呼吸道感染，病毒的種類比較多，而且感冒一年四季都會出現，特別是在冬季、春季這種季節氣候變化比較劇烈的時候，發生率更高。

感冒也與人體本身的抵抗力有關，往往在抵抗力低的時候，比如很勞累或者工作緊張、壓力比較大，或者淋雨著涼以後發生。因為人的呼吸道會有病毒寄生，當免疫力低的時候病毒就會大量繁殖，造成呼吸道感染，出現感冒症狀。

輕微感冒一般 5 ～ 7 天就可以痊癒，也有一些感冒會出現嚴重的併發症，不能掉以輕心。

中醫認為是外邪侵入

中醫認為感冒是一種外感病，也就是感受了風寒、暑濕等邪氣，這種邪氣以風邪為主，但是風邪在不同季節會夾雜其他不同邪氣，比如在冬季天氣比較冷的時候，可能會夾雜寒邪，出現「風寒感冒」，表現出來就是覺得怕冷、頭痛、不出汗，身上比較痛，關節也痠痛。到了春天或夏天，容易夾雜熱邪而出現「風熱感冒」，風熱感冒表現出來就是喉嚨痛、咳嗽、流黃鼻涕等。

另外，在天氣特別濕熱的季節，也可能會出現「暑濕感冒」，表現為身上比較沉、頭感覺比較重、容易拉肚子等。

因為中醫認為感冒是一種外感病，所以，治療方法首先就是要解表，也就是用一些發汗的、散邪的藥，把外邪散出去，防止病邪入裡造成進一步的損害。其次，感冒也有內在因素，就是說得不得感冒和我們的正氣強弱有關。《黃帝內經》上說「正氣存內，邪不可干」，就是說正氣充足，外面的致病邪氣就不會侵入身體而得病，因此中醫治療感冒，還有一個重要的方法，就是要扶正。因為人體的抵抗力、免疫力下降了，如果不把正氣扶起來，就不能有效驅除病邪。

風寒和風熱，用藥大不同

很多人因為容易感冒，家裡就會常備一些常用感冒藥，但很多人感冒以後吃藥是不對症的，也就是說沒有弄清楚感冒是寒還是熱。

要治感冒，首先應該分清寒、熱，區別其實很簡單，比如風寒感冒，突出的表現就是身上發冷，身體發熱相對要輕一些，有頭痛、不出汗、咳嗽、流清鼻涕的症狀，如果有痰，可能白痰比較多，脈像比較浮，治療主要就是驅風、散寒、解表。

風熱感冒，就是感受熱邪以後出現以熱為主的感冒，它的最主要特點就是發熱，多是低熱，或者中度發熱，可能出很多汗，有一點怕冷，但是比風寒感冒輕一些，還有一個特點就是喉嚨痛，這是與風寒感冒最重要的區別，如果分不清楚寒熱，那就感覺一下自己的喉嚨是不是比較痛，或者照照看喉嚨是不是發紅了，如果有，那就是風熱感冒。風熱感冒治療就要驅風、散熱、清熱解毒。

當然感冒還有很多其他證型，比如暑濕感冒，還有虛人感冒，也就是老年人和兒童或者有基礎病的人所發生的感冒。虛人感冒與正常人得感冒有一定的區別，治療起來相對複雜一些。

流行感冒更可怕

一般的感冒，如果沒有併發症，可能休息幾天，喝點溫開水、薑糖水就好了，也不需要吃藥。而流感就比較嚴重了。

流感是由流感病毒引起的一種急性呼吸道傳染病，它的特點就是可以在短時間內大幅度傳播，流行範圍比較廣，病勢也比感冒要嚴重一些。流感突出的症狀就是高熱，全身沒勁、怕冷，呼吸道症狀如流鼻涕、打噴嚏、咳嗽可能輕一些，也就是說它的全身症狀更嚴重一些。一般經過三四天體溫就可能慢慢退下來，病程要比感冒短一些，但是它的後遺症，比如流感後一兩個月的渾身乏力還是比較明顯。

感冒與流感最主要的區別其實就是危害不同，流感的危害比較大，對人類的健康是一個非常大的威脅。歷史上流行過幾次比較著名的流感，比如 1918 年發生於西班牙的大流感，造成全世界二千多萬人死亡，比第一次世界大戰的死亡總人數還多。因此對流感一定要做到及早預防、及早治療，並重視它的併發症。

流感的併發症往往比較嚴重，比如會出現病毒性肺炎，甚至引起全身功能衰竭，像 A 型流感病毒的 H1N1，一旦出現嚴重的併發症，病死率還是比較高，特別是老年人、兒童和體質比較虛弱的人，威脅非常的大。

預防流感，可以通過注射疫苗來進行，但是流感是多種病毒引起的，疫苗不能預防所有的感冒，平時多運動，提高身體的抗病能力才是最好的預防方法。

流感症狀比較重，可能會有高熱，全身疼痛，渾身沒勁比較明顯。當然還要看周圍是不是有很多人同時出現感冒發熱，如果是，很可能就是流感。要區分流感還是重感冒，要到醫院檢查才能確定。

小心感冒併發症

感冒以後，有些人會有併發症，特別是體質比較虛弱的人，如老年人或者本身就有高血壓、糖尿病、心臟功能不全的人，感冒以後，雖然症狀比較輕微，只是有點咳嗽，身上沒勁，不想吃飯，但還是要積極去醫院檢查就診。

最常見的感冒併發症是鼻竇炎，感冒以後出現頭痛，特別是眼眶周圍疼痛，伴有流黃鼻涕，到醫院檢查可能就會發現是鼻竇炎了。

小孩感冒以後，如果出現聽力下降，耳道流水，可能是併發急性中耳炎。此外，扁桃腺炎、急性咽喉炎也是非常多見的。

其他還有一些併發症也很常見，比如氣管炎、支氣管炎、肺炎。有一些人感冒以後會出現心慌、憋氣、氣短，往往就是併發病毒性心肌炎，這是比較嚴重的併發症，如果不積極治療，還會出現心臟功能方面的問題。

當然還有一些其他相對少見的併發症，比如引起急性腎小球腎炎。所以，即便是輕微的感冒也要重視，防止它加重，或者是出現併發症。

飲食緩解感冒

飲食對防止感冒還是很有效果的，只要合理搭配家裡常用的食物就可以用來預防和緩解感冒。

在冬天的時候或者在天氣突然變化的時候，覺得有點受涼，可以用 20 克的生薑切成片，加 30 克紅糖，熬水趁熱喝，然後躺在床上蓋上被子，稍微出一點汗，輕微的感冒症狀可能就會很快緩解了。

如果是有點咳嗽、流鼻涕、身上怕冷，可以用蘿蔔加 15 克生薑、5 根蔥白一起熬湯，或者用蔥白和米熬成粥吃，也能發汗、散風、解表，感冒可能也很快就減輕了。

如果是風熱感冒，覺得喉嚨痛，可以用 15 克金銀花、15 克菊花，再加一點茉莉花，用開水沖泡成三花茶，可發揮清熱解毒、利咽的功效。

有些人感冒以後，不發熱、不流鼻涕，就是老覺得喉嚨不舒服、咳嗽，而且長時間都不好，可以用白蘿蔔加川貝和少許白糖熬水喝，有止咳化痰的功效，對感冒後的長期咳嗽有輔助治療作用。

穴位按摩緩解不適

穴位按摩對於緩解感冒症狀是有幫助的，不同感冒症狀可以選擇不同的穴位。

呼吸不暢

感冒鼻塞是最難受的，夜裡睡覺得張著嘴，呼吸也不通暢，可以通過按壓迎香穴來緩解鼻塞。迎香穴在鼻翼兩旁的鼻唇溝裡，用手指按壓，覺得有一種酸脹的感覺就可以了。還有一些人有慢性鼻炎，平時也覺得鼻塞，每天早晚都可以各做一次按摩，每次揉 1 ～ 2 分鐘即可。

頭痛頭暈

感冒以後，覺得頭痛得比較厲害者可以按壓風池穴。風池穴在頭後枕骨下面，可以摸到左右各有一個窩。可以自己按壓，也可以讓家人幫忙按壓，按壓 1 ～ 2 分鐘，會覺得有一種酸脹的感覺，有驅風止頭痛的作用。

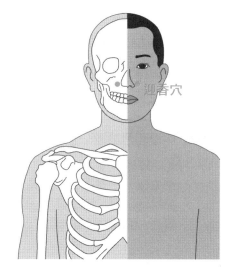

面部

發熱

如果感冒後低熱，全身不舒服，可以按摩大椎穴。大椎穴也在脖子後面，低頭的時候，找到頸椎最高的地方，骨突下面就是大椎穴。這個穴位有解表、散邪和退熱的作用，按摩穴位可以減輕、緩解感冒症狀。

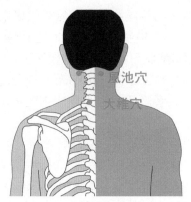

頸後

專家 Q & A

Q 感冒忍耐就能好嗎？

A 這樣做不好，每個人感冒以後都應該根據自己的體質、症狀進行積極的治療。只是忍耐可能會小病變大，或者出現意想不到的併發症。有些人擔心藥物副作用，所以不吃藥打針，實際上不反覆大量吃藥，是不會出現副作用的。在感冒早期、輕微的時候，不妨吃點中藥，緩解效果也是非常明顯的。

Q 中藥和西藥能一起吃嗎？

A 這樣吃可以，但也要注意，每樣只選擇一種，因為治感冒的藥物，很多藥物成分是重複的，選擇太多，可能會使藥量過大，出現一些副作用。比如風寒感冒，可以選擇一種散風解表的中藥，再配合一種治療流鼻涕、打噴嚏、咳嗽的西藥，就可以了。服用中、西藥的時間最好隔開30分鐘以上。

Q 感冒能增強免疫力嗎？

A 　有一種說法，說感冒以後，對自己的免疫力是一種鍛鍊，但這其實沒有太多的科學依據。感冒以後，有時還會出現一些併發症，所以最好還是不要感冒，想要通過忍耐來增強免疫力是不實際的。

Q 冬天感冒常服感冒清熱顆粒合適嗎？

A 　感冒清熱顆粒是治療風寒感冒的，如果有怕冷、不出汗、頭痛、渾身痛、喝水不多、舌頭也不紅的情況，是可以吃的。這種藥在症狀剛出現的時候吃比較有效，到了比較嚴重的時候，效果就不太好了。

Q 板藍根能預防感冒嗎？

A 　板藍根或者含有板藍根的感冒藥物，大部分是用來治療風熱感冒的，比如發熱、喉嚨痛、咳黃痰、流黃鼻涕這種感冒。出現風熱症狀的時候吃一點，效果還是不錯的，但如果是風寒感冒，就沒有效果了。

吸菸，受傷害的不只是肺

王永崗
中國醫學科學院腫瘤醫院
胸外科主任醫師

吸菸百害而無一益，危害的不僅是自己，二手菸也會影響他人，目前全球每八秒就會有一個人死於與吸菸有關的疾病，它危害的不僅僅是我們的肺，很多器官也都深受其害。盡早戒菸才能讓健康常伴。

血液所到之處，都會受到菸的危害

香菸的煙霧裡含有很多化學物質，首先進入鼻、喉，然後經過氣管，到達肺，在肺泡與血液進行交換，就會把這些物質帶到全身去。經過肝臟分解，再經過腎臟排出體外，完成整個煙在體內的循環過程。

也就是說在身體裡面，所有血液可以運轉到的地方，都會受到煙的影響，而不僅僅是對肺的危害。

悉數吸菸的種種害處

吸菸影響的器官，呼吸道首當其衝，因為吸菸先走的是呼吸道，其次是循環系統、心臟或血管系統，當然，其他各個系統都會受到影響。

吸菸經過嘴、鼻子，還有喉，首先會引起這些部位的癌變。

吸菸和一些慢性疾病也有關係，比如吸菸會影響呼吸系統，呼吸系統表面有纖毛，纖毛會排痰，吸菸刺激纖毛產生更多分泌物，更容易產生痰，排痰不暢就會造成炎症，反覆的炎症就會導致支氣管平滑肌的彈性下降，形成慢性阻塞性肺疾病。

菸草中的物質還會從肺裡交換到血液，所以循環系統也會受到有害物質的侵害，會引起冠心病，還會引起高血壓病。

菸草裡的成分非常複雜，有些有害物質本身可以作用於血管的內膜，也可以作用於心臟細胞，直接造成心臟損害。

　　吸菸對於肺功能的影響最為直接，特別是老年人，長期吸菸者的肺功能不好，血液循環中的氧氣飽和度就會很低，就好比到了高原地區，氧氣明顯不夠用，這種情況下心臟也會受到很大的影響。

吸菸是導致肺癌的重要原因

　　吸菸會導致肺癌，這是非常肯定的。醫學評估結果表明，吸菸的人得肺癌的危險性比不吸菸的人高十倍以上。

　　菸草裡面含很多化學致癌物質，比如芳香烴類、芳香胺類，還有亞硝酸鹽等，都是致癌物質，煙霧裡夾帶這些物質，進入呼吸系統以後，就會進入細胞，直接作用於 DNA，引起一些基因突變，突變的嚴重後果就是癌，也就是細胞不受控制地生長繁殖，它可以侵犯到周圍，同時也可以通過淋巴液、血管、血液進行轉移，在其他地方又重新長起來，也就是癌細胞轉移。

　　生活中，有的人吸菸一輩子，而且是重度癮君子，最後也沒得癌症，於是大家就會質疑吸菸是不是導致肺癌的原因。事實上，吸菸一定會加大得癌症的風險，甚至直接導致癌症。但至於得不得癌症，還與自身的免疫力有關係，也就是說每個人存在個體差異，更科學一點來講，得不得病與基因有一定的關係，就像喝酒，有些人可能喝二杯就已經醉了，有些人喝了二瓶都還沒醉。所以說吸菸是導致肺癌的重要原因，但得不得癌症，還與自身情況有關係。

吸菸對肺的傷害不可逆轉

　　正常的肺是比較鮮活的，吸菸的人則會變得顏色發暗，比較黑。至於肺變黑的程度，與吸菸的時間長短和嚴重程度有關係。這種黑色的物質主要是煙裡所含的炭、焦油等附著在肺上。而且隨著肺變黑，肺本身還會慢慢纖維化，一般來說吸菸超過20 年，每天吸七八支的人，黑的程度就比較明顯，如果是重度吸菸，比如每天抽一包，抽二三十年，那麼肺就會更黑，纖維化就會相當嚴重。

　　有人可能會問能不能把這些附著在肺上的髒黑物質，如焦油、炭去除。這是不可能的，一旦附著在上面，就會永遠在上面待著，因為它的附著本身就是一個長期慢性的過程。當然如果是吸菸時間比較短，能及早戒菸的話，肺還能進行一些自我修復，也會慢慢恢復一些，但要恢復如初是不可能的，而且肺的纖維化也是不可逆的。

吸菸對女性危害更大

現代社會，女性吸菸的比例逐漸增大，甚至很多年輕女性以此為榮，實際上吸菸對女性的危害更大。

首先，吸菸對女性的卵子會有影響，煙中的有害物質會降低卵子的品質，甚至殺死卵子，這對孕育是非常不利的，很多女性覺得離懷孕還遠，吸菸沒關係，這是非常錯誤的想法，女性的卵子是一出生就伴隨一生的，所以一定要珍惜身體，任何階段吸菸都會造成永久的傷害。

懷孕期間，尤其是最初三個月，胎兒對煙的有害物質是非常敏感的，所以孕期女性要格外注意避免香菸的危害。

即使是已經生育的女性，也不能放鬆對自己的約束而吸菸，由於與孩子接觸的時間長，吸菸危害的就不僅是自己了，整個家庭都將遭受傷害。

二手菸危害同樣嚴重

很多人明白吸菸的危害，所以不吸菸，但不吸菸卻並不代表不會受到煙的危害。二手菸就是當今社會無處不在的健康殺手。受二手菸影響的人，吸入煙霧對身體的危害基本上與吸菸者是一樣的，目前幾乎每個人都或多或少接受著這種無形的危害，所以拒絕二手菸應當成為每個人的共識。

戒菸關鍵在於下定決心

吸菸很容易成癮，而戒菸卻相當困難，吸菸的人都深有體會。其實能不能戒菸，關鍵還是要看你有沒有決心。有的人戒了許多次，可是過不了多久又忍不住吸菸了，而且吸得會更兇猛，這些人說到底都是沒有決心。

不能下定決心，主要是對於吸菸危害的認識不夠，因為吸菸的危害是一個相對比較遙遠的過程，一般是十年二十年後才會顯現，總覺得我今天吸了也沒事，明天也沒事。很多人懷疑得了癌，馬上戒了菸，後來確定不是癌症，有一部分人慢慢又吸上了。

對於那些已經被判定得肺癌的人來說，我們就發現，戒菸相當容易，很有決心。為什麼？因為不戒菸就做手術，術後肺功能肯定不行，本來肺功能就不好，還要切掉一部分的肺，那就更加艱難了。而且吸菸的人容易感染，手術的併發症就會增加。所以這個時候醫生要求戒菸，幾乎都是立馬就戒了。面對生與死的選擇，下定決心就變得很容易。我們發現絕大多數戒菸後的手術患者，再來複診幾乎都不再吸菸了。所以能不能戒菸，完全在於自己的意識和意志。

專家 Q & A

Q 為什麼戒菸的人通常都會發胖呢？

A 因為吸菸會成癮，戒菸需要堅強的意志力，吸菸不僅是一種習慣性動作，還有很強的心理依賴，所以開始戒菸肯定是很痛苦、很難受。為了改變習慣性的吸菸動作，或者減少心理依賴，很多戒菸的人可能就會吃點巧克力、喝點牛奶什麼的來轉移這種習慣或依賴。這就增加了食物的攝入量，時間一長自然就可能發胖了，所以發胖並不是戒菸本身造成的。

Q 戒菸會不會戒出毛病來？

A 到目前為止，醫學方面還沒有證據說明戒菸後反而會得病。戒菸後得病往往還是因為原來吸菸造成的，只是因為有了病情，自己感覺到不適，覺得應該戒菸了，事實上此時病已上身，即使戒菸病情也會顯現出來，所以給人一種錯覺，認為是戒菸戒出了問題，其實這只是一種巧合。

Q 較貴的菸是不是對身體危害要小一些？

A 現在菸草企業注重減害降焦，焦油含量少，對人體的危害確實會小一點，但是做了減害降焦，企業可能就會宣傳產品的好處，這很可能就鼓勵了一些人去吸菸，那些想戒菸的人也找到了繼續吸菸的理由。由於標榜焦油含量低，吸菸的人自然就會加大吸菸量，可能以前抽一支，現在就得來三四支，所以吸入的有害物質量並沒有減少，對身體的危害也並沒有降低。

Q 吸菸量大和吸菸時間長哪一個危害更大？

A 這兩個都有影響，而且是量越大時間越長，損害越重。但是這兩個相對來比較的話，吸菸時間長危害更大，如果吸菸的量增加三倍，患肺癌的危險就會增加三倍；但如果吸菸的時間增加三倍，患肺癌的危險就會達到將近一百倍，所以吸菸時間長，危害可能更大一點。

心血管系統

- 你的血壓高了嗎？

- 冠心病，「三高」人群要格外注意

- 站出來的靜脈曲張

你的血壓高了嗎？

余振球

首都醫科大學附屬北京安貞醫院
高血壓科主任醫師

　　高血壓的發病人群不斷在擴大，而且發病年齡也明顯提早了，已成為危害人類健康的「第一殺手」。預防高血壓的關鍵是要管住嘴巴，控制好飲食和體重。掌握一些急救的方法有時可能也會發揮非常關鍵的作用。

怎樣才算高血壓

　　一般來說，高血壓就是在未用抗高血壓藥的情況下，收縮壓和（或）舒張壓超過正常值的情況。

　　頭暈、頭痛、心慌、胸悶、腿軟、乏力、記憶力不好、失眠多夢等都是高血壓的症狀表現。

　　高血壓也可能沒有特別明顯的症狀，需要測量血壓才能發現。

高血壓多半是吃出來的

　　高血壓主要是由肥胖、高鹽飲食、飲酒造成的，這些因素歸根究柢都在飲食方面。此外，遺傳、年齡增長、不良生活習慣（如吸菸），以及工作緊張等也是導致高血壓的重要因素。

怎樣自己測量血壓

　　測量血壓最重要的是把血壓值讀準，我們一般常用的是台式血壓計，也叫「水銀柱血壓計」。測量之前要把開關打開，放在一個平面上，讓水銀柱的上線正好跟刻度零在同一個水平上。把氣囊綁在胳膊上，鬆緊適中，以能塞進去一個手指為好。將聽診器的聽頭放在動脈血管上，就可以測了。

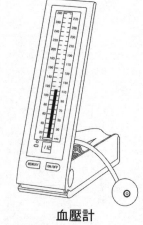

血壓計

　　比如血壓是 140 公釐汞柱，當給它加壓的時候，外面的壓力大於血管裡的壓力，這裡就沒有血流通過，就聽不到聲音。慢慢放壓，低於 140 公釐汞柱的時候，裡面的壓力高了，就能聽到聲音，測到壓力。

　　每次測三遍，得出三個數據，取二個最接近的數據平均值即得到此次測量的血壓。比如三次測得的數值為 110、112、106，那麼則取 110 和 112，取它的平均值即 111，而不是 106、110、112 三個數的平均值。

　　血壓的變化，一般早晨和下午時比較高，所以可以在高峰的時候測。吃了降壓藥以後也要測一下。感到難受的時候，也可以測一下。

血壓波動大，用藥講方法

　　血壓波動的正常範圍是 30 ～ 50 公釐汞柱，如果超過就叫血壓波動過大，波動大用藥就得格外注意。

定點吃藥

　　一般早晨一起床就吃降壓藥，因為早晨 6 ～ 8 點是人體血壓波動的高峰。下午 6 ～ 8 點也是一個高峰，所以下午三四點鐘也應該吃一次，這樣就能在血壓波動高峰到來之前使它穩定。採用傳統一日三次的服藥方法則是不可取的。

吃長效藥

　　不要吃短效的藥物，應該吃長效的降壓藥，或者與中效的降壓藥物一起吃。如果各方面都注意得很好，也排除了氣溫的變化和藥物干擾，但自然的血壓波動還是很大，一定要想到是不是心臟病、腦血管病發作，這時要趕緊找醫生檢查，以免耽誤病情。

　　　　高血壓的病因較多，治療也需要採取綜合性措施，單純依賴降壓藥，不做綜合性治療是不可能取得理想的效果。正確的做法是除了選擇適當的藥物外，還要注意勞逸結合，飲食宜少鹽，適當參加文化、體育活動，避免情緒激動，確保充足睡眠，肥胖者應減輕體重等。

一分鐘內急救到位

急救對高血壓患者來說非常重要，尤其是高血壓急症。當患者出現胸悶、頭腦不清楚、頭暈、噁心、嘔吐、渾身沒勁的時候，就需要急救了。有的患者高壓大於210公釐汞柱，低壓大於130公釐汞柱，即使他還能工作，也應按照急症來救治，否則很快會發生危險。

最好的急救方法就是含服硝化甘油或者卡托普利，卡托普利一定要咬碎含在舌頭底下；在含的同時，測量一下血壓，急救必須在一分鐘之內到位。急救時要確保不能讓患者活動，給他做一些心理安慰，同時與急救中心聯繫，或趕緊去醫院。

低鹽、戒酒、減肥是關鍵

高血壓的預防非常關鍵。對高血壓的早期預防和早期穩定治療，及健康的生活方式，可使75%的高血壓及併發症得到預防和控制。有遺傳傾向者，若是工作又特別累，並有喝酒、吸菸、高鹽飲食等習慣，又運動較少，則要特別做好高血壓的預防。

（1）預防最重要的就是管住嘴巴，別喝酒或少喝酒，一定要低鹽飲食，做菜的時候，菜熟了再放鹽，盡量少吃鹽醃製品。

（2）減肥也是必要，越肥胖的人越容易得高血壓，減肥最主要的途徑就是持續合理的運動。

防治上的誤解

❶ 貧血的人不會患高血壓

貧血通常是指周邊血液中血紅素濃度、紅血球計數和（或）血球容積比低於同年齡和同性別正常人的最低值，而高血壓則是常見的心血管疾病，是指血壓超過正常標準。貧血和高血壓是兩個完全不同的概念，二者無任何因果關係。

❷ 身體偏瘦者不會患高血壓

超重是血壓升高重要而獨立的危險因素，但高血壓的發病機制有多種因素參與，包括遺傳、環境、解剖、適應性、神經內分泌系統等因素。因此，無論身體偏胖或偏瘦，都應定期檢查血壓，不能盲目樂觀。

❸ 血壓高了就一定要降壓

　　60歲以上的老年人，均有不同程度的動脈硬化，血壓偏高一些，有利於心、腦、腎等臟器的血液供應。如果不顧年齡及患者的具體情況，認為血壓高了，就要一味要求降壓到「正常」值，勢必會影響臟器功能，反而得不償失。

推薦食譜

水果三明治

■ 原料

草莓 10 顆，香蕉 2 根，雞蛋 1 顆，土司 2 片，蜂蜜少許。

■ 做法

（1）將香蕉剝開，和草莓一起放在淡鹽水中泡一會。

（2）雞蛋打破，放入鍋中，小火煎成蛋餅，放到土司上。

（3）將草莓放到榨汁機裡榨汁，香蕉切條放在蛋餅上。

（4）在另一片土司上塗上一層蜂蜜和草莓汁，把面土司放在蛋餅和香蕉上，即做成水果三明治。

■ 功效

草莓和香蕉含維他命 C，草莓還含有豐富的黃酮類物質，對軟化血管很有好處；蛋黃含有大量的卵磷脂，不但健腦，而且還有降脂的功效，有利於心血管疾病患者。

專家 Q & A

Q 高血壓一定要做斷層掃描或磁共振成像檢查嗎？

A 高血壓可導致心臟、腎臟很多疾病，一定要查是不是有心腦損害。採用斷層掃描或磁共振成像檢查能比較準確地診斷，但會增加很多醫療費用，一般仔細的問診就能確定病情。

Q 高血壓真的有遺傳性嗎？

A 高血壓是有遺傳的，如果父母雙方都是高血壓，則孩子得高血壓的機率會大得多，但是遺傳只是個可能性，不是必然性。

Q 阿斯匹靈對心腦血管疾病有療效嗎？

A 研究表明，阿斯匹靈對心腦血管疾病有一定的療效，服用阿斯匹靈的人心血管疾病的發病率要比不服用的人減少 36%。所以高血壓患者，特別是有各種心血管疾病，比如腦中風、冠心病、心絞痛的人，應當服用阿斯匹靈。但若是有驚悸症或者胃潰瘍、胃出血則不宜使用。

Q 血壓一降就可以停藥嗎？

A 藥物降壓至正常，即自行停藥，血壓很快又會升高，再使用藥物降壓，會導致血壓大幅度波動，往往會引起嚴重後果。即使血壓下降，也需要繼續服藥，或在醫生的指導下進行調整。

Q 為什麼春季容易發生高血壓？

A 春天驟冷驟熱的氣溫變化很容易導致血壓變化，天暖了，高血壓患者若是運動、活動時間拉長，或者長時間休息後突然運動，血壓就會升高。

冠心病，「三高」人群要格外注意

楊躍進

中國醫學科學院阜外心血管疾病醫院副院長

冠心病是美國、歐洲等發達國家歷來的第一號健康殺手，冠心病的發病一般比較危急，所以有症狀必須立即就醫。此外，掌握一些急救方法也是必不可少。

冠心病也與生活方式有關

冠心病的發病原因主要有兩個方面，一是人體的自然老化，隨著社會醫療條件越來越好，人的壽命也在不斷延長，所以罹患冠心病的風險自然就會增加；二是與生活方式有關係，不良生活方式，比如吸菸、喝酒、吃肉，高血壓、高血糖、高血脂不及時治療，再加上肥胖、不運動、工作緊張，一系列生活方式的改變，也會誘發冠心病。冠心病目前呈現年輕化趨勢，這與生活方式有很大關係。

冠心病是怎麼引起的

冠心病的發生主要還是自身發展的結果，就是身體器官老化。我們人體的血管就相當於水管，時間長了裡面就會有「水鏽」，如果是硬的又比較鬆，捅一下就掉了。血管裡的血垢，鈣化變硬之後就會出現動脈粥樣硬化，硬化之後就會導致各種問題。

當然，血垢也有軟的，剛發生的叫「冠狀動脈軟化」，這種軟化最容易出問題，導致心臟病突發。因為吃進去的油脂進入血液會損傷血管，跑到血管內膜下，沉積在血管內膜上面，油脂上面還有層內膜，油脂越多附著越快，附著越多內膜就會變得越薄，只要是心跳加快，血壓升高，或導致血管痙攣，就很容易破。破了以後，血小板馬上就會聚集，形成血栓。因為冠狀動脈只有三公釐的內徑，如果血栓堵塞冠狀動脈，那麼整個心臟就沒血了，於是就會導致心臟病發作，人就很快就死亡了。

還有一些患者，發生心肌梗塞，會突然持續的胸痛，滿頭大汗。還有一部分，疼痛一會兒就好了，這就是心絞痛。不管是猝死、心梗塞，還是心絞痛，究其原因都是冠狀動脈軟化造成的。

發病有先兆

冠心病雖然比較凶險，但是發病通常有先兆。如果勞累或緊張時突然出現胸骨後或左胸部疼痛，伴有出汗或放射到肩、手臂或頸部，體力活動時有心慌、氣短、疲勞和呼吸困難感；或者喉嚨像堵住一樣，胃像喝了辣椒水一樣痛、還有背痛、手指痛、牙痛甚至大腿痛，只要是暫時性的都是心臟有問題。

特別是對於有「三高」的高危險人群來說，一旦哪一天身體有不一樣的感覺，比如早晨起來感覺胸口不舒服，一會兒又好了，尤其是從來沒有過的，就意味著快要心肌梗塞了，應該及時就醫並採取相應的治療措施。

如果痛得非常厲害，感覺胸口被壓得慌、堵得慌，像被掐了脖子，面色蒼白、一身大汗，就非常危險了，要立刻去醫院。

要特別提醒的是，那些吸菸、喝酒、愛吃肉，尤其是有高血壓、高血糖、高血脂，從來不吃藥、不控制、不在乎的，又很胖的人是絕對的高危險人群，無論身體現在有無異樣，都有必要檢查一下。

硝化甘油只是緩解不是治病

很多冠心病患者，有時自己感覺不舒服，會含一片硝化甘油，等症狀緩解了，就不想去醫院，這是極其危險的。如果是心絞痛、心肌缺血，而且是第一次，以前從來沒有過，24 小時之內就有可能發生心肌梗塞。所以，即使是吃了硝化甘油，症狀緩解了，也必須立即去醫院。不要認為緩解了，就可以正常工作生活，這樣做是非常危險的。

如果我們是在馬路上發現有人突然暈倒，首先要打 119，讓救護車盡快來。如果懷疑是冠心病，要從他身上尋找或者向周圍的人找硝化甘油給他含，這能讓他在急救之前保住性命。但注意千萬不要晃動他，不要試圖去把他扶起來。

到醫院怎麼做

冠心病患者到了醫院要直接去急診室，先做心電圖，然後量血壓、測心跳，監測心跳和血壓。

人是靠血壓活著的，所以血壓要檢測。如果被診斷為心肌梗塞，就要馬上住院治療，因為心肌梗塞隨時都會危及生命。一旦出現這種情況，在急診室簡單處理後，首先要盡快把堵塞的血管疏通。疏通有兩種方法，一種用溶栓療法，就是用溶解血

栓藥物把血栓溶開，溶開以後，血流就恢復了，這種方法有 1% 左右的腦出血風險，還有 1 ～ 2% 左右的胃腸道出血風險，需要簽字同意才可以進行。

另外一種方法是直接上手術台做支架，但這實際上是一把雙刃劍，大多能把患者救活，但個別情況也有風險。現在國際上做支架的死亡率大約在 3 ～ 5%，可是相比於吃藥治療，救治效果還是非常好的。

心肌梗塞患者要就近就醫，如果醫院條件不好，不能做支架，要先做溶栓，然後盡快轉院。

需要注意的是，無論是溶栓還是做支架，都會有一系列的知情同意手續，這是法律規定的，需要告訴你有什麼風險，這個時候千萬不能猶豫，耽誤一分鐘，生命就危險一分鐘。要相信醫生，積極配合治療，該採取怎樣的醫療方式，就要按部就班地採用，那樣才有可能挽救生命。

放了支架，要好好保護

心臟血管相當於汽車的油管，原來堵的現在通了，但由於患者曾心肌梗塞，所以心臟曾受到損害，相當於發動機受過損害，這時候，就算管子再好，發動機有問題，整個動力系統也可能會出現問題。所以支架放好了，也需要好好保護。只有支架好，心臟功能也好，才能無後顧之憂。接下來需要做的就是保護支架，預防支架血栓，好好吃藥，預防其他血管再堵。有的患者三年前放了支架，現在又發現另外一個地方堵了，所以還是得預防。

至於運動方面，在心臟功能允許的情況下，可以適當做一些，但千萬不要過度，不要做過於劇烈的運動，也要避免爬山。

預防冠心病要控制「三高」

預防冠心病首先要控制高血壓，因為它是一切心腦血管疾病之源。

假如 30 歲的年輕人，有了高血壓，他自己沒感覺，如果不吃藥的話，到了四五十歲就有可能發生腦出血、腦中風，甚至還會出現心肌梗塞。

其次是預防高血脂，高血脂是血液的黏稠度高，血脂沉積在血管上，就會形成粥樣硬化斑塊，對血管造成很大的損害。要避免血液黏稠，首先要少吃肉，清淡飲食，再加上適當的運動。血脂控制好了，就能有效預防冠心病。

最後是要控制糖尿病。很多人可能想，糖尿病怎麼會與冠心病有關係？事實上得了糖尿病，就相當於得了冠心病，糖尿病是冠心病的等位症，這是國際共識，是有科學根據的。控制血糖，首先要控制飲食、清淡飲食，其次是增加運動，最後是要持續吃藥。

專家 Q & A

Q 有高血壓和高血脂，需要輸銀杏葉注射液嗎？

A 不是緊急情況，吃藥就行了，沒有必要去輸液。如果急診懷疑是心肌梗塞，就必須輸液，輸液的目的是留個液體通道，萬一出現緊急情況，藥能從靜脈快速進去，使效果快速不耽誤治療。

Q 如果生活習慣健康，按時吃藥不做手術，會不會自行開通另外一個替代的血管通道？

A 與機械不一樣，生物具有自我調節、自我適應的功能。比如這個血管堵了，慢慢地，另外一個好的血管分支就會形成側支循環，也就打通另外一個通道。但這樣並不能解決問題，只可以保住生命，因為心臟供血還是不夠，一部分的人就會慢慢產生心臟衰竭，導致死亡，而且生活品質也會很差，所以有病還是要積極治療。

Q 放了支架之後，要不要長期服用抗排斥藥物？

A 支架的材料是不鏽鋼，與骨科的假體材料一樣，在支架上塗很少量的藥物就能發揮很好的抗排斥作用，所以一般不需要再服用抗排斥藥物。

相比於排斥，更值得注意的是金屬過敏。如果是金屬過敏，放支架之後危險就加大了。所以放之前醫生會做一些檢查，確認你是否對金屬過敏，確實過敏，那就不能放支架，會建議做開胸搭橋手術。

站出來的靜脈曲張

秦建輝

主任醫師、北京中醫藥大學東直門醫院
周圍血管科副主任、醫學博士

我們都知道，久坐會給人帶來許多疾病，比如腰椎病、頸椎病，其實站久了也會帶來疾病。當你腿上的血管出現類似蚯蚓一樣的隆起時，就要注意了，因為靜脈曲張可能已經悄悄盯上你。靜脈曲張看似問題不大，但實際危害還是不容小覷，有時甚至需要手術。但如果做好預防，靜脈曲張也是可以避免的。

靜脈曲張多是站出來的

比較瘦的人，透過皮膚，能看到靜脈藍紫色的影子，正常的靜脈是直的，不是彎曲的，一旦彎曲、隆起、變粗，就很像蚯蚓的樣子，那就是靜脈曲張。

靜脈曲張的原因，可分為內因和外因。內因就是體質因素，有的人靜脈壁不結實，很容易曲張。外因最主要是長時間站著，站立的時候，心臟與腿的高度落差大，這樣靜脈壓就大，靜脈血需要回到心臟，長時間壓力過大，就造成靜脈擴張，擴張以後就會拉長，然後開始迂曲，於是就造成靜脈曲張，靜脈血積在迂曲的這一段而回不去了。

一般來說上肢的靜脈曲張很少見，就是因為上肢離心臟很近，血液很容易回到心臟，如果發生上肢靜脈曲張，一般都是有特殊原因。

下肢靜脈曲張既然與長時間站立有關係，那麼，患病人群相對來說就比較集中，像廚師、外科醫生、售貨員等是最容易發生靜脈曲張的。

孕婦也是高發群體

孕婦雖然不屬於經常站著的人群，但也容易得靜脈曲張。這與懷孕後的生理改變有關。懷孕後，尤其是在胎兒逐漸增大的過程中，會造成腹內壓力升高。而腿上的靜脈血，因為要經過腹部才能回到心臟，腹部的壓力大了，一定會造成腿上的靜脈血回流困難，就有可能出現靜脈曲張。原來有靜脈曲張的孕婦，在懷孕過程中也會加重。

體重也是造成靜脈曲張的一大因素。因為體重太大會造成腹壓變大，也會影響靜脈回流。此外，有些看似不起眼的習慣，比如蹺二郎腿，對形成靜脈曲張都有促進作用，這些因素應盡量避免。

血管炎和靜脈曲張，是完全不同的兩個概念，血管炎多指小動脈的自身免疫炎症，而中醫的血管炎範圍很大，把下肢的動脈閉塞、炎症，都歸於血管炎。

血管炎發生在動脈，是炎症；而靜脈曲張發生在靜脈，不是炎症，是物理因素造成的。

危害不可小視

靜脈血要回流到心臟，然後到肺裡去充氧，然後再繼續循環。靜脈曲張以後，靜脈血積在靜脈裡回不到心臟，靜脈血又含有很多的代謝產物，這些產物都需要排泄，而且血液中的含氧量很低，這樣組織就會缺氧，使人感到痠、脹，走路沒勁，腿沉重，這是靜脈曲張最常見的症狀。

嚴重可能會有併發症，如深層靜脈栓塞，因為靜脈血一直積在下肢，時間長了，血液就會形成血栓，如果血栓掉下來以後，經過心臟到肺裡，就會發生肺栓塞。

其他併發症還有局部潰瘍，因為靜脈血是沒有營養的，時間長了，局部組織缺氧，就會造成組織抵抗力下降，發生組織的破損、潰瘍，潰瘍長時間不能癒合，比較嚴重就會感染。

還可能發生一些局部血栓性的淺靜脈炎，可能會有些疼痛、紅腫，也會給生活帶來較大的影響。

除了下肢靜脈曲張，其他比較嚴重的還有食道胃底靜脈曲張，一般是發生在肝硬化晚期，可能出現黑便、嘔血後才會發現。另外還有男性的睪丸靜脈曲張，也是比較常見的，這個危害性不是很大，跟下肢靜脈曲張的發病原理差不多，其他部位的靜脈曲張比較少見。

手術治療最有效

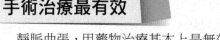

靜脈曲張，用藥物治療基本上是無效的，澈底治療只有一個辦法，那就是手術。傳統手術是採用隱靜脈抽離術的方法，現在主要是用微創的方法，創傷比較小，痛苦也比較少，恢復也快，效果是一樣的。

還是有復發的可能

手術治療雖然澈底，但也不能保證不會復發。因為手術只是把曲張的靜脈處理掉，如果不注意生活習慣，其他部位或者做過手術的部位還是有可能發生靜脈曲張。

不用急做手術

並不是所有的靜脈曲張都需要手術治療，隱靜脈抽離術，醫學上叫作「擇期手術」，就是說不是很緊迫，因為病程發展很緩慢，不會一夜之間嚴重起來，所以不是說馬上就需要做手術，尤其不是很嚴重的，比如比較細、沒有凸出來的，只要提高警惕，注意預防它進一步發展就行了。但檢查是不可少的，如果返流不是很嚴重，也沒有其他特別問題，只要注意生活習慣，不要長時間坐著或站著就行了。

做不做手術要看病因

是否做手術，還需要看靜脈曲張是不是其他疾病造成的，如果是其他疾病引發的，比如有一種叫「布加症候群」，就是一種肝靜脈阻塞的症候群，它的表現就是嚴重的下肢靜脈曲張，這樣的靜脈曲張，如果去做了手術，就會使靜脈血沒地方可走。而單純的大隱靜脈曲張，手術以後靜脈血是靠深靜脈來回流的，大隱靜脈發揮的作用很小，可以把它拿掉。所以對於疾病引發的靜脈曲張，首要就是治療原發疾病。

兒童手術要慎重

兒童靜脈曲張，不能隨意去做手術，因為小孩的靜脈曲張一般可能並不是真正的靜脈曲張，很可能有其他原因，不是專科醫生很難辨別這種靜脈曲張。所以，無論是兒童還是成人，還是要到血管外科進行診斷治療。

預防其實很簡單

靜脈曲張還是很容易預防的，只要避免引發曲張的因素就行了。

不要久站久坐

首先不能長時間坐著或站著，尤其是退休的老年朋友，時間多了，可能有的喜歡打麻將、打撲克牌，這樣長時間坐著對靜脈非常有害。站著的時候也不要就單單站著，可以一邊走一邊和朋友聊，別站著聊半天。

隨時都做運動

其次是要注意運動。運動會促使腿部的肌肉收縮，肌肉一收縮，就把靜脈裡的血液擠到心臟裡去，因為正常的靜脈，是有瓣膜的，只要把靜脈血擠回去，它就不會返回，肌肉再放鬆，血就從遠端又進來了，然後再擠回心臟，血液就循環起來了。

躺著當然是預防靜脈曲張最好的辦法，但這只是理想狀態。其實工作的時候也可以做做運動，比如坐一會後，可以把腿盡量抬高，最好是抬到與心臟相平的高度，這樣能有效預防靜脈曲張或者防止曲張加重。

如果是站著的話，最好要走動。非得要站著，那就踮腳，踮腳的時候，小腿的肌肉在強烈運動，肌肉用力運動，就能把血擠回去了，防止形成曲張。

小動作很有效

屈膝也是一個很好的動作，屈膝是為了促使肌肉收縮，站著屈膝，血液也可以回去，可以兩條腿交換做屈膝動作。

必須長時間站著或坐著時，除了注意隨時做屈膝動作外，還可以穿彈力襪，就是「醫用循序減壓彈力襪」，有助於預防靜脈曲張。

專家 Q & A

Q 穿靜脈曲張彈力襪有減肥作用嗎？

A 靜脈曲張彈力襪沒有減肥作用，只能促進皮膚和皮下的靜脈血回流。健康的人穿彈力襪，可以發揮保健作用，防止靜脈曲張發生。

Q 貼點膏藥比如止痛膏能解決嗎？

A 靜脈曲張的治療現在沒有什麼外用的辦法，如果有痛的感覺，要看是什麼原因，靜脈曲張一般是不會痛的，只會發生痠脹，就是走路費勁、沉重，如果發生疼痛，局部有紅腫，可能局部有血栓性淺靜脈炎，要消炎、止痛，不是膏藥可以解決的。

Q 有靜脈曲張能跳繩嗎？

A 跳繩對於真正發生靜脈曲張的人是不合適的，因為跳繩這種振動，實際上是增加壓力，可能會加重靜脈曲張。

Q 手上有紅色或青紫色的影線是不是靜脈曲張？

A 手上的靜脈一般會有顯露，能看見，把手舉高可能就看不見了，這不叫靜脈曲張。

Q 生氣時青筋暴露算靜脈曲張嗎？

A 這也不能算，生氣的時候胸部壓力增高，肌肉緊張，壓力升高後，影響到頭面部的靜脈回流，所以可能會青筋暴露，這跟靜脈曲張的概念是不一樣的。

內分泌系統

03

- 糖尿病，甜蜜的隱形殺手
- 脂肪肝，最愛少動和飲酒的人
- 胰腺炎，吃吃喝喝也致命
- B 型肝炎，不會輕易傳染

糖尿病，甜蜜的隱形殺手

肖新華

北京協和醫院內分泌科糖尿病中心副主任
中華醫學會糖尿病分會委員醫學博士、博士生導師

現在很多上了年紀的人，甚至是中年人患有糖尿病。得了糖尿病，大家都知道要控制飲食，但其實這只是一部分，運動、藥物、監測血糖和糖尿病的教育都是不可缺少的。得了糖尿病也不必要過於擔憂，只要把血糖控制好，就可以預防和延緩併發症的發生，積極樂觀的情緒才會對控制疾病有正面的幫助。

糖尿病不只是血糖高

糖尿病是一種非常常見的慢性病，其最主要的特點就是血糖高，但是糖尿病又不僅僅是血糖增高，嚴格來說糖尿病是一個以血糖增高為基本特徵的症候群。所謂症候群，就是說它還有很多併發疾病，比如高血脂和高血壓。

血糖超過正常範圍也不一定就是糖尿病，可能是糖尿病初期。醫學上診斷糖尿病的標準是空腹血糖超過 126 毫克 / 分升，餐後超過 200 毫克 / 分升。

引起血糖增高的因素很多。我們體內維持血糖正常的激素主要是胰島素，所以血糖增高的原因很大一部分是因為胰島素分泌減少了，或者是雖然胰島素分泌正常，但胰島素的工作效率比較低，即胰島素不敏感，或者叫做胰島素抵抗，這是血糖增高的兩大主要的原因。

及時發現早期症狀

我們常說「三多一少」是糖尿病最典型的表現。所謂「三多」就是吃得多、喝得多、尿得多，「一少」就是指體重減輕或者是乏力。但是現在糖尿病具有這些典型症狀表現的非常少見，大部分患者都沒有這些典型症狀，那麼該怎麼發現糖尿病呢？

有些患者在很早期的時候表現為低血糖，最常見的是比一般人餓得快，在下一餐飯前有低血糖的反應，這往往在某種程度上暗示了糖尿病的早期表現，之所以發生低血糖反應，跟胰島 β 細胞胰島素分泌與血糖升高不匹配有關係，正常情況下，我們吃飯以後血糖就會增高，血糖增高的同時，胰島的 β 細胞就會分泌相應的胰島素來抵消血糖的增高，讓它維持在一個正常範圍內，但是如果 β 細胞的釋放功能發生問題，比如延後，血糖高的時候它還沒有發揮作用，等到血糖降下來的時候，胰島素的分泌量超出了血糖的需求，這樣就會出現低血糖。所以有餐前低血糖反應的人，就要警惕有糖尿病。

另外有很多患者，可能沒有「三多一少」的症狀，也沒有餐前低血糖的反應，但是會感覺到四肢發麻，或者視力下降，這些都可能是糖尿病早期的表現。手腳發麻可能與血糖高對末梢神經的刺激有關。視力下降或者是模糊，往往是糖尿病導致眼底的病變。

總之，只要身體有問題，總會有一些症狀，只要我們能留意這些症狀，就能及早發現及早遏制。

還有一些現象會提醒我們是不是有糖尿病，比如肥胖的人，近期內體重明顯下降，而且感覺乏力、有些口乾，就一定要警惕。另外，有糖尿病家族病史的，子女或者父母也要警惕，如果出現異常現狀，要盡快到醫院做相應的檢查。

糖尿病分四型

糖尿病目前主要是分四型：第一型糖尿病、第二型糖尿病、妊娠糖尿病及其他特殊類型的糖尿病。

在糖尿病患者中，第二型糖尿病是最多見的一型，所占的比例為 95%。而且這類糖尿病多見於中老年患者，且發病相對較為隱匿，往往沒有典型的「三多一少」症狀，有一些患者甚至到了出現併發症才發現，比如看不見東西，到眼科做檢查，發現有糖尿病的視網膜病變，才發現糖尿病。

第一型糖尿病是一種自身免疫疾病，是由於身體的免疫系統對自身作出攻擊而形成的。相對來說青少年比較多見。第一型糖尿病表現出「三多一少」的症狀比較明顯，甚至有一些患者就診的時候都有酮症或者酮症酸中毒。

妊娠糖尿病，就是在懷孕期間，通過檢查發現了糖尿病，這類糖尿病僅僅是在妊娠期間發生的。妊娠結束了，一般就會恢復正常，當然也有一部分患者會轉化為糖蛋白異常，就是糖蛋白遞減。也有一部分患者，會持續糖尿病，但具體是什麼類型，還需要妊娠以後做相應的檢查來判斷。

除了上面三種糖尿病，還有一些其他的類型，比如特殊類型的糖尿病，所謂特殊類型的糖尿病，就是相對第一型、第二型來講，它的病因相對比較明確。這種類型的發病率非常低，但是這種特殊類型的糖尿病病種特別多。

糖尿病是隱形殺手

糖尿病可說是一個隱形的殺手，首先它的發病很隱匿，尤其是第二型糖尿病，早期沒有任何症狀，能吃能喝，也沒有乏力的感覺，自己感覺狀態還特別好，但是這個時候血糖已經高了，因為沒有症狀，患者根本沒想過要去醫院做檢查，即便有一些患者知道血糖高了，因為感覺還很好，也不去治療，所以說發病非常隱匿。

其次是對身體的影響是長期持續並不斷加深的，因為長期高血糖，身體的各個器官都要受到高糖的毒性作用，會引起很多併發症，這些併發症的形成和發展，會對糖尿病患者的生活品質造成很多影響。比如會造成眼底的病變，出現白內障或者視網膜病變，甚至失明，也可能出現血管病變，比如腦中風、偏癱、心臟病、心肌梗塞、腎臟病變等。腎病到晚期甚至出現尿毒症，需要換腎、洗腎，如果出現下肢壞疽，有一些患者甚至要截肢，所以說，糖尿病會致殘、致死，一點也不誇張。

老年糖尿病患者要特別注意

老年糖尿病的危害是非常明顯的，很多老年患者，不僅有糖尿病，很多還會合併高血壓、高血脂甚至是其他的慢性疾病，包括骨關節病變。所以對這一部分老年患者，血糖控制尤為重要，控制血糖要靠飲食、運動，必要的時候要靠藥物。另外平常在家裡做血糖監測也是非常重要的。

如果沒有併發症，主要是安排好一日三餐，確保搭配合理、營養均衡，注意飲食清淡，不要吃太鹹、太辣的食物。

需要注意的是，一定要避免出現低血糖，有時候老年人低血糖甚至比高血糖還危險。因為老年人往往合併一些心血管疾病，有時候一次低血糖就可能誘發心臟病發作。輕微低血糖僅有明顯飢餓感、輕微出汗；低血糖較嚴重時則有心跳、手抖、大汗、面色發白、頭昏甚至昏迷。

避免低血糖，首先要服藥與進餐配合，其次，當低血糖發生時應及時處理。一般來說，輕微低血糖時可進食幾塊餅乾、麵包片或少量花生等，但不宜吃甜食。如出現嚴重低血糖甚至頭昏時，應及時進食甜食（糖果、糖水等）以迅速升高血糖，以免發生昏迷，最好及時去醫院就診。

糖尿病是可以預防的

　　國內外的大量研究證實，糖尿病完全是可以預防的，更是可以治療的，通過一些措施可以預防它不發生或者是晚發生。預防首先是生活方式的干預，這是最重要而且是最有效的。生活方式的干預方法，一個是飲食控制，一個是運動，也就是我們平常說的管住嘴、放開腿，少吃多運動。

　　現實生活中，人們對飲食控制有很多誤解，以為飲食控制就是少吃主食，盡量不吃主食，因為覺得糖尿病就是因為吃太多，其實這種認識是錯誤的。我們現在的飲食中的糖類也就是糧食的進食量已經比原來減少許多，但是糖尿病患者數量卻是大大增加了，所以並不非只是因為我們吃糧食吃多了，而是我們現在大魚大肉、油脂類的東西吃多了。所以主食還得適量吃，要把高油脂、高熱量的食物控制住。

　　　糖尿病的飲食控制不是飢餓療法，如果什麼都不敢吃，整天餓肚子，一來容易發生低血糖，二會造成營養不良、貧血、免疫力低下，得不償失。

　　　運動方面也要適度，老年人散步是比較好的運動方式，要盡量避免爬樓梯，因為老年人的關節往往不好，特別是較胖的糖尿病患者，爬樓梯會對身體造成傷害。

血糖異常就得注意了

　　糖尿病的危害性非常大，要預防危害就需要及早診斷、及早發現，除了平常要注意改善生活習慣，留意一些體徵，比如搔癢、視力下降，或者傷口不容易癒合，定期檢測是早期發現糖尿病最有效的辦法。定期檢測主要包括血糖的檢測和尿糖的檢測，這是發現糖尿病最主要的手段。

　　檢測一般一年進行一次。這裡要注意一點，很多人檢查空腹血糖，稍微高一點，比如正常空腹血糖是 110 毫克 / 分升以下，他的結果可能比 110 毫克 / 分升稍微高一點，醫生也沒有警惕，不把它當一回事，這是非常錯誤的。因為超過 110 毫克 / 分升就已經進到糖尿病初期的狀態。還有一部分人，可能只測了空腹血糖，而漏掉餐後血糖檢測，這樣所得到的結果可能也不會太準。因為血糖的標準不是光看空腹血糖，還得看餐後血糖值。

糖尿病的早期控制非常重要，有很多人早期可能對糖尿病不是很重視，因為早期沒有感覺，能吃能喝，而且早期患者多是中青年人，都在上班，工作也很忙，等到發現血糖已經很高了才開始重視。

一般來說，糖尿病一旦出現併發症，要康復很難，所以早期控制非常重要，而且早期重視以後，用藥量很小，就能有效控制住，不至於發生併發症，或者延緩它的發生，即使發生也會很輕。

糖尿病防治的五駕馬車

治療糖尿病不能單靠某一種方法，必須採用綜合治療措施，飲食和運動治療是基礎，在飲食、運動的基礎上，配合藥物治療，同時要注意血糖監測。還有一項很重要的措施就是糖尿病的教育，這個教育既包括患者的教育，也包括醫護人員的教育，同時包括家屬和親戚朋友的教育，教育的內容主要是以下四個方面，即如何進行有效的飲食和運動、如何正確服用藥物、怎麼進行血糖監測以及如何配合醫生進行合理的治療。這就是我們平常所說糖尿病防治的五駕馬車，即飲食、運動、藥物、血糖監測和糖尿病教育。

正確認識才能有效控制

有很多糖尿病患者，他的症狀並不明顯，控制起來也很有效。而且自身感覺也比較好，能吃能喝，沒有什麼特別不舒服的感覺，但是由於受到媒體或者大眾的影響，覺得糖尿病非常危險，所以心理上會有很大的負擔。

事實上，得了糖尿病完全不必過分擔憂，只要把血糖控制好，是完全可以預防或者延緩併發症的發生，而且緊張焦慮的情緒本身也會引起血糖的波動。所以，與其做於事無補的焦慮，還不如放鬆一點，調整好生活習慣和飲食結構，養成合理的生活規律，並積極配合治療。只要注意監測，合理飲食和運動，在醫生的指導下持續服藥，完全可以把血糖控制得比較理想，有效避免併發症。因為糖尿病的危害主要是它的併發症，血糖控制好形成併發症的因素就會被控制住，完全可以跟正常人一樣生活。

專家 Q & A

Q 如何避免低血糖？

A 　避免低血糖，首先要服藥與飲食配合，其次，當發生低血糖時應及時自行處理。一般來說，輕微低血糖時可進食幾塊餅乾、麵包片或少量花生等，但不宜吃甜食。如出現嚴重低血糖甚至頭昏時，應及時進食甜食（糖果、糖水等）以迅速升高血糖，避免發生昏迷，最好及時去醫院就診。

Q 糖尿病併發症能治癒嗎？

A 　一般來說，糖尿病一旦出現併發症以後，很難治癒，所以早期控制非常重要，而且早期重視以後，用藥量很小，就能控制得很好，不至於發生併發症，或者說能延緩它的發生，即使發生也會很輕。

脂肪肝，最愛少動和飲酒的人

徐春軍

首都醫科大學附屬北京中醫醫院主任醫師

　　隨著人們生活水準的提高和飲食結構的變化，脂肪肝這種富貴病的發病率明顯提高了，其中三四十歲的男性是脂肪肝大軍中的主力，不過更讓人揪心的是十幾歲的孩子就得了脂肪肝。脂肪肝不積極治療和控制是會發展成肝癌的，而積極的治療和飲食調理卻能夠逆轉病情，往好的方面發展。

脂肪肝有兩種

　　提起脂肪肝，人們首先會覺得這個人很胖。其實脂肪肝分兩種，一種叫「單純性脂肪肝」，比較胖一點的人得病機率會高一點；還有一種叫「酒精性脂肪肝」，就是說喝酒引起的脂肪肝。

　　正常情況下，肝臟裡會有一定的脂肪沉積，但如果脂肪在肝臟裡的沉積超過了正常範圍，就容易引起脂肪肝。

五類人容易得脂肪肝

　　容易得脂肪肝的人，大致可以分為五類。

　　第一類是少動、久坐，這類的人主要是白領一族，因為活動少，脂肪的消耗少，多餘的脂肪貯存在肝臟，發展為脂肪肝。

　　第二類是時常接觸一些有毒物品的人，比如在化工廠工作，容易接觸一些含汞或重金屬的物質，人體若是吸收了這方面的物質，也會引起肝臟異常。

　　第三類是長期患有慢性病，比如常見的高血壓、糖尿病等，這類人容易出現脂肪代謝異常，形成脂肪肝。

　　第四類是經常吃藥的人群，特別是吃一些激素類的藥物，比如皮質激素等，很容易引起脂肪代謝的異常。

第五類是經常喝酒、飲酒過量的人，很容易引起酒精性脂肪肝，這也是最為常見的一類。一般情況下，如果每天酒精攝入量超過 40 毫克，連續喝一個月以上，可能肝臟脂肪就會出現異常，時間越長危害越大，所以喝酒適當可以，但不能老喝。

發現異常，及時就診

脂肪肝的病情是由輕到重逐漸發展的，如果不加以控制，就會一直發展下去。在早期只有輕微的症狀，比如容易疲乏，稍微活動就會出汗，覺得沒勁、心慌、乏力。

再嚴重，引起肝細胞損傷。如果出現肝細胞損傷，就須要就診了。肝細胞損傷，必然會有不適的表現，比如乏力、肝區疼痛、大便不成形，此時就要到專業的醫院做相關的檢查。檢查首先看肝臟的功能和血脂的變化，只需要驗血就能發現血脂高不高，肝臟功能有沒有受到損害。還要做物理檢查診斷，最常用的就是超音波，可以根據超音波檢查的結果，來初步判定脂肪肝的嚴重程度。

治療從四個方面入手

脂肪肝的治療不是像有些人想像的那樣把多餘的脂肪切掉，主要還是通過一些方法控制它的發展，進而恢復正常。

脂肪肝的治療原則，主要是四個方面。

第一要去除致病因素或誘因，積極控制原發病。比如，肥胖者要減肥控制體重；嗜酒者要戒酒；因藥物毒性引起的則要避免使用藥物，離開有毒環境等。

第二要合理飲食，糾正營養失衡。合理飲食原則上要高蛋白、低脂肪、低糖、低熱量飲食，但有的人特別愛吃油膩的食物，這種飲食習慣一定要糾正。吃零食、吃宵夜、飲食過快、過量的習慣也要改正。於酒對肝細胞的損害也很明顯，如果已經發現患有脂肪肝，更要堅決戒除。

第三要持續運動。運動可以使脂肪加速排泄，但是運動最好是做有氧運動。很多人認為，吃完飯出去散散步就是運動，其實這並不叫有氧運動，有氧運動要求達到一定的量，比如快走超過 45 分鐘，已有微微出汗。其他一些鍛鍊方式，比如游泳、跑步、騎自行車、打球等，都是可以選擇的有氧運動。但無論是何種運動方式，都要適量講究限度。

第四是藥物治療。在脂肪肝初期，一般不建議吃藥，因為「是藥三分毒」，藥物本身就需要肝臟代謝，這會加重肝臟負擔。但如果出現了肝功能甚至其他方面的一些異常，那時候就一定要採取藥物治療了。

比較胖一點的人，可以在睡前做揉腹運動，不僅可以促進消化，也可以消耗脂肪。繞著肚臍周圍做順時針的按摩，因為順時針按摩偏瀉，每次揉按100～200下，長久保持就會見到減肥效果，體重減下來了，患脂肪肝的危險就小了。

有發展成為肝癌的危險

脂肪肝分為幾個階段，脂肪肝、單純性脂肪肝或者酒精性脂肪肝，這是第一階段，第二階段叫「脂肪性肝炎」或「酒精性肝炎」，這時候會出現肝功異常，第三階段叫「酒精性肝硬化」或「脂肪性肝硬化」。輕度的脂肪肝，如果自己保養不好，就會發展形成肝炎、肝硬化，甚至是肝癌。脂肪肝是一種可逆的疾病，如果自己調節得好，是完全可以逆轉的。

慢性肝炎最後會發展成肝硬化、肝癌。開始的時候，只是脂肪在肝臟裡蓄積，沒有引起肝細胞的損傷，一般不會形成硬化，但是如果不注意，脂肪堆積增加，超過肝細胞的生存極限，肝細胞就要受到損傷、壞死，只要有壞死就會有增生，在增生的過程中，如果出現過度的異常，就容易引起細胞的癌變。

兩個誤解

對於脂肪肝，很多人有錯誤的認識，第一，認為脂肪肝不可逆轉，所以檢查治療不積極。其實絕大部分脂肪肝，尤其在常規體檢時發現的脂肪肝都是能夠逆轉的，及早發現及早治療，積極應對就能取得好的效果。

還有一種誤解是患了脂肪肝以後，一定要吃保肝降藥。其實不一定，如果是單純性的脂肪性異常，可以通過調節飲食、合理運動的方式，就可以完全康復。舉個例子，血脂檢查中發現三酸甘油酯過高，三酸甘油酯主要是動物油、動物內臟和肥肉，那麼，只要注意控制這類食物，就能收到效果。

食療應對脂肪肝

脂肪肝的發展有一個過程，早期發現以後，能不用藥物，盡量不用藥物，最簡單有效就是通過調節飲食進行治療。

這裡介紹幾種對改善脂肪肝有效的食物。

山楂

山楂也叫「山裡紅」，它是一種消食導滯助消化的食物，對血脂值有明顯的降低作用。把鮮山楂洗淨，掏出核，將果肉放到鍋裡，多加點水，慢慢燉煮成山楂醬。如果覺得太酸，可以放點冰糖，最後裝在一個瓶裡，冷卻後放在冰箱裡。每次吃一兩勺。

蘋果

蘋果能吸收多餘的膽固醇，既能改善脂肪肝，又有很好的預防作用，特別是能防止肝硬化。

絞股藍

絞股藍是一味中藥，對高血脂、高血壓、高血糖都有很好的調理作用。現在有賣絞股藍茶，可以買來經常泡水喝，對輕度脂肪肝效果很好。

此外，玉米、洋蔥、白薯、靈芝等也都可以適當選用。如果脂肪肝伴有高血壓，可以適當飲用決明子茶，決明子既有降壓作用，又有降脂作用，一舉兩得。

吃什麼，怎麼吃，要根據具體的情況，採取不同的方法，任何食物的食用也跟運動一樣，要適量。

專家 Q & A

Q 脂肪肝是可逆的嗎？

A 脂肪肝是一種可逆的疾病，較重的病情，如果自己調節得好，也是完全可以逆轉的。所以檢查治療一定要積極，及早發現及早治療。

Q 得了脂肪肝，必須要吃保肝降 藥嗎？

A 其實不一定，如果單純性的脂肪性異常，只要通過飲食或者運動的方式，就可以完全調節。

胰腺炎，吃吃喝喝也致命

王志強

中國人民解放軍總醫院
消化內科主任、主任醫師

逢年過節，人們都習慣大吃大喝，殊不知大吃大喝也會造成生命危險，導致這種危險的就是胰腺炎。即使現在醫學已經很發達，依然有 10% 左右的患者生命無可挽回。預防胰腺炎的關鍵就是要管住嘴巴，不暴飲暴食，一旦患病更要禁食禁水，及時採取急救措施，否則會有生命危險。

胰腺炎有生命危險

胰腺炎一旦犯病，首先會很痛，而且很快就會進入休克狀態，比如感染性休克，甚至會引起呼吸循環衰竭，有生命危險，所以胰腺炎確實是一種重症急症。

中年人最容易發病

中年人是胰腺炎的高發人群，這與這年齡階段的生活特點有關，一是自覺身體很好，吃喝一點都不顧忌；二是各種各樣的聚會和應酬較多，這就免不了要喝酒，這是得病的關鍵。而隨著年齡增長和對健康的注意，對嘴巴的控制會好一些，所以年齡大了反而不太容易得病。

當然，老年人也會得胰腺炎，只是相對來說比較少一些，有的老年人，有嚴重的高脂血症，胰腺功能也不好，如果和正常人一樣吃喝，也容易患胰腺炎。還有一些老年人，有膽道結石，結石一旦下來，就會堵住胰管，胰管就不能正常排出胰液，此時也會得膽源性胰腺炎。其他還有很多原因，也會誘發胰腺炎。

胰腺炎分兩類

整體上來講，胰腺炎分為兩大類。一類叫「急性胰腺炎」，一類叫「慢性胰腺炎」。

所謂急性胰腺炎，就是疾病一下就來了，很急。不管是因為暴飲暴食，還是其

他什麼因素，總之發病很急。

慢性胰腺炎，就是疾病的過程相對緩慢，它的原因也相對比較多，不知什麼時候就犯病了，然後總是遷延，老也好不了。

急性胰腺炎又可以分為好幾類，比如根據疾病的輕重，可以把它分為單純水腫性胰腺炎。這種胰腺炎，一般恢復得比較快，胰腺只是腫脹了一些，通過治療，很快就消腫了，所以也叫作「輕型胰腺炎」。

另外一種胰腺炎，來勢非常凶險，叫做「重症胰腺炎」，由於大量的炎症物質、毒素等的吸收，可能影響到呼吸，出現呼吸困難，影響到腎臟，出現急性腎功能衰竭，再影響到凝血器官等，就可能出現出血、壞死，或者合併感染，治療起來就很麻煩了。重症胰腺炎，可能會出現一系列併發症，每一種都可能造成生命危險。

急救措施

胰腺炎發作時有嚴重腹痛，病情緊急，掌握一些急救知識很重要。

只要出現了腹痛、噁心、嘔吐等一系列症狀，首先要禁食、禁水。然後要盡快與醫院取得聯繫，如果離醫院比較遠，可以先進行輸液，建立一個靜脈通道，保持平穩的生命跡象，也就是保持呼吸、血壓、心跳等處於一個正常狀態，然後再送醫，降低危險性。

治療有五個方面

最簡單的辦法，就是禁食、禁水，什麼都不吃，為什麼呢？因為我們吃進去的食物、喝進去的水，會刺激胰腺分泌胰液，會加重胰腺炎。

如果再嚴重一點，有噁心嘔吐，就要做胃腸減壓，就是從鼻子放入一根胃管，把胃液、吃進去的東西等統統抽出來，減少這些物質對胰腺的刺激。

接下來，如果情況還很嚴重，那麼就需要用藥物來抑制胰腺分泌。因為胰腺其實是一個很大的消化器官，它分泌一些重要的消化，這些在正常情況下，會幫助我們消化食物，但是當這些不能正常流入腸道，而在胰腺裡面堆積，它就會自身消化，腐蝕掉胰腺，加重胰腺炎。因此要抑制它的分泌。

我們知道，身體發生炎症，組織壞死了，就形成一個很好的培養皿，細菌很容易生長。胰腺得了炎症以後，腸道裡的細菌就很容易到這個地方來滋生，因此還有一個很重要的治療，就是要抗感染，如果不把感染控制住，細菌在胰腺裡面生長繁殖，就會形成膿腫。

此外，還要抑制胃酸分泌，因為胰腺發炎時，也會刺激胃液分泌大量胃酸，同時胃酸又會反過來刺激胰液的大量分泌，加重胰腺炎，所以必須用藥把胃酸分泌控制住。

胰腺炎治療要做的，基本上就是上面五個方面。當然，隨著病情不斷變化，醫生還會根據情況，加用其他的治療。

管住嘴巴是預防最好的方法

胰腺炎多數都與暴飲暴食、過量飲酒有非常大的關係，所以，管住嘴巴是預防胰腺炎的最好方法。

當然，人們吃了同樣的食物，不一定都會患病，患不患病還得看他的身體基礎，但飲食不當確實是罪魁禍首。只有管住嘴巴，健康飲食，正常生活，才可以避免這種飛來橫禍。

至於怎樣管住嘴巴，綜合來說，有以下幾個方面。

（1）飲食控制，不暴飲暴食。不能吃得太飽是預防胰腺炎最重要的，特別是晚餐，已有慢性胰腺炎的人，更要注意。平時也要少量多餐。每天吃 4 ～ 6頓，減少每餐的量，並戒油膩、戒菸酒。

（2）避免高蛋白、高脂飲食。高蛋白食物不是不能吃，關鍵是要控制量，不可大量食用。高脂的食物更要避免。若是急性發作，要禁止吃油膩的食品一個月，蛋白質的量也要有所控制，例如一天最多吃一顆雞蛋，還要把蛋黃去掉。

出院後的護理

患者出院回到家後，護理也需要注意，大致有以下幾個方面。

第一，逐步增加運動量。得了胰腺炎以後，因為要禁食禁水，又要輸液，最輕的胰腺炎，大概也要一週的時間才能出院，經過一番折騰，已經很虛弱，通過運動健身是必要的。但是這個時候只限於散步，不要去跑跳。重症胰腺炎的恢復更慢，開始的時候，只限於床邊散步，然後在家裡散步，再視情況出去走走，逐步增加運動量。

有一部分人得了重症胰腺炎，可能還會發生另外一些情況，比如假性胰腺囊腫，如果劇烈運動，囊腫可能會破裂，裡面的水就會進入腹腔，囊腫裡的消化到了腹腔，就會引起其他問題，比如疼痛、感染等。因此，運動應該因人而異，以適量為好，

盡可能避免劇烈活動。

第二，逐步增加飲食。急性發作期間要禁食，病情控制後，再逐步恢復飲食。一開始吃些米湯、沒有油的菜湯和水果汁、藕粉之類。吃了以後，沒有什麼問題發生，再吃些粥、豆腐、沒有油的菜泥。即使恢復正常飲食，也要以低脂的食品為主，例如豆製品、魚、蝦、蛋以及瘦肉。最好終身戒菸和酒，防止再度發作。

第三，絕對要防止感冒，尤其在冬天，感冒以後可能會引起胰腺的感染等問題。

第四，要注意病情變化，及時就診，因為胰腺炎可能反覆，一旦反覆，應該去醫院做檢查，按照醫囑定期複查很重要。

專家 **Q** & **A**

Q 胰腺炎能不能喝牛奶？

A 能不能喝牛奶應該分階段，如果是急性胰腺炎，發病的時候，肯定不能喝，好了以後也要看情況，通常可以先加水稀釋，少量喝以免刺激胰液分泌，因為胰液大量分泌，胰腺就會腫脹發炎。隨著疾病的不斷恢復，對蛋白質的耐受量就會提高，這時就可以適當增加牛奶飲用量。

Q 急性胰腺炎能用止痛藥嗎？

A 如果止痛藥是醫生指示就可以用，自己使用則要小心，因為止痛藥會掩蓋病情，使得本來可能很嚴重的狀況不容易被發現。所以在醫生沒有判斷清楚病情之前，止痛藥是不能隨便用的。

Q 胰腺炎能根治嗎？

A 胰腺炎是一種不易根治的病，只可以控制，控制以後，如果預防得好，它很可能不再犯，但如果不注意的話，可能還會再犯，所以關鍵還是要消除誘因。

Q 急性胰腺炎為什麼會引起暫時性的低鈣？

A 急性胰腺炎發作的時候，胰腺分泌大量的消化液，會分解身體內的脂肪形成脂肪酸，脂肪酸會結合身體內的鈣，而形成皂化反應。在這個過程中，體內的鈣被大量消耗，就會造成低鈣。

B 型肝炎，不會輕易傳染

李　琳

中國人民解放軍第三〇二醫院
綜合門診部副主任醫師

據統計，全世界慢性 B 型肝炎病毒感染者在 3.5 億以上。生活中，很多人一聽說 B 型肝炎，往往都會避而遠之。其實 B 型肝炎並不像傳言中那麼可怕，很多情況下都是不會傳染的，注射 B 型肝炎疫苗是最有效的預防措施。對於檢查出有肝炎的人來說，一定要持續治療，並注意飲食調養。此外，積極的情緒對肝病的恢復也有重要的意義。

常見肝炎有四種

常見的病毒性肝炎，在臨床上主要有四種：A 型肝炎、B 型肝炎、C 型肝炎、E 型肝炎。

A 型肝炎和 E 型肝炎，都屬於急性病毒性肝炎，所謂急性就是發病很急，但是也容易治癒，而且治好後就會終身免疫。B 型肝炎和 C 型肝炎，則會轉為慢性肝炎。

人體感染了 B 型肝炎病毒，如果在六個月之內，把病毒清除了，這種感染就叫做「B 型肝炎急性感染」。如果感染超過六個月，人體還沒有把病毒澈底清除，它就轉為慢性感染。我們通常說的 B 型肝炎就是這種超過六個月的慢性 B 型肝炎。

肝炎的表現

常見的肝炎症狀有幾種，第一種，出現全身乏力，渾身沒有勁，第二種肝區隱痛、不適，第三種出現食慾缺乏，有的人還會出現厭油、噁心，第四種是精神方面的問題，比如精神萎靡，或者嚴重失眠。

得了 B 型肝炎，自己細心一點也能發現。比如皮膚黃、眼睛黃，還有一種叫「蜘蛛痣」，也是比較容易發現的，蜘蛛痣顧名思義，像個小蜘蛛扒在皮膚上，按一下，它就消失了，一鬆開，又像個蜘蛛似的。一般出現蜘蛛痣，就是比較嚴重的情況了，往往就是肝硬化或者肝癌。

B 型肝炎的傳染途徑

B 型肝炎的傳染途徑主要有三條。

第一，就是經過血液和血製品傳播。現在捐血之前，都會進行 B 型肝炎病毒、C 型肝炎病毒和愛滋病病毒的檢測，所以，現在經過血液傳染的機率已經很小了。

第二，就是母嬰傳染。如果母親患有 B 型肝炎，她生的孩子，可能也會感染 B 型肝炎病毒，現在新生兒經過 B 型肝炎疫苗注射，這個傳染途徑基本上也被杜絕了。

第三，就是經過破損的皮膚和黏膜傳染，比如皮膚和黏膜破損，這時如果與 B 型肝炎患者密切接觸，病毒就可能通過破損的皮膚和黏膜，傳染到體內。

有很多人常常會問，和 B 型肝炎患者一起吃飯，會不會被傳染。其實這種情況下的傳染機率是非常小。因為只要你體內沒有破損黏膜，或者你皮膚是完整的，一般是不會被傳染的。

還有一種情況，就是到傳染病醫院去就診，或者是看望病人，被蚊子咬了，很多人就特別擔心，其實只要你的皮膚或黏膜是完整的，一般是不會被傳染的，因為蚊子叮了 B 型肝炎患者後，病毒含量很低，加上人體自身有免疫力，一般不會有什麼問題。但是如果病毒達到一定的數量，毒力還很強，正好被叮者抵抗力弱，這種情況下可能才會得 B 型肝炎。

檢查要做這幾項

如果懷疑得了 B 型肝炎，在醫院的常規檢查有四項。第一項是做肝功能檢查，看看你的肝功能是不是正常；第二項要做一下 B 型肝炎的篩檢；第三項，要做 B 型肝炎病毒含量的檢測；第四項，就是超音波，因為超音波能看到肝臟的具體情況，到底是肝炎還是硬化，或者肝裡長了腫瘤，一般都可以用超音波篩檢出來。

抗病毒是治療的關鍵

B 型肝炎的治療，第一是要抗病毒；第二是抗炎保肝，比如肝臟已經不正常了，就說明肝上有炎症，這個時候就要進行抗炎、保肝的治療；第三是給予免疫調節治療，尤其是慢性 B 型肝炎的患者，他的免疫力較低，要對他進行免疫調節治療；第四是抗纖維化治療，因為肝炎、肝硬化、肝癌，這是肝病三部曲，治療就是要控制肝炎的進展，不要讓它轉為肝硬化，這種治療就是抗纖維化的治療；第五是對症處理，有什麼症狀，就根據這些症狀，進行調節和治療。

在整個五大類的治療裡面，抗病毒治療是最重要的。因為 B 型肝炎病毒是 B 型肝炎的罪魁禍首，只有把病毒抑制住，病情才能好轉；B 型肝炎有一個治療指南，明確提出抗病毒治療是關鍵。所以在 B 型肝炎的治療上，只要病情適合抗病毒治療，而且條件也允許的話，一定要進行正規的抗病毒治療。

肝炎需要持續治療

肝炎的抗病毒治療，是一個長期的治療，一定要到正規醫院找醫生進行，因為如果無法堅持的話，可能病情反而加重。比如轉氨這個指標，吃降藥的時候，轉氨就降下來，正常了，但停藥以後，它會反跳，甚至還會升高，所以說 B 型肝炎的治療，切忌擅自停藥，一定要遵從醫生的醫囑。有很多患者在用藥期間病情加重，往往並不是藥不好，而是沒有持續治療。

持續定期去醫院檢查也很重要，有的患者一吃上藥，就把醫院當藥店了，來醫院就是為了拿藥，拿完藥就走。一年以後再檢查，身體產生抗藥性。這樣既耽誤病情，也浪費金錢。所以遵從醫囑，定期檢查是非常重要的。

要注意飲食調理

肝炎的治療，要配合適當的日常護理，需要注意生活細節，在飲食方面尤其重要。

首先要戒酒，酒傷肝，各種酒最好都不要沾。還要忌辛辣、刺激、油膩、生冷。

除了控制某些食物，改正某些生活習慣，正確飲食對肝病恢復也有一定的幫助。第一是要吃高蛋白低脂肪的食物，大魚大肉的高脂肪飲食，很容易導致脂肪肝，一旦發生脂肪肝，對 B 型肝炎的治療會有很大的影響。第二就是多吃蕈類食物，比如蘑菇、木耳之類的，它可以提高免疫力。第三就是要注意多吃新鮮的蔬菜和水果，因為含有豐富的維他命。第四是要適量吃一些糖類食物，多吃些豆製品，當然有一部分患者，可能有肝炎性糖尿病，要控制血糖，所以也應當注意控制主食，禁甜食。如果尿酸高，豆製品、海鮮、菠菜之類的食物還是要控制。所以說 B 型肝炎的治療，也是一個個體化的治療，對每一個患者，在治療和調理上都應該有針對性的個性化方案。

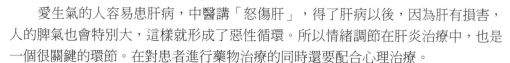

情緒對病情影響很大

　　愛生氣的人容易患肝病，中醫講「怒傷肝」，得了肝病以後，因為肝有損害，人的脾氣也會特別大，這樣就形成了惡性循環。所以情緒調節在肝炎治療中，也是一個很關鍵的環節。在對患者進行藥物治療的同時還要配合心理治療。

　　現在心理治療，主要有三大類，一是暗示想像治療，二是音樂治療，三是生物反饋治療。

　　暗示想像治療是從美國一個癌症中心開始的，他們用暗示治療，配合藥物治療，治療癌症效果非常好，這樣積極的暗示，加上積極的想像與藥物治療，通過分組對比觀察，治療效果要明顯好於單純的藥物治療。

　　音樂治療主要是緩解患者的壓力；生物反饋治療是用儀器調節各項生理指標。

預防 B 型肝炎，注射疫苗最有效

　　要預防 B 型肝炎，注射 B 型肝炎疫苗是最有效的措施，可以到醫院做篩檢，如果沒有抗體，就可以打疫苗，如果抗體滴度低了，B 型肝炎疫苗就要加強。有一些患者，本身就感染過 B 型肝炎病毒，已經澈底清除了，體內有抗體，就不需要注射疫苗了。

　　要打疫苗，還是要先進行檢查，醫生要根據結果來判斷，需要打三針，還是只需要打一針。

　　接種了 B 型肝炎疫苗也不能保證就一定不會得 B 型肝炎，如果體內的保護性抗體滴度很低，免疫力又降低了，再加上喝酒、生活不規律等因素，還是可能會被傳染，即使是注射了 B 型肝炎疫苗，也不能認為完全安全，保持良好的生活習慣，提高自身免疫力，才是抵抗 B 型肝炎病毒的根本辦法。

　　而且 B 型肝炎疫苗現在沒有終身免疫，還要定期去檢查。如果接觸了 B 型肝炎患者，又不小心有傷口，比如醫務人員在給 B 型肝炎患者進行操作的時候，不小心扎破了手，這種情況就要立即進行 B 型肝炎免疫球蛋白注射。這是一種被動免疫。

專家 Q & A

Q 手掌紅就是 B 型肝炎嗎？

A 手掌紅色，臨床上叫「肝掌」，它是肝病的一種表現，但不一定是 B 型肝炎，比如 C 型肝炎、酒精肝，或者是其他原因造成的肝病，都會有肝掌。隨著病情好轉，肝掌是會慢慢消失的，但這可能是一個很漫長的過程。

Q B 型肝炎病毒帶原者需要治療嗎？

A B 型肝炎病毒帶原者大部分是不需要治療的，但如經常有症狀，比如乏力，就需要到醫院進行肝組織穿刺活檢，就是從肝裡面取一塊組織，進行病理檢查，如果纖維化達到一定程度，就需要治療。但大部分 B 型肝炎病毒帶原者是不需要治療的，也就是說一輩子都是一個健康的帶菌者，不會發病。

Q B 型肝炎患者生了小孩以後，孩子會不會攜帶 B 型肝炎病毒？

A 患有 B 型肝炎的孕婦，生下孩子以後，要立即給孩子注射 B 型肝炎疫苗，和 B 型肝炎高效價免疫球蛋白，而且是在不同的部位注射，比如左胳膊打 B 型肝炎疫苗，右胳膊就要打高效價免疫球蛋白。在孩子出生以後的第一個月和第六個月，要注射第二支和第三支 B 型肝炎疫苗，這種阻斷的成功率在 95% 以上。

Q 很多廣告說能根治 B 型肝炎，真的能根治嗎？

A 澈底根治 B 型肝炎，目前還是比較困難，整個 B 型肝炎人群裡，只有不到 2% 的人是可以澈底轉陰性。所以醫生治療從來不給患者承諾，一定會轉陰性。很多廣告說能澈底根治，一般是不可靠的，B 型肝炎患者一定要慎重，最好是到正規醫院進行治療，才不會耽誤病情，更不會花冤枉錢。

Q B 型肝炎病毒帶原者，或者是 B 型肝炎患者結婚之後，需要做哪些防護？

A 不管是 B 型肝炎病毒帶原者，還者是 B 型肝炎患者，可能都會有傳染性，所以說家裡的成員，尤其是密切接觸的成員，一定要去檢查，注射 B 型肝炎疫苗。夫妻之間如果有皮膚或黏膜破損的情況，就要避免密切接觸。注射了 B 型肝炎疫苗以後，如果有了抗體，夫妻生活也無須再做特殊的保護，餐具上也不用特別隔離了。

消化系統

- 胃潰瘍，都是生活習慣惹的禍
- 膽結石，不要誤認為是胃痛
- 痢疾，不能簡單止瀉
- 水是治療便祕最好的藥
- 痔瘡，不要怕尷尬

胃潰瘍，都是生活習慣惹的禍

王志強
中國人民解放軍總醫院
消化內科主任醫師

　　我們每天大約要吃進二公斤的食物，這些食物都要通過胃的處理，營養才能被人體吸收。如此繁重的工作使胃常常處於疲勞的境地，若是生活、飲食不規律，精神緊張，胃就有可能不堪重負而發生潰瘍。此外，幽門螺旋桿菌也是引發胃潰瘍最重要的因素之一。胃有病，千萬不能「忍」著，除了積極治療，精心調養也是很重要的。

胃潰瘍很難受，後果很嚴重

　　很多人認為胃潰瘍也像口腔潰瘍一樣，慢慢就會自癒。事實上，兩種潰瘍是截然不同的。得了胃潰瘍，首先會感覺燒心，火燒、火燎的感覺會讓人很不舒服。為什麼會有這種感覺呢？

　　正常的胃，表面有光滑的黏膜做屏障，黏膜上有一層黏液，它可以阻擋外面侵襲性的物質對黏膜損傷。一旦黏液遭到破壞，黏膜受損，發生潰爛，胃壁就會不斷凹陷，當這個凹陷繼續往下爛的時候，下面有血管就會出血，所以燒心、疼痛之後，如果潰瘍往深處繼續發展，就會引起消化道出血，出現嘔血、便血等。大量出血可能就會有危及生命的出血性休克。即使出血不大，再往下發展，當胃壁爛破的時候就穿孔了，這個時候，吃進的飯就會跑到腹腔裡去，一旦發生這種情況，就會導致腹腔感染，那就非常危急了。

　　上面這個過程是一步步發展而成的，因此當你感覺自己胃部有不適的感覺時，要及時檢查，別讓病情進一步發展。

不良生活習慣是胃潰瘍的源頭

　　發生胃潰瘍有一個誘發的過程，剛開始常常是胃炎，即胃黏膜的炎症，時間長了或是沒有及時治癒，就會對胃黏膜造成較大的損傷，使黏膜不斷潰爛，隨著它的深度不斷加深，便開始出現糜爛，這還是比較淺的，再深一點才是我們所說的潰瘍。

胃炎或其他因素造成的胃黏膜損傷→胃黏膜不斷潰爛→胃黏膜糜爛→胃潰瘍→巨大潰瘍→消化道出血→胃穿孔

造成胃黏膜損傷的因素有很多種，比如吃了有害的物質，可以引起損傷，吃了很燙的東西，會把胃燙壞，加上胃酸作用也會形成潰瘍。再比如吃了酸性較大的食物，就會破壞胃的內部平衡，胃酸侵蝕胃壁，進而產生潰瘍。食物沒有嚼爛就吞下，有可能擦傷胃，食物過冷過熱都會刺激胃，這些都是胃潰瘍的誘因。

很多藥物也會對胃產生刺激，損害胃黏膜。比如芬必得這類藥物，就會損害胃黏膜。還有經常用於預防心臟病的阿斯匹靈等，也對胃有明顯的損害，可以引起胃潰瘍。

除此之外，工作過於繁忙和勞累，精神長期過於緊張，壓力較大，我們的胃酸也會大量分泌，容易出現吐酸水、胃難受，長此以往，胃就很容易被傷害。所以當你在緊張一段時間後就要想辦法讓自己放鬆下來，在你面對緊張的時候，也可以用一點藥物，控制一下胃酸，讓胃黏膜得到適當的休息或修復。

幽門螺旋桿菌，最愛侵犯你的胃

幽門螺旋桿菌是一種傳染性細菌，通過口腔傳染以後，會在胃黏膜上定居繁殖產生毒素，破壞胃黏膜，將黏膜暴露在酸性環境中，這樣就會使黏膜遭受腐蝕而產生潰瘍，這種細菌感染是潰瘍復發的重要根源。

既然幽門螺旋桿菌會導致潰瘍復發，最好的辦法就是澈底消滅它。一般來說，得了胃潰瘍，到醫院檢查，醫生都會告訴你去查看有沒有這種細菌，有就要把它消滅掉，如果不消滅而只是用一些抗酸藥，或者保護黏膜的藥，即使黏膜修復好了，細菌還是會不時對你的胃黏膜發起攻擊，造成潰瘍復發。

幽門螺旋桿菌具有傳染性，又是通過口腔傳染，東方人習慣大家一起吃飯，這很容易讓這種細菌得到傳播。所以分餐制是預防這種細菌的好方法，西方人很少得胃潰瘍，這跟他們的用餐方式有很大的關係。分餐畢竟不太現實，那麼對於容易得胃潰瘍的人來說，建議可以隨身帶一副自己的碗筷，這樣就能大大降低病從口入的風險。

當然，也不是說只要與帶有這種細菌的人一起吃飯就一定會被傳染，如果我們的胃黏膜結構比較好，對細菌來說就無懈可擊。所以，說到底，還是要注意調理腸胃，加強身體的抵抗力。

及時檢查少受罪

很多人得了胃病就忍著，認為忍一忍就過去了，殊不知胃炎拖成了胃潰瘍，小潰瘍拖成了大潰瘍，到頭來受罪的還是自己。所以當你感到胃部不舒服的時候，要及時去看醫生。

醫生會根據你的症狀做檢查，雖然看起來只是在你的肚子上摸了摸，其實他已經知道了很多信息，大概能判別出到底是胃炎還是潰瘍了。當他懷疑你得了潰瘍的時候，會建議你做相應的檢查。

胃潰瘍的檢查，首先還是做胃鏡，將胃鏡從嘴巴伸進去，通過食道到胃裡，胃裡的情況就一目瞭然了。

有很多人會說，胃鏡檢查太痛苦了，還有別的辦法嗎？當然有，比如上腸胃道造影檢查，就是我們喝一種造影劑（鋇劑），然後在 X 光底下看，也能分辨出到底有沒有潰瘍。這兩種檢查，上腸胃道造影檢查自然比較舒適一些，但是，對於潰瘍的發現精確度不如胃鏡，所以為了檢查更準確，長痛不如短痛，還是選擇胃鏡吧。

其實現在的胃鏡技術已經很先進了，醫生的操作技巧也好很多，過程已經不像以前那麼痛苦。由於麻醉藥物的發展，有的醫院可以給患者用一點安眠藥，一覺醒來，胃鏡就做完了。

胃腸道早期發現腫瘤，與胃腸鏡的檢查普及密切相關，比如日本，他們早期胃癌的發現率就很高，大概能達到 50 ～ 60%，為什麼呢？因為他們胃腸鏡檢查的頻率或者接受的程度比較高。所以不要因為怕難受就免去胃鏡檢查，這畢竟要比拖成大病再治要舒服得多。

胃出血仍然需要做胃鏡，首先通過胃鏡可瞭解是什麼地方出血、是什麼原因造成出血，其次，現在的胃鏡不光能看，還能直接進行手術操作，當看到某個地方出血，就可以用胃鏡上的夾子直接止血。

好胃是養出來的

中醫認為，胃是後天之本，人體所需的一切養分都需要胃來收納處理，我們吃的東西很複雜，胃免不了有受傷的時候，想讓胃有持續的動力，精心調養是不可缺少的。

胃潰瘍說到底是胃的內部環境平衡被打破，攻擊性因素增多了，保護性因素減少了。所以調養首先就是要把攻擊性的因素減少，像喝酒、吸菸、濫用藥物、飲食習慣不合理，統統把它化解掉，那這個天平就會恢復平衡了。

胃沒了問題，接下來就要保持這種平衡，平時要多吃對腸胃有利的食物，比如偏鹼性的食物、稀軟的飲食，並注意細嚼慢嚥，減少胃的負擔；注意食用一些可以保護胃黏膜的食物，如牛奶和雞蛋等；魚蝦中富含有利於潰瘍黏膜修復的微量元素鋅，可多吃。

還要避免過度勞累和情緒緊張，消除思想顧慮，生活要有規律，注意勞逸結合。

胃潰瘍發病期間，更要合理地安排飲食。比如在潰瘍初期，忌食肉湯和甜羹等，因為這些食物可促使胃酸分泌過多，對潰瘍癒合不利。在潰瘍活動期，要避免食用堅硬、粗糙和含纖維素較多的食物，如油炸食品、芹菜、竹筍、韭菜以及酸甜水果等，這些食物不僅會增加胃腸負擔；而且會直接刺激潰瘍面，引起疼痛，甚至誘發潰瘍出血和穿孔等嚴重併發症。

不宜吃得過飽，以免引起胃內食物淤積，促進胃酸分泌而加重病情。平時可適當吃點含糖較少的餅乾，因為香酥可口，易於消化，進入胃內可中和胃酸，從而減輕胃酸對潰瘍面的刺激和腐蝕作用，有利於減輕疼痛和潰瘍面的修復。

生冷性寒、過熱、辛辣刺激的食物都可能引起胃內血管擴張、充血，而誘發潰瘍出血或加重病情，最好不要吃。紅薯、南瓜等產氣多的食物以及易產酸的糖類和甜味食品，也應盡量少吃或不吃。

盡可能避免服用對胃有刺激的藥物，如阿斯匹靈、非類固醇的消炎藥、激素等。

專家 Q & A

Q 胃潰瘍需要多長的時間才能治癒？

A 　胃潰瘍通常需要治療八週，但要根據個人的情況而定，比如反覆發作的潰瘍，醫生可能會延長某些藥物的治療時間加以鞏固，如抑制胃酸的藥或者胃黏膜的保護藥。有時候還會複查胃鏡，因為胃潰瘍的表現有時候和胃癌很像。一般來說，治療八週，再休息一個月，就該複查了。

Q 得了胃潰瘍能喝優酪乳和牛奶嗎？

A 　牛奶和優酪乳會在潰瘍面的表面形成一層膜，會隔離酸等侵蝕性物質。所以優酪乳和牛奶對消化道潰瘍都有好處。不過也要因人而異，若本身對牛奶不耐受，喝了以後會肚子脹、拉肚子，就不宜飲用。

Q 聽說吃饅頭切片能治胃潰瘍，這是真的嗎？

A 　對胃潰瘍患者來說，除了休息，飲食也是一種養胃的方式，饅頭切片多是鹼性，對潰瘍的修復有好處，但不是說饅頭切片吃了就一定會治好潰瘍，那是不科學的。饅頭切片建議不要吃乾的，太乾可能會刺激胃，可以把它泡軟一點。此外，蘇打餅乾也是不錯的選擇。當然正確的食療、多吃粥等，對胃潰瘍的康復和調理都是有好處的。

Q 得了胃潰瘍能吃韭菜嗎？

A 　吃了韭菜會產生大量的胃酸，胃炎、胃潰瘍患者最好不要吃韭菜。此外，像紅薯、綠茶，雖然對身體很好，但對於胃潰瘍患者來說，很容易加重病情，最好不要食用。咖啡、菸、酒都有一定的刺激性，也要盡可能戒除。

Q 胃潰瘍和消化性潰瘍是同一回事嗎？

A 　消化性潰瘍是一比較大的範疇，凡是由於消化酶、胃酸等所造成的黏膜損傷，我們都稱為消化性潰瘍，它涵蓋了胃潰瘍、十二指腸潰瘍、小腸潰瘍等。

膽結石，不要誤認為是胃痛

王志強
中國人民解放軍總醫院
消化內科主任醫師

　　很多人認為膽結石不要緊，其實不然，如果沒有及時治療，它還會引起身體相關部位的病變，甚至會引發癌變。想要靠吃藥解決問題也不實際，手術是解決結石最有效的辦法。由於膽結石的疼痛表現與胃病很相似，所以出現腹痛，切不可認為是胃痛而大意。

身體裡的石頭是怎樣形成的

　　我們的身體裡，由於各式各樣的原因，也會出現一些「石頭」，這些石頭主要有兩種。一種是膽固醇結石，主要與高膽固醇血症有關。換句話說，如果誰得了高膽固醇血症，肯定就會有血脂代謝方面的問題，時間長了，在膽囊裡就會形成「石頭」，叫作「膽固醇結石」，這類結石比較多見。

　　另外還有一部分「石頭」，是在總膽管裡的，來源有兩種，一種是從膽囊裡面不斷掉出來的，也是膽固醇結石，只是掉在總膽管裡；另一種是本來就長在總膽管裡，叫「色素性結石」，我們的膽汁裡面有膽紅素，它是膽汁中的一種重要成分，當它包裹了一些食物、細菌等載體以後，就形成了石頭。

與胃病疼痛很相似

　　當結石堵在某個部位時，就會造成膽汁排泄不暢，膽囊就會越來越大，像吹氣球一樣。我們的膽囊壁有一定的張力，膽囊變大也有一定的極限，在不斷增大的過程中，膽囊的血管就會被擠壓，所以膽囊壁就會缺血。同時裡面的膽汁混雜有細菌，也會發生感染，所以相當於一個膿包在長大，到了一定的程度就會引起疼痛。

　　這種疼痛，自己感覺和胃痛很難區分。因為膽囊與胃和十二指腸的位置很接近，或者是有重疊，而且由於膽囊裡面的壓力很大，也會造成胃部不舒服，如噁心、嘔吐、不想吃東西，所以一旦發生腹痛，很多情況下都會被誤認為胃痛。

但是膽結石的疼痛與胃痛還是有區別的，膽結石一般都是絞痛，疼痛點位於右上腹，有時疼痛會反射到肩部，同時伴有噁心等，再嚴重點就會有發熱，而胃痛一般是脹痛。要想確切知道到底是哪裡的問題，做超音波檢查就能鑑別。

有時醫生觸診也能發現，如果是膽結石，可能會摸到一個包，摸起來感覺很痛，這時可能就是急性化膿性膽囊炎，需要及時治療，否則很可能發生膽囊穿孔，穿孔後膿流到腹腔內就比較麻煩了。

眼睛發黃，我們一般知道的是肝炎引起的黃膽，如果是病毒引起的還會傳染，所以大家對這個比較在意。但其實結石引起的膽道阻塞，眼睛也是黃的，因為膽汁排不出來了。還有其他原因，比如腫瘤堵住膽囊，也會造成眼睛發黃。

長期結石會癌變

膽結石病情較輕，或者還沒有疼痛發生的時候，一般不會去看醫生，但是如果經過體檢發現結石，即使不痛，也需要及時治療。

首先是在不經意的過程中，比如暴飲暴食，就會促進膽囊明顯收縮，就會把結石推下來，卡住，這時就會出現劇烈疼痛；其次，石頭本身就是個異物，會不斷刺激膽囊，時間長了就會有慢性炎症，慢性炎症在一定條件下會癌變，也就是會得膽囊癌。

所以健康的人一定要定期去做健康檢查，才能發現類似膽結石這樣還沒足以引起疼痛的疾病。

膽囊不可隨意切除

既然膽結石可能變成癌，把膽囊切了不就安全了嗎？其實不然，膽囊還是有它的功能，它相當於我們人體的一座水庫，平常分泌的膽汁，都存留在這個地方，當我們吃飯後，它就會收縮，將膽汁排送到腸腔，保證吃下去的食物能得到消化。不吃食物時，膽囊就將膽汁儲存起來，所以不能輕易地把膽囊切掉。

當然，如果膽囊出現危害健康的疾病時，不得已還是要把它拿掉。目前在膽結石的治療中，很強調觀察，就是可以長期觀察下去，只要沒有問題就留著它，如果經常犯病，或在觀察過程中出現一些不好的徵兆，就要及時把它切除。

吃藥是吃不掉石頭的

很多人會有一種想法，就是認為吃某種藥可以把結石化掉，這固然是個非常美好的願望，但時至今日，我們還沒有找到一種確切的藥物，能夠把膽結石化掉。即使有些藥物有一定的效果，但在化掉結石的同時，也會帶來很大的副作用。因此膽結石的治療，重點不在於藥物治療，至於發炎時用藥物來消炎，是可以的。

對於較輕的膽結石，還是強調觀察；如果結石經常引起疼痛，或者出現早期癌變的跡象，最佳的治療辦法就是通過手術把結石拿掉，當然膽囊也要一塊切掉，因為石頭的形成和膽囊密切相關，如果只把結石取掉，一段時間後可能還會再長出結石。

膽囊切除手術的創傷不大，隨著醫學發展，現在有一種很先進的技術，叫「腹腔鏡技術」，就是通過腹腔鏡來切除膽囊，只需在肚子上打三個孔，通過腹腔鏡就能把膽囊拿出來，是一種微創治療，只需半小時左右，第二天即可下床，休息一天就能出院。

手術後的注意事項

手術治療是把膽囊中的石頭拿掉，但手術必然會有創傷，而且也會影響到一些功能，所以術後恢復還需要注意。

第一，減少飯量。膽囊沒有了，膽汁就沒地方可存，只能留在膽管裡，膽管裡能存的量是遠遠不及原來的膽囊，自然會影響消化，比如我們吃飯的時候，需要 50 毫升膽汁來幫助消化，現在由於膽囊被切除了，儲存不夠，只能提供 10 毫升，那麼消化功能自然就會下降了，所以說手術後第一項要注意的就是飯量要減少，以免造成積食不化。

第二，適當地活動。不要認為做了手術，就得躺在床上不動，躺著不動會造成腸道的黏連，引起腹痛。但活動也不能過於劇烈，否則傷口會裂開。

第三，就是要觀察自己身體的反應。手術做完後，應該是一個平穩度過的過程，但不能保證人人都是平穩的，所以回家後要注意身體的反應，主要觀察有無發熱、腹痛及其他不適，一旦有異樣，要及時去醫院複診檢查，及時處理。

幾個誤解需要認清

一是過度治療，一旦得了膽結石，就覺得不得了，要求醫生盡快把它拿掉。其實有的時候，檢查出來有結石，但是沒有症狀，也沒有任何不適，膽囊壁用超音波去檢查，也是光滑的，沒有任何癌前表現，這個時候把它切掉是完全沒有必要的，因為切掉之後給身體帶來的影響要比留著更大。

二是不治療，無論如何都要保留膽囊，即使是膽囊病變已很嚴重，還非得留著它不可。這個時候保留膽囊，危害已經很大了，所以切除才是明智的選擇。

三是相信能把石頭排出去，堅持不手術。實際上不手術要排石的希望是很渺茫的。還有人檢查出來有結石之後，就不敢吃飯了，一天天地消瘦，渾身沒勁，然後就覺得自己得了很重大的病。其實不然，只要掌握吃飯的量，使身體能夠承受，就不會有什麼大問題。

專家 Q & A

Q 得了膽結石，到醫院需要做哪些檢查？

A 最常見的檢查，就是做超音波。超音波檢查有幾大好處，第一是簡單，第二是無創，第三是便宜，第四是對膽結石的診斷發現率最高。因為膽結石在超音波檢查中會有很典型的表現，有一個強回聲，後面還有像彗星尾巴一樣的聲影。接下來可能還會有一些其他的檢查，如血液生化指標（比如膽紅素的情況），或者檢查有無脂質代謝方面的障礙等，換句話說就是超音波加抽血檢查。

Q 膽結石患者為什麼吃雞蛋不舒服？

A 雞蛋是優質的動物蛋白，如果人體對蛋白質的耐受性差，吃多了膽汁分泌的速度就會加快，把石頭沖過來卡住，就會出現疼痛。這個承受的量每個人都不一樣，比如有的人膽汁每秒流十公分，膽結石都不動，所以他可以多吃，有的人膽汁每秒流二公分，石頭就動了，所以可能吃一點就受不了。但也不是說永遠都是這樣，隨著身體狀態的不同，對蛋白質的耐受程度也會慢慢改變。

Q 膽結石手術後感覺腸胃不舒服，經常拉肚子，是什麼原因？

A 有兩個原因，一是膽囊切除後，身體的代償不好，容易拉肚子；二是可能與其他疾病有關，比如腸道菌群出現問題、腸功能有問題、腸道蠕動過快等。切確情況最好到醫院去檢查，如果是腸道問題，用一些調節腸道的藥；如果是膽道問題，可能會用一些消化酶來幫助解決。

如果是膽囊切除後身體適應不良，就需要有一個初期的磨合，吃飯要慢慢來，剛開始的時候少吃，否則就會出現拉肚子的情況。度過這個時期以後，就要慢慢適應，感覺好些時，可適當增加食物，讓身體慢慢適應，逐漸進入正常人的狀態。

Q 膽囊炎和膽結石有什麼區別？

A 這兩種病是互為因果的，比如膽囊經常發炎，那麼它分泌的東西和膽汁混合，就容易長出石頭來，長了石頭以後，又會對膽囊壁造成機械性摩擦，反過來又引起膽囊炎。如果石頭卡到了某個地方，膽囊的炎症就會加重，非常痛。

痢疾，不能簡單止瀉

李　琳

中國人民解放軍第三○二醫院
綜合門診部主任、全軍臨床心理學專業委員會委員

發生腹瀉怎麼辦？止瀉，當然沒問題，但是簡單止瀉並不能解決問題，有時還可能引發危險。比如桿菌性痢疾，就不能單靠止瀉解決。病從口入，痢疾主要就是經口傳播，所以養成良好的衛生習慣是杜絕桿菌性痢疾的最有效方法，一旦發生桿菌性痢疾要及時檢查治療，切不可拖延和簡單止瀉，特別是兒童桿菌性痢疾，有時會很危險。

痢疾不等於拉肚子

根據傳統經驗，一聽到痢疾，我們都會認為是拉肚子，確實，桿菌性痢疾也會拉肚子，但是並非只是拉肚子。

桿菌性痢疾在臨床上有四大症狀，第一是發熱，因為它是細菌性感染，一般的菌性感染都會有發熱；第二是腹痛、腹瀉，但是這種腹痛主要是左下腹疼痛；第三是裏急後重感，就是有便意，但是去了廁所，卻不能夠排解出來；第四是黏液濃血便。出現這四大症狀，就有可能是桿菌性痢疾，這時候，就不能把它當作普通腹瀉來對待。

小心病從口入

桿菌性痢疾，是一種夏秋季常見的急性腸道傳染病，主要是經過口傳播，比如我們吃進了被痢疾桿菌汙染的食物，或者飲用了被痢疾桿菌汙染的水，當痢疾桿菌進入體內後，就可能患上急性桿菌性痢疾，所以桿菌性痢疾可以說是典型病從口入的疾病。

因為桿菌性痢疾主要發病在夏秋季，又是急性腸道傳染病，所以預防尤為重要，要做好以下幾點。

（1）首先要做好「三管一滅」，三管就是管理好飲食、管理好水源、管理好患者；一滅就是要滅蒼蠅和蟑螂，因為蒼蠅和蟑螂是痢疾桿菌傳染的重要媒介。

（2）其次要加強個人衛生，養成良好的衛生習慣，要做到飯前便後洗手，去外面就餐要選擇衛生狀況好的環境，不吃路邊攤。

（3）蔬菜水果要清洗乾淨，因為很容易被蒼蠅叮咬，增加被細菌汙染的機會，尤其是葡萄，如果沒洗乾淨，特別容易使人感染桿菌性痢疾。

桿菌性痢疾分三種

桿菌性痢疾分為三種，第一種是典型，主要表現就是上面所說的四種症狀；第二種是非典型，顧名思義，就是症狀不那麼典型；第三種是中毒型，主要發生在 2 ～ 7 歲的兒童，而且病情一般都比較嚴重，病死率在 20% 以上。

如果按照病程來分的話，可以分為急性和慢性兩種，如果是在二個月之內，就叫「急性桿菌性痢疾」，如果病程超過二個月了，則稱之為慢性桿菌性痢疾，如果是兒童的話，病情超過 45 天也可定為慢性。

檢查與治療

要診斷腹瀉是不是桿菌性痢疾，第一要看最近是否接觸過細菌，比如說這一週內是否食用了不潔的食物，或者飲用了不潔的水，是否與桿菌性痢疾患者有過密切接觸；第二是看臨床表現，就是上面的四種表現；第三是驗血，由於是細菌性感染，所以白血球數就會高；第四也是最重要的，就是要做糞便檢查和糞便培養，這對選用合適的抗生素有很好的參考作用。

一旦懷疑得了桿菌性痢疾，應該及時去醫院檢查，以便及早確診及早治療。

確診桿菌性痢疾後，就要做針對性治療，一般分為兩個方面，一般治療和對病原進行治療。一般性治療首先要進行隔離，避免傳染他人，其次是要臥床休息，確保睡眠，因為人在抵抗力下降的時候，可能會得各種病，臥床休息，確保充足的睡眠，也是為了提高抵抗力，盡快讓身體恢復，最後就是在飲食方面特別注意，一定要吃少渣易消化的食物，最好是流質或者半流質食物，以免增加腸道負擔。

在做好一般性治療的同時要對病原進行治療，第一是要做糞便培養，以選擇對細菌敏感的藥物進行治療，第二是要選擇吸收度高的抗生素，現在常用的是諾酮類的抗生素，如呱酸和諾氟沙星，效果比較好，而且不容易產生耐藥，但兒童還是要慎用，第三是要完成整個療程，不能少於 5 ～ 7 天。

日常護理

對於桿菌性痢疾病人的護理要做到以下幾個方面。

首先就是要隔離休息，這不僅是為了保護周圍的人不受感染，更重要的是，充足的休息能讓病人恢復體力，提高身體的抵抗力，盡早康復。

其次，注意飲食，應做到以下幾點。

（1）飲食要易消化，流質或半流質，要盡量少吃粗纖維的食物，因為它不容易消化，容易加重腹瀉。

（2）宜吃清淡飲食，而且最好是熱的。忌吃辛辣、刺激、油膩的，避免加重腸道負擔。

（3）不要喝冷水，因為它會刺激腸道。

此外，養病期間還要注意環境衛生，防止蒼蠅蚊蟲叮咬，以免造成細菌傳播。

如果病情加重了，特別是出現脫水，或者酸中毒的情況，就需要輸液補水了，同時一定要及時送醫院急救。

推薦食譜

馬齒莧粥

■ 原料

馬齒莧 200 克，白米 75 克。

■ 做法

（1）將馬齒莧洗淨後切碎。

（2）鍋中放入適量清水，將馬齒莧放入，再加入白米，大火煮開後，改小火煮至粥熟即可。

■ 功效

醫學研究發現，馬齒莧對大腸桿菌、痢疾桿菌、傷寒桿菌都有很強的殺菌作用，被稱為天然抗生素。

推薦食譜

大蒜粥

■ **原料**

紫皮大蒜 5 瓣，白米 50 克。

■ **做法**

（1）將大蒜剝皮，拍破切碎。

（2）鍋中放入適量清水，將白米、大蒜末一同放入，大火煮開後，改小火
　　　煮至粥熟即可。

■ **功效**

大蒜有較強的消炎殺菌作用，與白米一同煮粥食用，能有效防治腸胃疾病。

兒童桿菌性痢疾最危險

對於兒童來說，一般的桿菌性痢疾，按成人的方式處理就可以，但是要警惕中
毒性痢疾，因為中毒性痢疾多發於 2 ～ 7 歲的兒童，病死率又很高。而且兒童得了
中毒性痢疾一般會出現高熱，有時不拉肚子，那麼就會造成毒素在腸道內積聚，毒
素若被人體吸收，後果就非常嚴重。

中毒性痢疾，又分為休克型、腦型和混合型，這都是非常嚴重的疾病。

休克型，顧名思義，就是以休克為主要表現，表現為面色蒼白、四肢冰冷，而
且皮膚可能發花，血壓也可能下降，心跳也加快，很快就進入休克狀態。腦型主要
以中樞神經系統的症狀為主，可能就是抽搐、昏迷，之後會出現瞳孔大小不一致，
這也是很嚴重的。混合型就是休克型和腦型混合在一起的一種狀況，因為情況更複
雜，所以危害更大。

所以兒童得了痢疾，千萬不可疏忽拖延。

無論是兒童還是大人，得了痢疾，都需要及時治療，如果急性痢疾不及時治療，
會轉成慢性痢疾，這時候患者就成了潛在的傳染源，這種危害就變成長期的。而且
不及時治療還會造成身體脫水、電解質紊亂、酸中毒，對各個臟器都會產生傷害。

專家 Q & A

Q 桿菌性痢疾一定有粘液性血便嗎？

A 如果是典型的桿菌性痢疾，一般有粘液性血便；如果是非典型的桿菌性痢疾，不一定有，所以臨床診斷不能光靠粘液性血便，正確的診斷依據還是要看糞便檢查的結果。

Q 經常腹瀉是怎麼回事？

A 如果經常出現腹瀉，應去醫院檢查，因為腹瀉是很多疾病的共同表現，比如病毒性感染、細菌性感染、神經官能症，都有可能出現腹瀉。尤其是年齡大的人，如果經常腹瀉，一定要及時就醫，因為腸道的腫瘤也會出現腹瀉。

Q 與痢疾患者一同吃飯會不會被傳染？

A 如果不注意衛生，是很容易被感染的，但感染了細菌也不一定就會生病，這要看細菌的數量和致病力，以及你身體的免疫力，如果細菌的數量很多，致病力很強，正好又是你抵抗力很弱的時候，那就有可能會被感染。

Q 服用疫苗會有效果嗎？

A 現在有口服的活菌苗，可以預防桿菌性痢疾，但桿菌性痢疾分為四亞群（A、B、C、D），而且不同亞群的血清之間沒有交叉免疫，所以即使服用了預防某個亞群的疫苗，還可能會感染其他亞群的細菌，而且疫苗的免疫保護期也只有 6 ～ 12 個月。所以不要指望服用疫苗就能萬事大吉。

水是治療便祕最好的藥

王　宜
中國中醫科學院廣安門醫院
食療營養部主任

生活中，由於工作或其他某些原因，我們經常會長時間坐著，再加上喝水太少，飲食又過於精細，很容易就引發便祕的煩惱。預防和緩解便祕，最簡單的方法就是多喝水，每天確保二千毫升的飲水就能有效預防便祕。飲食方面則要避免辛辣刺激，多吃富含膳食纖維的蔬菜。

便祕也是現代病

現在便祕的人越來越多，這與物質生活豐富，以及某些生活習慣有直接關係。過去要想吃點白米、麵類很困難，主食都是五穀雜糧，再加上蔬菜，這些食物的膳食纖維含量很豐富，所以不會便祕。現在食物越來越精細，便祕就不時來騷擾了。

便祕與運動量減少也有關係，過去交通不太方便，不管去哪裡做什麼都需要走路。而現在大多開車，運動量減少了，腸道的蠕動消化自然就緩慢，很容易得便祕。

此外，一些疾病也是誘發便祕的原因，比如腫瘤相關疾病、糖尿病等。

痛苦來自不通

我們所吃下的食物應該能夠正常排泄出來，而這個過程實際上是一個生理代謝的過程。中醫有句話叫作「通則不痛」，說的是人體經絡暢通則身體就不會出現這樣那樣的疼痛，那麼腸道不通，廢物在體內積聚，當然也是要痛的，便祕帶給人痛苦也是這個道理。

臨床上，要確定是不是便祕，主要是觀察排便次數，症狀通常以排便次數減少為主，排便困難或排不盡，水分含量降低，糞質乾硬而不易排出。在不用瀉藥的情況下，每 2 ～ 3 天或更長時間排便一次，即可視為便祕。

便祕的原因

便祕的原因，歸結起來，主要有三種。

第一種是病理性的，如腸黏連、腫瘤，就可能出現腸阻塞，一般這種現象醫學上叫作「腸道阻塞型便祕」，這類便祕一般只要去除病因就能得到緩解。

第二種是由於吃進了某些食物，比如濃茶、咖啡，造成了腸壁痙攣，以至於大便不能夠很順暢地排泄，這種便祕稱為「痙攣性便祕」。

第三種就是我們平常吃的東西所造成，比如辣椒吃得過量，會刺激胃腸，造成腸胃動力不足，或者食物過於精細，缺乏膳食纖維，使腸的蠕動變慢或者失調，這種便祕叫「弛緩性便祕」，這也是最常見的一種。

防治便祕多喝水

喝水也是有學問的，對於便祕者來說，最好是喝淡鹽水來緩解。

淡鹽水就是在水裡面加一點鹽，因為淡鹽水的滲透性好，但要注意沒有便祕的時候，盡可能不要飲用淡鹽水，這樣無形中會增加鹽的攝入量。

說到飲水，這裡要糾正一個普遍存在的習慣，那就是喝蜂蜜水。很多人喜歡在早上起床後喝一杯蜂蜜水，尤其是便祕者，認為對便祕有緩解作用，其實這是不科學的。蜂蜜水確實可以緩解便祕，但是蜂蜜水含有糖類，在代謝過程中，會影響水到達身體細胞的速度，所以它對細胞的補水效果比單純的水分子要差。所以大家早晨起來空腹喝水，第一杯水最好還是以白開水或淡鹽水為好。

不光要喝對水，還要在合適的時間喝，這樣效果才更好。喝水一定要抓住黃金時間，早晨起來人體代謝最快，所以上午補水效果最好，既能減輕體內負擔，又能盡快給細胞補足水分。

喝水的量也很重要，喝多少首先跟每個人的體質有關係，特別是代謝，其次是跟年齡有關係，如果要給一個範圍的話，每天約 1,600 ～ 2,000 毫升，也就是 200 ～ 250 毫升的水杯，應該喝 6 ～ 8 杯。但若是有腎病，就不能強求這個量，需適當減少。

吃對飲食防便祕

便祕的原因，除了疾病，主要是飲食不當，前者較難預防，而後者則是我們完全可以把握的。

不管你是哪個類型的便祕，都要確保喝水量，給細胞補充足夠的水，減緩因為乾燥而造成的便祕，這是我們最容易做到的，而且不管是哪個症狀都通用。

對於腸道阻塞型便祕，首先要治療，治療過程中也要配合飲食，少吃刺激性強的食物，多以粗纖維多、富含糖類為主的食物來緩解，飲食緩解配合治療效果會更好。

弛緩性便祕在飲食中一定要攝入足夠的維他命 B 群，維他命 B 群主要存在於麥麩、粗糧、全麥等食物中。

新鮮水果蔬菜是我們日常生活中必不可少的，食用新鮮蔬菜也可以按便祕類型選擇，比如弛緩性便祕，可以選擇粗纖維多的，如芹菜、韭菜、油菜，如果是痙攣性的，就可以選一些纖維相對短一點的，比如馬鈴薯、豆芽等。

對於痙攣性便祕，想要緩解刺激，借助蜂蜜是一個非常好辦法，也可以吃一些堅果，攝入一定的油脂來達到潤腸的效果。

推薦食譜

三仁蜜

■ 原料
花生仁 60 克，杏仁 20 克，芝麻 40 克，蜂蜜 60 克。

■ 做法
（1）將鍋子洗淨燒乾，把芝麻、花生仁、杏仁分別下鍋焗炒熟，一起放入攪拌機中，絞碎。
（2）將蜂蜜放入打碎的三仁中，攪拌均勻，放入密封的深色玻璃罐中。每天早晚各吃一次，每次食用 5 ～ 10 克。兒童減半。

■ 功效
花生仁、杏仁、芝麻都含有不飽和脂肪酸，能潤腸通便，蜂蜜也有潤腸通便的作用。

推薦食譜

炒竹筍

■ 原料

竹筍 200 克，薑絲、蔥花、鹽、太白粉水、香油各適量。

■ 做法

（1）竹筍切大片，放入沸水中焯 5 ～ 10 分鐘，撈出。

（2）鍋中放入適量的油，加入薑絲煸炒一下，下入蔥花、竹筍煸炒至熟。

（3）加適量鹽，下太白粉水勾芡，淋入少許香油，即可出鍋。

■ 功效

竹筍富含膳食纖維，能促進腸道蠕動，有助於糞便形成並排出。

孕產婦便祕好調理

孕婦是便祕的高發人群，在懷孕過程中，孕婦的腹腔壓力加大，腸腔的阻力也會相對變大，自然就不容易排解大便而發生便祕。此外，孕婦所吃的食物往往比較精細，更容易便祕。幾乎所有孕婦都會出現這種情況。

由於孕婦情況比較特殊，用藥對胎兒不利，因此，要緩解便祕主要還是通過飲食調理和運動來達成。

孕婦預防便祕的飲食建議

（1）多吃富含膳食纖維的食物。

（2）少量多餐，可緩解胃脹感，改善消化不良，進而改善便祕。

（3）飲食要有規律。

（4）多喝水，每天清晨一大杯溫開水可清潔腸道，軟化糞便，緩解便祕。

（5）多吃促進排便的食物，如蘋果、香蕉、梨、菠菜、海帶、黃瓜、芹菜、韭菜，香蕉是潤腸通便的理想食物，但是香蕉糖分很高，大量吃或長期吃對孕婦不利，只能作為水果適當吃一些。其他食物可選的範圍就很廣了，比如馬鈴薯，營養全面又富含粗纖維，可促進胃腸蠕動，幫助消化，加速腸道廢物排出；玉米中膳食纖維含量很高，能刺激胃腸蠕動，加速糞便

排泄，對妊娠便祕大有好處。此外，黃豆、芋頭、草莓、高麗菜、生菜、竹筍、豌豆、紅薯、優酪乳等都是預防便祕很好的食物，而且都適合孕婦食用。

（6）避免食用過於精細的食物和不易消化的食物，如蓮藕、蠶豆、荷包蛋、湯圓，以及辛辣的食物，如辣椒、芥末、咖喱、洋蔥等。

除了注意飲食，加強運動促使胃腸蠕動、防止便祕也很有效果。不過很多孕婦會擔心運動量大會不會出現問題，而且便祕一般在孕中後期出現較多，運動起來也不太方便。這裡可以教大家一個簡單又安全的運動方法——揉肚子。

將一隻手放在腹部，順時針輕柔地揉腹，幅度不要太大，不要影響到胎兒。揉肚子實際上是給予腸道一定的刺激，加快腸道的蠕動。順時針揉，有促進腸道將糞便向外排的功能，相當於給腸增加一個外部的動力，促使它排便。

但一定要注意不要逆時針揉，逆時針揉可以幫助止瀉，效果正好相反。

專家 Q & A

Q 平時愛運動，也愛吃蔬菜，為什麼還會便祕？

A 如果經常運動，也注意飲食，還是出現便祕，很可能與飲水量不足有關，平時不能口渴了再喝水，喝水不只是為了解決口渴問題，更重要的是要維持生理平衡，身體缺水，很容易就便祕了。

Q 多吃含粗纖維的食物就能防治便祕嗎？

A 大家都知道便祕要多吃含粗纖維的食物，其實，粗纖維並不一定就對便祕有好處，比如出現了痙攣性便祕的時候，若是再吃粗纖維食物，就會促使肌纖維的收縮更緊，這樣就會使腸腔變得更窄，腸道動力也會更差，更不容易排便。

所以便祕還是要到醫院，讓醫生根據你的描述，判斷出你屬於哪種類型的便祕，再進行針對性治療。

Q 老年人經常吃粗糧有好處嗎？

A 對老年人來說，每天的飯量本來就很少，如果三頓飯都不斷地補充粗纖維，便祕雖然緩解了，卻會影響營養素的吸收，在攝入的有限食物中，又有大量的營養素流失，就會造成新的問題——老人營養不良。所以老人既要經常吃粗糧，還要注意粗細搭配，否則就會造成營養偏失。

Q 便祕可以吃瀉藥嗎？

A 關於吃瀉藥，很多人會有心理負擔，首先會擔心依賴，其次是緩解以後，停了瀉藥又便祕。吃瀉藥主要是要解決當前痛苦的問題，比如有心臟病、腎臟病的人，大便不通暢會帶來很嚴重後果的，在這種情況下，吃藥能夠迅速緩解便祕，但緩解之後，要反思便祕的原因，一點一點糾正，不要依賴瀉藥解決問題。

痔瘡，不要怕尷尬

王長順
北京二龍路醫院
肛腸外科主任醫師

痔瘡這種病，很多人是不願提及的，因為免不了會有些尷尬，也有不少人對治療心存顧慮。其實怕尷尬對病情是有害無益的，正視它，才能從根本上解決問題，解除痛苦。痔瘡的治療並不是簡單手術切除就行了，要選對適合自己的方法，才能達到有效治療的目的。

內痔外痔混合痔，症狀各不同

痔瘡的分類，簡單地說，內痔分四級，外痔分四型，混合痔不分類。

內痔第一級，主要表現是便血，鮮紅色的血便；第二級除了便血以外，可能會出現痔核脫出，但是可以自行緩納，也就是自己縮回去；第三級期除了有上述症狀以外，脫出以後不能自行緩納，常常需要用手協助給推回去；第四級則是痔脫出後回縮後又自行脫出。

常見外痔有四種類型，即血栓性外痔、炎性外痔、結締組織外痔、靜脈曲張性外痔。四種外痔表現各有不同，血栓性外痔，在痔瘡部位的小血管發生破裂，形成一個小血塊，一般能感覺到突然有些疼痛，局部有個小腫塊，大的有栗子大，小的有花生米大，表面上看是紫藍色；炎性外痔，大多在肛門外，原來就有一些小的痔瘡，當它發炎了，患者就會有症狀，比如會有一些疼痛、夾持感，甚至有些分泌物，隨著體積的增大，患者很不舒服；結締組織外痔，俗稱皮贅，這種情況一般沒有明顯症狀，只是局部有點異物感；靜脈曲張性外痔是最常見的類型，一般表現為局部有些血管擴張，但主觀感覺不是很明顯。混合痔就是既有內痔又有外痔的情況。

發現痔瘡的蛛絲馬跡

相對於其他疾病，痔瘡還是比較容易判斷的。痔瘡大概可以簡單地歸納為三大症狀，第一出血，第二脫出，第三腫脹疼痛，而且腫脹疼痛一般一次發作常常是持續幾天。

判斷有沒有痔瘡，最簡單的方法，就是上廁所的時候觀察是否有血，擦的時候如果發現有血，很可能就是得痔瘡的標誌。

從容檢查不尷尬

現實生活當中，很多人得了痔瘡之後，不太願意到醫院去看病，以為這個病似乎不太嚴重，更覺得診治起來有點尷尬。其實完全沒必要多慮，諱疾忌醫才是極其愚蠢。

一般來說，痔瘡檢查首先要視診，也就是看，看是否有脫出或外痔，一眼就能看出來。其次是要做指診，就是用手指去探摸痔瘡的部位，有些痔瘡能摸到，有些痔瘡是摸不到的，假如痔瘡沒有發生纖維化，沒有血栓形成，就不一定能摸到。這種檢查除了診斷痔瘡以外，更多是要排除其他疾病，比如摸到有腫物了，那就有可能有別的病，因為其他疾病有些症狀可能和痔瘡的表現很相似，比如直腸癌，若不能準確診斷，只當一般痔瘡來治療就很危險了。

最後是肛門鏡檢查，肛門鏡可以更清楚看清裡面的情況，比如是否有糜爛、滲出、充血、水腫等，再往深一點還可能發現息肉等。因此肛門鏡可以檢查出指診無法弄清的一些狀況。

檢查痔瘡，專科醫院一般有一個專項的檢查，叫「蹲位檢查」，就是讓患者取蹲位排便的姿勢來檢查痔瘡的情況，因為有些症狀在躺著的情況下不會顯露，蹲位檢查則可以充分表現出來，甚至可以看清有幾個痔核脫出、面積多大、脫出有多深、表面有沒有出血、是否有潰爛等，一般在痔脫出比較明顯的情況下才會做蹲位檢查。

適合自己的治療方法才是好方法

痔瘡的治療方法有很多種，可以分為三大類，第一類是藥物治療，第二類是微創治療，第三類是手術治療。

藥物治療主要就是通過口服藥物進行治療，一般針對病情較輕的情況。

微創治療是介於藥物治療和手術治療之間的一種，針對的也是比較輕的痔瘡。如果藥物治療效果不明顯，就可以採用微創治療，微創其實也是手術，只是它的操作創口小、疼痛輕、恢復快。

手術治療的方式有很多種，選用哪一種手術方法，需要依個別需求選擇，比如現在有一種手術方式叫作「痔瘡環狀切除手術」（PPH），相對於一般傳統的痔瘡手術，疼痛較小，恢復也快得多，但很多患者卻並不適合。所以治療上還是要請專科醫生整體評估一下，推薦一種適合你病情的手術方式。

　　痔瘡環狀切除手術是目前治療痔瘡的一種方式，又叫作「痔上黏膜環切術」，這個手術創口並不小，但是由於疼痛輕、恢復快，也可以算作是一種微創化手術。手術僅對脫出的痔瘡效果最好，對有一部分出血有效，對其他一些痔瘡比如內痔、血栓性外痔都不適合。所以這個手術的適應證就是以脫出為主。

　　痔瘡環狀切除手術是在肛門裡頭做，是在齒狀線以上大約四公分處環形切開，切除的部分一般 1 ～ 2 公分，然後固定，這樣無形中就把已經下垂的痔瘡往上牽拉，使它恢復到原來的位置，以消除脫垂、脫出的症狀。

如何預防

　　痔瘡是年齡老化的一個標誌，因此它與身體衰老是同步的，衰老無法避免，但合理的飲食、生活習慣卻能夠避免痔瘡發生，也是我們能自己掌控的。

　　飲食方面，可以參考便祕的飲食建議；個人衛生方面，要每天定時排便，並注意保持肛門局部清潔，這些都對預防痔瘡有一定的幫助。

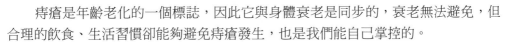

推薦食譜

蒜蓉黃鱔

■ 原料

鱔魚 1 條，薑末、蒜末、蔥末、香菜、料酒、醬油、陳年醬油、醋、高湯、白糖、胡椒粉、太白粉水各適量。

■ 做法

（1）鱔魚去骨，切成絲。

（2）鍋熱後，下入薑、蒜、蔥，爆香味後放入鱔魚絲，煸炒至水乾，烹入料酒炒片刻，加入醬油、醋、陳年醬油、高湯或開水，再加入少許白糖、胡椒粉，燒製一分鐘，用少許太白粉水勾芡，略微翻炒收汁，裝盤後撒入香菜即可。

■ 功效

鱔魚既補氣又補血，還有固脫的作用，很適合痔瘡患者食用。鱔魚所含鱔魚素對血糖也有一定的調節作用，很適合糖尿病患者食用。

專家 Q & A

Q 聽說馬齒莧和雞蛋一起吃有治療效果，是這樣嗎？

A 這個方法有一定的效果，但是作用有限，畢竟每個人的體質不一樣，別人有用，你用了卻不一定管用。在痔瘡發作階段，適當吃一些是有好處的，但最重要的還是要到正規的醫院進行評估、診斷、治療，這樣才能根除疾病。

Q 聽說痔瘡手術後會很痛，可不可以不要手術，只用藥物治療？

A 痔瘡做完手術之後有一段時間患者是非常痛苦的，很多人就會想可不可以改用藥物治療，免去手術。其實能藥物治療的醫生也絕不會推薦手術，一般醫生會遵循一個原則，叫作「三階段療法」，在藥物治療、微創治療、手術治療三種方法中，如果能用藥物解決，就一定不做手術，如果病情確實到了一定的程度，手術就必須做。手術肯定會有疼痛，但隨著醫療技術的進步，痔瘡手術帶給患者的疼痛正在進一步減少。

Q 痔瘡手術後還會反覆發作嗎？

A 一般來說，傳統的痔瘡手術，如果手術很成功，治癒之後很少會復發。即便是新的手術方式，比如痔瘡環狀切除手術，到現在為止也還沒有治療之後又出現症狀的例子，所以也是很值得信賴的。

05

兒科

兒童睡眠障礙，任其發展後果嚴重

張亞梅

首都醫科大學附屬北京兒童醫院
耳鼻喉科主任醫師

睡眠障礙並不是成年人的「專利」，同樣的困擾也會發生在孩子身上，這在醫學上被稱為兒童睡眠障礙。睡眠障礙不單單是睡不安穩，還會出現打呼甚至呼吸暫停，因此也是非常危險的。一旦發現孩子有睡眠障礙，要及時治療，需要手術的不要拖延，否則會帶來很多健康隱患。

與成人睡眠障礙不一樣

兒童睡眠障礙的發生機制與成人不同，引發孩子睡眠障礙的主要原因是扁桃腺腫大、腺樣體肥大，這是在兒童期所特有的。成年人主要是由於咽腔肌肉鬆弛，再加上肥胖，就會造成睡眠打鼾，所以兩種情況是不一樣的。

兒童睡眠障礙在不同的年齡段，發病原因也不一樣。睡眠呼吸障礙常常發生在二歲以上的孩子，因為這個年齡正好是扁桃腺和腺樣體增生的年齡。到了大一點以後，比如十幾歲以後，因為腺樣體和扁桃腺會萎縮，所以這些症狀就會好很多。

另外一些兒童，則是睡著以後會憋氣打呼，還有一部分兒童表現為睡不著，這可能與學習壓力有關係。

睡覺翻來滾去都是呼吸不暢造成的

兒童睡眠障礙的主要表現，是睡眠打呼、張口呼吸，有的孩子還要趴著睡，有的在夜間經常來回翻身，有的晚上睡覺時頭朝南，早上起來可能就頭朝北，甚至有的時候在床上滾著睡。這主要是因為他呼吸不通暢，只有通過這種來回地翻動身體，來找一個合適的姿勢，讓呼吸能通暢一點。

孩子睡覺不老實，來回滾動，也不一定就是睡眠障礙。有一些孩子，在睡覺之前喝了很多東西，比如飲料或者牛奶，他的膀胱裡有尿，就會感覺肚子脹，不舒服，所以他也可能來回滾動。但是在滾動的同時，如果還伴有張口呼吸、打呼或是出氣特別粗等症狀，這可能就是睡眠呼吸障礙了。

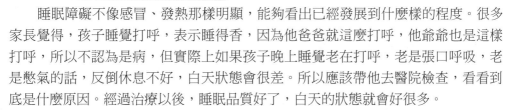

及時檢查，排除危險

睡眠障礙不像感冒、發熱那樣明顯，能夠看出已經發展到什麼樣的程度。很多家長覺得，孩子睡覺打呼，表示睡得香，因為他爸爸就這麼打呼，他爺爺也是這樣打呼，所以不認為是病，但實際上如果孩子晚上睡覺老在打呼，老是張口呼吸，老是憋氣的話，反倒休息不好，白天狀態會很差。所以應該帶他去醫院檢查，看看到底是什麼原因。經過治療以後，睡眠品質好了，白天的狀態就會好很多。

懷疑孩子有睡眠障礙，或者發現有上述問題，一般醫生會做鼻咽鏡檢查，看看從鼻子到咽喉，哪個地方是最窄的地方，找出原因，也可以通過 X 光來診斷。

還有一個方法就是睡眠監測，需要在醫院裡睡一覺，看看心律的情況、血氧飽和度情況，把他的呼吸頻率以及其他生命體徵都記錄下來，這樣就能夠知道他睡覺缺氧的程度。因為出現呼吸暫停的孩子，一般血氧飽和度都會下降，正常人的睡眠狀態血氧飽和度應該在 95% 以上，睡眠姿勢不好，會降到 92%，有些有睡眠呼吸障礙的孩子，血氧飽和度只有 70%，最低的為 20%，這是非常危險的，所以兒童睡眠呼吸障礙對孩子的損害和影響是非常大的。

拖延治療危害多

有的家長可能覺得孩子就是睡眠品質不太高，不痛不癢，等長大就好了，所以往往不會及時就醫，但這樣會帶來嚴重的後果。

曾經有一個九歲的孩子，出現睡眠呼吸的問題已經四五年，家長不覺得孩子有問題，有一次重感冒，他的心臟一下子就擴大了，治療起來非常困難，因為那個時候再做手術，風險非常大。

心臟擴大可說是睡眠障礙帶來的最嚴重後果，更嚴重會引起心力衰竭。此外，睡眠障礙對智力、身高和臉型也會帶來不利的影響。

如果晚上睡覺長期缺氧，自然會影響智力發育。後半夜是生長激素分泌旺盛的時段，如果孩子在睡覺時經常出現缺氧，生長激素的分泌就會受到影響，可能會長不高。時間長了，上頜骨就會變長，顯得臉呆呆的，有的表現為牙齒和上唇都前凸。

鼻咽結構有問題是比較嚴重的情況，也就是由扁桃腺、腺樣體肥大造成的睡眠呼吸障礙，一般要採取手術治療。手術有效率達 90%。

如果不是很嚴重就不需要手術，可以採用非手術治療。但一定要找原因，然後消除病因，睡眠自然就好了。比如因為鼻炎、過敏性鼻炎造成的鼻子阻塞，出現睡

覺張口呼吸、出氣粗的情況，就要治療鼻炎。假如腺樣體肥大，但又沒有到十分嚴重的程度，也可以通過一些藥物治療來幫他緩解症狀。

瞻前顧後影響手術

對於孩子做手術，很多家長都很擔心，比如全身麻醉好不好，扁桃腺切除會不會帶來不良後果等，瞻前顧後往往使孩子錯過最佳的手術時間。

全身麻醉有好處

手術要全身麻醉，有的家長顧慮特別大，現在全身麻醉很安全，只要在麻醉中不出現麻醉意外，就不會對孩子造成太大的影響。在美國，做檢查有時都要全身麻醉，是非常普遍的。

手術給孩子全身麻醉，一方面做手術品質更好，另外就是不希望孩子對手術的經過有記憶，如果在清醒情況下，很可能對他的心靈會有影響，讓他睡著了進手術室，出來以後手術就結束了，這樣對他的成長比較好。

扁桃腺切不切要考慮利弊

有些家長顧慮扁桃腺、腺樣體切除會不會影響免疫功能，這確實是個需要考慮的問題。但是，如果不手術會使健康受到更大的影響，也就是弊大於利，或者說本身就成了疾病的源頭，那麼，切除它當然就是值得的。

扁桃腺確實有免疫功能，當扁桃腺拿掉以後，有一些孩子會有短時間的免疫力低下，手術後如果孩子有感冒會非常重，持續時間可能還很長，但是二三個月以後他的免疫功能就恢復正常，所以不用多慮，而且扁桃腺不是我們身體唯一的免疫器官，不像肝臟，如果要切除的話，必須移植一個肝。我們的身體中還有脾臟、骨髓、淋巴組織等都能發揮免疫功能，所以扁桃腺的免疫功能是其他的組織可以替代的，因此要不要切除扁桃腺無須特別顧慮。

日常調理

兒童睡眠障礙相當普遍，只是很多孩子不是表現得很明顯。家長只要在日常生活中稍加注意，是可以避免進一步發展甚至消除症狀的。

合理膳食，避免肥胖

肥胖的孩子，他的咽喉脂肪組織增多，咽喉腔就顯得更小，很容易造成睡眠障礙，所以首先要避免孩童肥胖。有睡眠障礙的孩子，要注意減肥。

要培養孩子良好的生活習慣，生活要有規律，按時睡覺，按時起床。晚餐吃得清淡一些，飯後適量活動。

睡前一小時少吃喝

建議孩子在睡覺之前一小時之內不要吃太多的東西，有的家長一定要在晚上睡覺之前給孩子喝奶，認為有助於睡眠。其實有時恰好相反。臨睡前喝牛奶，夜間膀胱就會積尿，憋著尿睡覺肯定不安穩。另外，胃裡的東西很多，特別是酸的東西很多時也會很不舒服，所以睡前不要吃太多或喝酸的飲料。

調節好睡前情緒

有很多孩子睡覺前都會看電視，除了控制看電視的時間，家長絕對不要讓孩子在睡眠之前看恐怖或讓他興奮的電影、電視劇，興奮或害怕都會影響睡眠。

有一些學齡兒童睡眠不好是因為壓力造成的，家長要注意幫助他減輕心理壓力，作業、功課也適當減少一些，這樣才能給他好的睡眠，白天才有好的狀態學習。

睡覺環境要適宜

屋內不要太熱，太熱孩子也睡不好。枕頭高矮要適中，一般一個肩高就可以了。被子厚度要適當，因為有的孩子很容易出汗，特別是有睡眠呼吸障礙的孩子，會憋氣出很多汗，蓋很厚的被子會讓他更難受。也不要穿厚衣服睡覺。

專家 Q & A

Q 感冒發熱後鼻塞，睡著以後打呼，甚至出現呼吸暫停，該怎麼辦？

A 從症狀描述看，這個孩子得了一種叫做「腺樣增殖體」的病，因為感冒發熱，腺樣體發炎腫大，鼻子就不通了。因為是炎症造成的，所以需要用消炎藥，再把他的鼻子好好清理一下，然後用一點減充血劑，讓他鼻子通氣，慢慢就能恢復。

Q 鼻咽鏡是怎麼一回事，孩子做這種檢查會很痛苦嗎？

A 鼻咽鏡是一個很細的鏡子，前面鏡頭可以動，從鼻子進去後，找到最窄的地方，看看堵塞到什麼程度，有沒有什麼問題。給孩子用的鏡子都是很細的，在做鼻咽鏡之前會向鼻子裡噴點麻藥或減充血劑，讓他鼻子都通了，這樣鏡子進去就會很順利，也不會太痛。整個檢查就幾分鐘，所以家長不用太擔心。

Q 肥胖的孩子做了手術還會復發嗎？

A 肥胖的孩子脂肪多，所以心臟的負擔很大，而且咽部的脂肪也多，這樣咽腔就顯得很窄，得睡眠障礙的機率比體重正常的孩子大很多，即使做了手術，可能再出現症狀的機率也會比其他孩子高。

Q 兒童睡眠障礙有沒有中醫治療的方法？

A 中醫主要是清熱解毒，孩子有鼻炎，有些中藥還是能發揮作用，但如果是腺樣體肥大、扁桃腺肥大的話，中醫的效果就不是很好，不把這個東西拿走的話，吃多少藥也是沒有效果的。雖然用了藥以後它可能會縮小，能解決一些問題，但解決不了根本問題，最後還是需要做手術。

兒童胃炎，多是吃出來的

閆慧敏

首都醫科大學附屬北京兒童醫院
中醫科主任醫師

很多成年人都有胃病，或者經常有胃部不適，而孩子的腸胃更嬌嫩，對於食物的刺激更敏感，所以，發生胃炎也很普遍。由於孩子對胃痛的描述往往過於含糊，或者由於大人的疏忽，很難發現病情。胃病的發生不是一兩天的事，所以調理也需要相當長的時間，只有合理地安排飲食，才能讓孩子的胃恢復動力，為成長加油。

不太吃飯，可能是胃炎在作怪

兒童胃炎是由於各種慢性刺激引起的胃黏膜損傷，進而形成炎症。

很多家長對兒童胃炎這個病不太瞭解，如果兒童不太吃飯，會認為是脾胃不合，或者消化不良引起的，所以一般就沒有太在意。實際上兒童胃炎的發病率非常高，如果孩子經常有噁心或者腹脹的症狀，經常吃藥也不見好轉，很可能是得了胃炎，要及時到醫院做檢查。

多種原因引發胃炎

兒童胃炎不論在哪個年齡都可以發病，但一般來說，稍微大點的孩子發病率要高些，因為大一點的孩子在飲食習慣、飲食結構等各方面受到的干擾比較多一些，而且勞累、學習緊張等都會影響腸胃功能。

胃腸功能紊亂是主因

兒童胃炎主要是胃腸功能紊亂引起，胃腸功能紊亂的因素很多，但最重要的是飲食結構不合理，比如經常吃一些生冷的食物，或是吃些甜、辛辣刺激、過酸的食物，很容易造成腸胃不適，引起消化功能紊亂。

偏食、挑食、暴飲暴食，就會造成飢飽不均，引起胃腸黏膜損傷，形成胃炎。

兒童脾胃不合是普遍存在的現象，再加上家長調護不當，就為胃炎的發病創造

了基本的條件。所以，給孩子一個比較合理的飲食結構，督導孩子正確進食，對預防胃炎是很重要的。

幽門螺旋桿菌，要預防傳染

引起兒童胃炎還有一種原因，就是幽門螺旋桿菌感染。這種細菌比較頑固，不太容易澈底治療。如果小孩子胃痛，檢查出胃腸道裡有這種細菌，就要針對這個病因治療，可以用藥物治療，中藥或西藥都可以。主要是殺菌、抑菌，把幽門螺旋桿菌澈底殺滅。

幽門螺旋桿菌有傳染性，但它不像一些呼吸道的病原菌傳染，或病毒傳染性那麼強。

這種病原菌對人體的損害比較大，如果按一般脾胃不合的狀況來治療，沒有消滅病菌，即使當時緩解了症狀，之後症狀還會再次表現出來。所以只要確診，一定要進行正規的療程治療，將它一次性消滅，如果治療不澈底，使細菌有了抗藥性，就很麻煩了。尤其是這種病原菌可以存在 10 ～ 15 年，甚至更長的時間，如果帶到成人，治療起來就比較困難。

值得注意的是，感染幽門螺旋桿菌的發病率，在成人中非常高，孩子感染幽門螺旋桿菌也占胃炎患者的 35 ～ 40%。所以，孩子有胃炎症狀，治療一定不能拖延。

急性和慢性，表現有不同

與大人一樣，兒童胃炎也分為急性和慢性。

急性胃炎

急性胃炎指的是急性發病的胃炎，多表現為突然胃痛、噁心、嘔吐，甚至嘔血、便血等。

急性胃炎說到底還是與吃有關，比如寶寶發熱，經常吃水楊酸製劑等，這些藥本身對胃黏膜會造成損傷，孩子胃腸功能比較嬌嫩，黏膜比較薄，而且血管網比較豐富，加上本身有炎症感染，防禦功能就更差一些。加上藥物刺激，會使胃黏膜形成急性損傷。這時透過胃鏡就可以看見胃黏膜的瀰漫性充血、腫脹，甚至有一些潰瘍。其他一些因素，比如一些急性感染，某些大病，也會引起刺激性胃炎反應。

急性胃炎雖然發病率相對很低，但來勢比較猛，所以要盡快阻斷病因，給予治療。

慢性胃炎

多數孩子的胃炎是慢性胃炎，分為「淺表性胃炎」和「萎縮性胃炎」，但孩子得萎縮性胃炎比較少，除非是胃炎時間久了，胃黏膜損傷造成萎縮。

兒童慢性胃炎的症狀一般無特異性，多數有不同程度的消化不良、反覆腹痛，無明顯規律性，通常在進食後加重。疼痛部位不確切，多在肚臍周圍。幼兒腹痛多表現為不安和進食行為改變，大一點的兒童常會出現上腹痛，有噯氣、早飽、噁心、泛酸等症狀。進食硬、冷、辛辣等食物或受涼、氣溫下降時，可引發或加重症狀。部分患兒可有食慾缺乏、乏力、消瘦及頭暈。

慢性胃炎重在調理

一般確認慢性胃炎，最可靠的診斷方法是胃鏡檢查。

胃鏡檢查最準確

孩子做胃鏡檢查比大人難一些，因為孩子可能不太配合，而且家長也會有顧慮，覺得孩子太小，做胃鏡太痛苦，會傷害食道。其實小孩的胃鏡是兒童專用的，非常細，對孩子沒有任何損傷，最多是放進胃鏡時會有點噁心，但不會很難受。

最重要的是，孩子的病情只有經過胃鏡檢查，才能得出明確的診斷，對治療和預防都非常有好處。如果孩子反覆有胃腸症狀，且持續一個月以上，或間斷發生，家長一定要帶他做胃鏡，目前需要做胃鏡檢查的，大概 60% 都會被確診為胃炎。

藥物治療，關鍵是調理

慢性胃炎治療可用中醫方法也可用西醫方法，如果最近胃痛很嚴重，炎症比較明顯，而且通過做胃鏡已經查明了情況，這時可以先用一般藥物進行治療，西藥一般是一些胃黏膜的保護藥，這些藥要在醫生的指導下服用。如果症狀不是很嚴重，只是有些疼痛，可以用中藥治療，效果也非常好。

中藥味道不好，孩子不太愛吃，有時會抗拒，這種情況下也可以用一些中成藥。

選用中藥，辨證治療很重要，比如孩子平時吃得比較多，吃完以後胃特別脹，舌苔較厚，或者經常有口氣，大便乾燥，大便不通暢，說明他有積食，就可以選一些健胃消食的中成藥來調理。還有一些孩子體質比較弱，比較瘦，臉上也沒有什麼光澤，體質偏弱，愛出汗、怕冷，經常拉肚子，這種情況就要用一些健脾養脾的藥來調理。辨證來給予治療，效果是非常好的。

調理腸胃要落實到一日三餐上

合理安排孩子的飲食，對保持腸胃健康，避免發生胃炎十分重要。

飲食清淡好消化，不要吃零食

現在的孩子都比較嬌慣，一定要掌握好進食分量，不能吃太多。因為孩子的胃很小，脾胃功能又弱，一定不要給他吃太多，否則很難消化。飲食還要清淡好消化。零食也要控制或盡量不吃，因為不停地吃東西，也會讓腸胃負擔增加。

寒涼食物不宜多吃

水果一般多屬於甘寒之物，甘就甜，寒就涼，吃多了會傷胃。孩子脾胃功能本身就弱，寒涼食物吃進去，對胃會有不同程度的損傷，長期這樣損傷就會加重。因此吃水果固然好，但一定要有限度。像冰棒、冰淇淋等既甜膩又冷的食物最好不要吃。

晚飯一定要少吃

晚上孩子空點肚子睡覺，可以睡得踏實一些。一些家長經常反映，孩子早上起來咳嗽特別厲害，痰特別多，喉嚨乾，或者早上起來口臭很嚴重，這都與晚上吃飯太多有關係。

睡前不吃東西

很多家長要求孩子臨睡前喝牛奶，這其實是個誤解。睡前喝牛奶或吃東西，睡覺之後，食物在胃中蠕動較慢，難以消化。包括嬰兒在睡覺前也不要餵飽奶，這既不利於他的腸胃消化，也會讓他睡不好覺。有很多孩子睡覺滿床打滾，出很多汗，或者磨牙，實際上都與睡前吃東西有關。

推薦食譜

芙蓉雞片山藥

■ 原料

南瓜、雞胸肉各 150 克，山藥、扁豆各 100 克，沙拉油、醬油、太白粉、鹽各適量。

■ 做法

（1）雞胸肉切片，放入碗中，加太白粉和少許鹽，淋一點水，抓一下，放置待用。南瓜、山藥切片，扁豆切斜片。

（2）鍋燒熱，倒油，五成熱時把雞肉片放入，小火炒至雞肉變色，盛到盤中待用。

（3）鍋中再放油，放入扁豆和山藥，加少許清水、鹽，轉小火，蓋上蓋，把扁豆燜熟後翻炒一下，加入南瓜、少許醬油，蓋上鍋蓋入味。

（4）待南瓜熟時，把雞肉片放入，翻炒幾下，大火收汁後即可出鍋。

■ 小提示

滑炒的時候，要注意熱鍋溫油，鍋燒得熱一點再下油，這樣滑出來的肉片比較嫩，孩子更愛吃。扁豆一定要燜熟、燜爛，否則會引起中毒。

■ 功效

扁豆和山藥都對脾胃有好處。雞肉提供蛋白質，增強人體抵抗力。南瓜含有豐富的胡蘿蔔素，能維護消化系統的上皮黏膜。夏天孩子腸胃不舒服或食慾不好時，經常吃山藥、扁豆不但能健脾和胃，還有除濕的作用。

專家 Q & A

Q 孩子吃完飯以後打嗝，是胃有問題嗎？

A 這是因為胃腸蠕動功能不好造成的，正常的孩子胃腸蠕動，應該是往下蠕動，打嗝的孩子有胃食道逆流，有些有點泛酸或者燒心的感覺，但是孩子說不清楚，所以這種情況就要注意，別讓他吃太快，要細嚼慢嚥。如果打嗝比較厲害，可以給他吃點「小兒康」，如果肚子脹，吃點「四磨湯」可能會緩解。如果自己無法判斷，可以到醫院去看一看。

Q 孩子胃不泛酸也不脹，只是經常胃痛，是不是胃炎？

A 胃痛是胃炎的主要症狀之一，如果經常反覆胃痛，可能有胃炎，但其他因素也會引起胃痛，比如吃的東西過涼，或者受了風寒，也都會引起胃痛。但如果經常痛，可能就是胃炎了，所以要到醫院去檢查。

Q 聽說有一種假日胃炎是怎麼回事？該怎麼預防？

A 所謂假日胃炎，就是放假期間孩子得到的胃炎，一般是急性，包括腸道感染、腹痛、腹瀉等。孩子胃腸功能較弱，一到假日飲食結構就亂了，暴飲暴食，加上疲勞，睡覺沒規律，於是很容易就引起急性胃腸功能紊亂。

假日胃炎主要是人為因素造成的，與孩子自身的體質沒有直接關係。要注意飲食規律，吃完飯後適當休息，晚飯時間不要太晚。

兒童意外傷害，隨時隨處會發生

王　強

首都醫科大學附屬北京兒童醫院
外科主任醫師、教授

　　孩子天性好動，加上運動控制能力和辨別能力較弱，很容易遭遇危險。從開心的玩耍到放聲大哭往往就在轉瞬之間，意外傷害正是造成喜悲轉換最常見的原因。意外傷害都是突然發生的，家長必須掌握一些應對的措施，以便及時正確地處理，把孩子的危險降到最小。

意外傷害，身體心理都受傷

　　兒童意外傷害，不同人給的定義也不太一樣，簡單來說就是各種意外情況。突發事件對孩子造成的傷害包括兩方面，一是身體方面的，二是心理和精神方面的。

　　兒童意外傷害的發生有幾個原因，一是孩子好奇心比較強；二是不知道什麼是危險，而且不知道會有什麼嚴重後果。隨著社會發展，現在孩子外出的機會增多，發生意外傷害的機會也越來越多。

　　兒童意外傷害歸納起來有三個特點，一是發生率特別高，而且越來越高，每年以 7 ～ 10% 的速度增長；二是後果比較嚴重，造成很多孩子致殘甚至死亡；三是絕大部分的意外傷害是可以預防的。

　　過去，傳染病、感染性疾病、肺炎等是兒童死亡的主要原因，如今，0 ～ 14 歲的兒童，死亡原因排第一位已經變成了意外傷害。因此，預防兒童意外傷害任重而道遠。

意外傷害多種多樣

　　意外傷害有很多種，對於兒童來說，常見的有以下幾類：第一類是各種外傷，包括車禍、碰傷、扎傷、切割傷、墜落；第二類是各種燒傷、燙傷；第三類是氣管異物或者是呼吸道異物；第四類是中毒，比如吃錯藥或食物中毒；第五類是溺水；第六類就是虐待，最近幾年這種傷害有逐漸增加的趨勢。

跌傷，細心就能避免

　　統計資料顯示，兒童外傷中跌傷最多。所謂跌傷，就是常說的撞到碰到，特別是摔倒造成的磕傷碰傷最為常見。

　　因為兒童一旦玩起來，很容易就忽視了周圍潛在的危險，比如地上或周圍有障礙物，一不留神就摔倒、跌傷了。如果家長疏於防範，兒童自己是很難避免的。所以家長的防護對預防兒童跌傷最為關鍵，防護最重要的是要有前瞻性。

　　下面這些都是家長應該想到做到的。

（1）地上有散落的玩具，就應該引導孩子或者幫他撿起來。

（2）桌子、家具有尖角就應該想辦法把它包起來。

（3）地板太滑要鋪上地毯或者用其他辦法防滑。地上有水時，要馬上擦乾。

（4）兒童的玩具圖書等要放在他能搆到的地方，以免他踩著凳子去拿。

（5）在浴缸或淋浴間內裝上扶手、鋪上止滑墊。

（6）如果家裡有台階，亮度一定要足夠，台階上如放地毯，地毯要鋪平且沒有毛邊，而且台階上不要放置任何東西，台階至少要有一邊扶手。家有嬰幼兒者，還可在台階處裝上一扇嬰幼兒門，並閂上。

（7）學步車最好買新的，並且適合孩子的體重，並經常檢查車輪，確保它們能 360 度旋轉。孩子在學步車上時，大人一定要旁邊看護。

（8）當孩子坐在高處時，要時時在旁陪伴，最好用有安全帶的兒童坐椅；當孩子坐在椅子上時，教導他不要站起來。

　　總之，只要你能事先想到的，就能多為孩子排除一些潛在危險。

墜落，預防是關鍵

　　從高處墜落，後果相當嚴重，多數都會有生命危險。

　　兒童墜落的原因比較複雜，大部分是家長的問題，比如，把孩子單獨留在家裡，或者突然出現意外，這些都經常發生。

　　發生墜落，大多是兩三歲的孩子。因為大孩子已經知道危險，太小的孩子又爬不上去。所以家裡有兩三歲的孩子，尤其是男孩子，要格外注意。

　　預防兒童從高處墜落，關鍵就在做好防護措施。

（1）無論住在幾樓，門窗上都應該有相應的防護措施，比如加裝欄杆等。

（2）不要在窗戶下面放任何能夠協助攀爬的東西，比如凳子、桌子、沙發或者箱子，以及其他雜物等，床緊挨著窗戶也是非常危險的。

（3）陽台的欄杆要夠高，欄杆間隙要讓讓孩子無法鑽過去。

燒燙傷，首先要降溫

　　燒燙傷是高溫造成人體細胞的損害，可分成四度，第四度是最嚴重的。皮膚有一定的厚度，假設有三公釐厚，而三公釐全燒傷燒壞了，那就是三度；如果只燒傷了一部分，可能就是二度；如果只是表皮損傷，就是一度；而四度則是傷及皮下組織、肌肉、骨骼等。

　　從表面看，皮膚發紅，特別痛這往往是一度，一般一週自然會好。

　　如果起泡了，就是典型的二度。這種大概得二週才會好。

　　如果是三度，基本上已經好不了，需要植皮治療，所以燙傷的預後（預測疾病的可能病程和結局），與燙傷的深度是密切相關的，燙傷越深越嚴重。

　　孩子燙傷的部位較多發生在面部，稍小的嬰兒，多半是家長喝熱水的時候，被他抓灑在臉上，兩三歲的孩子，容易拉桌布，暖水瓶或者水杯的水也容易倒在前胸或面部。

　　家長的處理方法如果不正確，會導致孩子的燙傷更加嚴重，因此還是要學習應對燙傷的方法。

　　燙傷之後，首先要用自來水沖洗，一是發揮立刻降溫的作用，防止燙傷往真皮層深入，二是把局部的汙物沖洗掉。

　　燙傷本身不管面積有多大，如果不發生感染，只是在二度以內，後果並不嚴重，就怕出現感染。燙傷以後出現水泡，如果水泡沒破，一般來說不容易發生感染。所以，不要急於把水泡刺破，正確的做法是到醫院尋求醫生的幫助。

預防燙傷的辦法

（1）把家中暖瓶、飲水器和電鍋等熱容器放在高處，使孩子不容易碰倒。

（2）盡量不用桌布，以防孩子拉扯桌布引起盛放熱液的容器翻倒。

（3）把點火用具，如打火機放在孩子不能取到之處，並教導孩子不能玩火。

（4）給孩子洗澡時，先放冷水，再放熱水，並總是用手先試或用水溫卡測水溫，使水溫保持在 38℃ 左右。

（6）冬天使用電暖器時，要注意遠離孩子，或加圍欄；熱水袋、暖暖包等也要時時注意，溫度不能太高。

（7）家裡的插座、電源線等要遠離孩子或加裝防護裝置，嬰幼兒會因為啃咬電線而遭受電擊。

（8）家用強力清潔劑，如除污劑、鹼水等放在孩子不易取得的地方，以免被孩子誤食或潑灑到臉上或其他暴露的皮膚上，導致化學性燒傷。

異物刺傷，不要隨便拔起來

孩子經常跌倒，如果只是皮外傷，一般很快就會好，如果在跌倒的同時，有尖銳的異物刺進身體裡，比如插到頭裡面，或者插入心臟、腹腔時，一定要採用正確的處理方法。

首先，千萬不可把它拔出來，因為如果隨便把它拔出來，可能會引起大出血，導致死亡。

正確的做法是帶孩子到醫院，讓醫生去想辦法，醫生一般會做一個 3D 重建的電腦斷層檢查，先看清楚異物周圍的情況，再決定怎麼處理。如果情況不允許送醫，也不要隨便移動，等醫生到了再做處理。

氣管異物，必須當場急救

兒童吸入異物分兩類，一是消化道異物，二是呼吸道異物，也叫「氣管異物」，相對來說，氣管異物的危險性更大，不及時處理，嚴重的可能會引起死亡。因為整個氣管，像樹根一樣往下越分越細，如果是在比較主要的氣管出現梗塞，就會引起窒息，很快就會死亡。如果比較靠下的氣管異物，危險性相對會小一些，有的可能只是出現找不出原因的反覆嗆咳或反覆的肺炎，這可能就是裡面有異物堵在某一段的氣管上。

因為氣管有異物是很緊急的狀況，所以家長一定要學習急救的辦法，正確施救對於保全孩子生命是非常重要的。不同年齡的處理方法不太一樣，如果是特別小的孩子，簡單的辦法是拎著腳，拍一拍後背，異物可能就掉出來了，也可以讓孩子背貼於你的腿

小小孩：拎著腳，拍後背。

上，用兩手食指和中指用力向後、向上擠壓他的中上腹部，壓後即放鬆。如果是比較大的孩子，最好是站在他身後，手握拳頭，另外一隻手握著這個手，放在劍突的位置，就是肋骨的下緣，使勁往後勒肚子，用這種衝擊力產生氣流，把異物沖出來。但要注意位置和力度，以免造成骨折。

即便我們採取了正確的急救措施，也不能保證百分之百解決問題，所以急救中要隨時觀察孩子的面色及神志，若搶救不成功，氣道阻塞物仍然未被清除，應立即送到最近的醫院，可在支氣管鏡下取出異物。

氣管異物常見於五歲以下幼兒，瓜子、花生、水煮蛋、果凍、葡萄等食品最容易把兒童氣管堵住，而且年紀越小的孩子越容易被異物堵住氣管，手術時又很難取出。因此，二歲以內的孩子最好不要餵服上述的食物，稍微大點的孩子也不能讓他自己食用，孩子吃東西時要讓孩子安靜並認真看護，讓他們坐直認真吃，不要邊跑邊餵，邊吃邊看電視和講笑話，以免發生危險。

預防兒童意外受傷，除了上面常見的幾種，需要注意的還有很多。比如還要預防吞食藥物，所以藥物、有毒物品、消毒水之類的強酸強鹼等，都要放在孩子搆不到的地方。細小的物品也容易被兒童誤吞食，最好隨時檢查。尖銳的物品要收起來……。只要防範多一分，孩子發生意外傷害的危險就少一分。

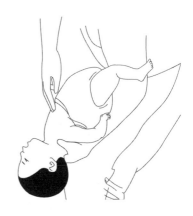

稍大的小孩：讓孩子背貼於你的腿上，用兩手食指和中指用力向後、向上擠壓他的中上腹部。

較大的小孩：站在孩子身後，手握拳頭，另外一個手握著這隻手，放再劍突的位置，使勁往後勒肚子。

兒童斜視，不是小毛病

于　剛

首都醫科大學附屬北京兒童醫院
眼科中心主任

斜視，顧名思義，就是眼球不在正常的位置，斜視可以是上斜，也可以是下斜，還可以是外斜，有些斜視還是隱性的，從外觀上看不出來。由於兒童不會表達，所以很多時候家長不能及時發現斜視，斜視如果不能及時治療，很容易發展成為弱視。

各種各樣的斜視

斜視根據發病年齡，分為先天性斜視和後天性斜視；根據發病性質，分為麻痺性斜視和共同性斜視；此外還可以分為間歇性斜視和恆定性斜視。

孩子頭顱腦袋受了外傷後，視神經有了問題，這種原因造成的斜視，就是麻痺性斜視，它只在某一個部位斜視。共同性斜視就是在任何部位都出現斜視。比如外展神經受傷以後，眼睛會向內偏斜，這時只是向外轉眼受限，其他方向是不受限的。

間歇性斜視，就是有的時候是斜視，有的時候不斜視。比如有的孩子下午睡醒後，或者生病、遇見陌生人以後，會出現斜視，這些都是間歇性的。有的孩子不管什麼時候，怎麼看都是斜視，這就是恆定性的。

斜視不是小毛病

一般孩子斜視以後，家長最關心的是他的外觀，擔心孩子斜視不好看。其實斜視不僅僅是美觀問題，如果不及時治療，可能會引起比較嚴重的後果。

斜視會發展成弱視

斜視最大的危害是會形成弱視。正常的雙眼視物除了能看得更準確外，還能有一個眼睛作為儲備，當一隻眼睛受傷或者得病的時候，另外一隻眼睛還可以用。如果一隻眼睛長期斜視，另外一隻眼睛沒視力，就會形成弱視。

斜視會造成心理障礙

以前很多人認為孩子斜視不是病，長大了就會好或者等長大了再做手術，這是非常錯誤的觀念。孩子斜視的治療，一般要在學齡前做手術，因為現在孩子的心理和情感發育都比較早。不做手術，孩子會有一種自卑心理，導致心理發育障礙。

而且斜視矯正好了，孩子的成長發育也會比以前更好。因為做完手術以後，雙眼能一起看東西，他的生活和他對事物的觀察能力全部都會提高，走路也穩定，就會更願意運動，這對他身體的發育也有好處。

這些症狀表明斜視

兒童尤其是嬰幼兒，斜視不嚴重的時候，一般是不容易發現的。但如果細心觀察，也能從生理、身體上看出端倪。

哭鬧、煩躁

兒童斜視，由於看東西不方便，而自己又不會說，可能會表現為哭鬧、煩躁。這一般出現在早期斜視，家長往往認為是其他疾病，沒有想到是斜視的問題。

走路不穩

正常的雙眼，看東西會有立體感，所以走路平穩。比如下樓梯的時候，右眼看見一個樓梯，左眼還會看見一個樓梯，這兩個樓梯在大腦的中樞融為一個樓梯，下樓梯就會有一個立體的感覺，很穩當。而斜視的孩子，他右眼看到一個樓梯，左眼看見一個樓梯，這兩個樓梯不能融合，他就分不清哪個是真的，走起來就不穩，容易摔跟頭。在平地上走路也會出現這樣的情況。

斜視的孩子，會整天跌跌撞撞，同齡的孩子會比他走得都早。有些斜視的孩子，會說有兩個媽媽，如果是垂直斜視，他會說媽媽的脖子上還騎著一個媽媽，這就是明顯的斜視症狀，是復視。

容易歪頭

有些孩子看不出眼睛偏斜，僅表現為歪頭，這種情況稱為眼性斜頸。這個時候孩子的眼睛是一高一低，這種情況下看東西是正常的，如果孩子把頭轉正過來，他看到的樓梯也就變成了兩個，看媽媽也是兩個，時間久了以後，孩子的脖子、牙齒、面部全都會畸形。這種斜視醫學上稱之為麻痺性斜視。

易激怒

斜視的寶寶，家長有時候和他玩遊戲，只要摀住他的好眼，孩子就會非常煩躁，而摀住另一隻，就不會煩躁，這說明這個眼睛已經是重度弱視了，甚至視力已經完全沒有了，只剩一隻眼睛有視力。

不可忽視的細節

有時候，有些細節也能反映孩子可能出現了斜視。

有些孩子的斜視是瞬間出現的，比如一見陌生人就出現，但很快又恢復了，出現這種情況，要到醫院去檢查。

如果老師或者鄰居說你家寶寶眼睛不對勁，你一定要提高警惕，不要不承認。

患有斜視的孩子，在看 3D 影片時感受不到特別生動的畫面。如果別人都激動害怕的時候，他不激動，或者他說看到了其他的畫面，就要到醫院查一查，很可能就是隱性斜視。還有的孩子看立體圖時，看不到圖畫，也可能是隱性斜視。

> 當你覺得孩子眼睛不對勁的時候，可以拿一個小手電筒給孩子照一下眼睛，若有兩個光點在瞳孔正中間，則沒有斜視。如果光點跑到瞳孔外側，就是內斜；光點跑到瞳孔內側，就是外斜。上斜、下斜也都能檢查出來。

到醫院需要做哪些檢查

懷疑孩子斜視，醫院一般要做三項檢查。

第一項是檢查眼底。因為有些孩子的斜視並不是真的斜視，可能是惡性腫瘤、先天發育畸形，包括眼底的疾病等。檢查斜視的過程中，有時就會發現其他眼睛疾病。

第二項是散瞳驗光檢查。斜視有很大一部分是屈光不正造成的，比如高度遠視、高度近視、高度散光，大多都是先天性，如果能及時發現，治療效果會比較好，錯過年齡就很難治好了。

第三項是檢查斜視度，有的孩子可能還需要檢查立體視覺。走路走不穩、摔跤，這都是粗略立體視覺異常的反映，通過精密的設備查立體視，能準確判斷斜視的程度。

有的孩子斜視，但到醫院檢查的時候，又查不出來的，因為他一緊張就會高度集中，斜視就被控制了。所以家長覺得孩子不對勁的時候，可以給他照相、錄影，去醫院檢查的時候帶上影像，有助於醫生診斷。

治療方法要視情況而定

每個孩子斜視的原因可能都不一樣，所以治療方法要根據情況而定。

手術治療

手術治療是最常用的治療方法。有的孩子生下來以後就是斜視，他的眼肌沒有長到正常的位置，通過手術，把眼肌的位置移動一下，就能使他正常看物了。

配眼鏡

有的高度遠視和中度遠視也很容易讓孩子形成斜視，戴上眼鏡就會導正過來，這種斜視叫「調節性斜視」，是不需要手術的。

戴三棱鏡暫時過渡

有的孩子不配合檢查，可能年齡小，或者全身狀況不適合做手術，這時要給他戴一個三棱鏡，通過光學方法，把兩個不一樣高低的眼位，矯正到平衡的位子，這種方法主要是針對眼性斜頸。眼位矯正平衡了，孩子就不會歪頭。這種方法的目的是暫時過渡，不讓孩子的立體視覺受到破壞，等待孩子稍微大一點，能配合手術時，或者全身狀況適合做手術了，再給他做手術。

融合訓練

有的輕度斜視，也不需要手術，可以給他做網絡訓練、融合訓練。手術後也可以做這種訓練，以預防斜視復發。

專家 Q & A

Q 手術一定要全身麻醉嗎？

A 斜視手術的麻醉有全身麻醉和局部麻醉兩種，要看孩子配不配合，斜視度數大，較複雜的，一般要全身麻醉。斜視度數小，孩子年齡比較大，能配合的可以局部麻醉。現在的全身麻醉不像傳統的作法，而是吸一種叫「七氟烷」的氣體，放一個面罩，孩子一吸氣就睡著了，一拔掉面罩，孩子就醒了。

Q 手術怎麼做？怎麼拆線？需要住院嗎？

A 引起斜視的眼肌在眼球外邊，所以手術是在眼球外邊進行。手術就是把緊的眼肌鬆一鬆，鬆的眼肌緊一緊。因為不是對眼球手術，所以沒有什麼危險，一般快的 5 ～ 10 分鐘就結束了，慢的大概 40 分鐘。

可以住院做手術，也可以門診做手術。一般年齡小、複雜的、不配合的一定要住院手術。

垂直斜視的手術不用拆線，普通的內斜和外斜，大概在術後 12 天拆去調整縫線。

Q 斜視手術後還會復發嗎？術後要注意什麼？

A 斜視手術不像其他的手術，有一定的復發率，外斜手術復發率相對要高一些。

做完手術以後，一是要保護眼睛，還要按照醫生的安排做訓練，避免讓它復發。有的孩子做完手術需要戴上眼鏡調節內斜，眼鏡能矯正一部分度數，手術也能矯正一部分度數，不要覺得戴眼鏡不好看就不戴，否則斜視很容易復發，所以手術後一定要遵循醫生的囑咐。

Q 平時看東西沒什麼問題，但看電視會把頭歪過來，算斜視嗎？

A 需要檢查才能判斷，因為除了斜視，散光也會造成歪頭，還有一種病叫「電視終端機症候群」，也可能出現這種情況。

兒童弱視，要把握最佳治療期

于　剛
首都醫科大學附屬北京兒童醫院
眼科中心主任

弱視，就是看東西的能力弱，一般眼部無明顯器質性病變，矯正視力低於 0.9 者就稱為弱視。很多人認為配個眼鏡就好了，其實，弱視並不像近視、散光、遠視等屈光不正那樣，用眼鏡就能矯正。如果不及時治療，很可能會讓孩子從此失去光明。治療弱視越早越好，超過 12 歲，基本上就無法治癒了。

弱視原因有多種

弱視一般有三種原因，一種是斜視造成的弱視，叫「斜視性弱視」，半數以上的弱視都與斜視有關；還有一種是屈光不正，就是我們通常說的近視、遠視，還有散光；第三種就是遺傳因素造成的，如先天性斜視，這三種原因最常見。此外，先天性上眼瞼下垂、白內障也會造成弱視。

早發現非常關鍵

兒童斜視，家長從外觀還是比較容易發現，但如果不查視力，是很難發現弱視的。

曾經有一個小朋友，11 歲，有一天他得紅眼病，家長在給他點藥的時候，他說右眼看不見，到醫院一查，左眼視力 1.5，右眼視力 0.2，做驗光檢查，有 1,200 度的遠視，這種情況屬於單眼弱視，比雙眼弱視的危害更大，所以家長一定要警惕，如果孩子看電視側著頭看，很有可能有一隻眼睛不好，因為視力不好才會側頭。

一般兒童入學都會有視力檢查，所以弱視都發現得非常早，但是偏遠地區還是差一些，很多孩子到醫院檢查時已經不能治療了。所以，及早發現、及早檢查、及早治療是非常關鍵的。

現在有一種儀器叫「視力篩查儀」，在跟年齡小的孩子玩時，用視力篩查儀就能檢查到。

　　單純性弱視在家裡檢查不了，但對於斜視性的弱視，可以在家裡檢查。方法很簡單，搗住一隻眼睛，如果孩子哭鬧、煩躁，那隻眼睛很可能就有弱視。如果雙眼弱視，在家裡也不太好檢查，但是有些動作需要注意，比如孩子看電視總是跑到前面去，或者看書的時候距離非常近，或者別人發現物體的時候他看不到，這個時候就要注意他有弱視。

把握最佳治療期

　　三歲左右是孩子眼睛發育最關鍵的時期，所以在此之前發現後及時治療，效果非常好。六歲以前是治療的可塑期，就是說六歲左右進行治療，眼睛就會往好的方面發展，如果延誤治療，則會向壞的方面發展。國際上認為，12歲以後孩子的弱視基本上已經治癒無望，而從實際臨床上來看，孩子到七歲若不治療，幾乎就沒有治癒的希望。所以一旦發現孩子弱視，應該馬上治療。

　　國外最新的技術是出生後七天就做手術，然後配戴眼鏡矯正。比如做了白內障手術，那麼這隻白內障眼大概會是1,200～1,500度，基本上就是看不見了，普通的眼鏡也是戴不了，這時會用一個特別小的隱形眼鏡叫「RGP硬式高透氧隱形眼鏡」，放在眼睛裡，能保證孩子長大以後，視力接近正常。

　　重度上眼瞼下垂造成的弱視，手術也要早做，最好在孩子六個月就做手術，因為眼瞼會遮住光線，時間長了就看不見了。

查明原因好治療

　　帶孩子到醫院檢查，第一項就是要散瞳檢查眼底，因為有很多孩子視力不好並不是因為弱視，而是因為先天性疾病所造成，比如視網膜母細胞瘤，這是一種惡性腫瘤。先天性白內障，也看不清甚至看不到東西，散瞳就能查出來。白內障治療更應該早，晚了以後孩子眼球會震顫，那時再做手術，效果就比較差。還有先天性青光眼，也都可以通過眼底檢查來確診。

　　第二項檢查是散瞳驗光。因為多數弱視是由遠視、近視、散光造成的，通過驗光就能發現。

　　另外，醫院還有一些更先進的檢查，比如視覺誘發電位（VEP）檢查，對比敏感度等，散瞳驗光和眼底檢查是最基本的檢查。

　　視力檢查也是常用的檢查方法。孩子三歲以後可以用普通的視力表，三歲以前的視力檢查方法很多，比如可以用點狀視力表，另外還有一些選擇性觀看等。

治療方法

　　弱視治療有很多種方法，治療儀器也很多，比如有紅閃、光柵、後像，還有 RGB 三色光，弱視還有一些家庭療法，比如穿針、畫圖、下棋等。另外還有一種最新方法，是通過網絡來治療，叫作「光譜療法」。

光譜療法

　　以前一般是單眼弱視治單眼，但國外研究發現，單眼弱視治療單眼只有 20% 的效果，雙眼同時治療有 80% 的效果，所以現在弱視是單眼和雙眼同時治。

　　治療是通過一個特殊軟體來進行，在電腦上做訓練，每天治療二次，不超過 60 分鐘，用一個特定的光譜刺激眼睛，而不是讓孩子像看電視畫面那樣用眼。

　　最新的研究認為，大腦的某個區域被抑制了，才會出現弱視，通過光譜刺激大腦某個對弱視高敏感的區域，達到治療的目的。

儀器治療

　　儀器治療是把儀器戴在眼睛上面，每天定時訓練，儀器治療有紅閃、光柵、後像等。如果孩子重度弱視，要用光刷，就是用一種特殊的藍光去刺激，讓眼睛發育，喚醒沉睡的視覺細胞。

輔助治療

　　輔助治療的方法也很多，一般都可以在家裡進行，比如穿針、串珠子、畫圖、下棋等。

專家 Q & A

Q 如果既有弱視又有斜視，是先治療弱視還是先治療斜視？

A 一定要先治療弱視，因為斜視往往都伴發弱視，如果先做斜視手術，還需要治弱視，治弱視的時候會遮蓋一隻眼睛。選擇手術時機也很重要，如果孩子已經治了三年弱視，還沒有達到正常，又需要上學，這時也應該做斜視手術，上學以後再接著做弱視訓練。

Q 弱視的嚴重程度與發病年齡有沒有關係？

A 有關係，發病越早，程度越重。比如孩子出生就有 1,500 度近視，那麼這個孩子治療起來就非常困難。孩子的眼睛處於動態的變化當中，正常的眼球不是圓的，而是橢圓形，而剛出生的孩子眼球是圓形，隨著年齡增長，眼球逐漸變長，在變長的過程中，眼睛的功能就會發生變化，可能剛生下來有大約 300 度的遠視，慢慢會變成平光，最後成為近視。總之，越早發病越重，度數越深發病越重。

Q 聽說治療弱視的過程很繁雜，時間很長，孩子在治療過程中感到厭煩，產生牴觸情緒該怎麼辦？

A 家長跟孩子的交流非常關鍵，有些家長會陪著孩子做遊戲、做訓練，孩子視力就會恢復得相當好。所以孩子會不會產生牴觸情緒，恢復效果好不好，與家長的關心和交流有很大關係。

Q 弱視能治癒嗎？

A 能治癒，大部分孩子經過治療以後和正常人一樣，但是治療之後的複查很重要。即使已經達到了相對的正常值，還需要定期去醫院檢查。而且是年齡越小，治療效果越好。二歲治療弱視，治一天相當於三歲治二天，相當於五歲治十天，相當於十二歲治一年。所以及早發現、及早治療非常重要。

兒童婦科，不得不面對的問題

柳　靜
首都醫科大學附屬北京兒童醫院
中醫科主任醫師

由於各式各樣的原因，女性一生都有可能得婦科疾病，如果不及時治療，還會引發其他的疾病，所以防治兒童婦科疾病，是家長們不得不面對的問題。兒童婦科疾病多半是不注意衛生所導致的，過度呵護有時也會引發反作用，如果情況嚴重，必須及時就醫。

婦科炎症，也會煩擾兒童

兒童婦科炎症，主要是青春期初期的婦科炎症，比如外陰炎、陰道炎等，這與女孩的生理條件有關。

女性青春期初期的外陰環境，包括外陰皮膚、黏膜，和成人有很多的不同，比如成人一般大陰唇比較飽滿，小陰唇對陰道也有一些遮蓋作用，但是小孩子的這些條件都不具備，外界的細菌或髒東西很容易進入，特別是手不太乾淨的時候，觸摸外陰很容易感染細菌。

另外，孩子的皮膚黏膜比較薄，很容易造成一些外傷，細菌容易從傷口侵入。

此外，一些疾病，比如感冒，或是消化道的感染如痢疾、腹瀉等，也會導致外陰和陰道汙染而發生炎症。

過度呵護不利健康

與不注意衛生相反，過度呵護也會引發婦科炎症。很多父母護理寶寶時，覺得外陰這個地方要特別注意，所以每天洗很多次，小便後用清水沖一遍，大便完用熱水洗一遍，從出生一直到上學都是這樣呵護。但是孩子不可能永遠待在家裡，總有一天要去上幼兒園、上小學，這時候就會出現問題，因為老師不可能照顧得這麼好，而她的外陰已經適應了每天清洗，不清洗就會使外陰皮膚感染，很多孩子從幼兒園回來，屁股紅紅的就是這種原因。

還有的媽媽會拿自己用的清潔液給孩子用，這也是錯誤的。清潔液的 pH 值有一定的規定，小孩子外陰的 pH 值跟成人不一樣，偏鹼性，大概是 6.5 ～ 7.5，而成人一般是 3 ～ 4，偏酸性，用錯了就會破壞孩子陰部的環境，更容易感染細菌。如果要清洗，最好還是用溫開水。

小女孩的外陰很容易受損傷，尤其是三歲以前的女孩，比如騎自行車，車倒了就會撞到外陰，可能就會有出血，所以家長一定要有安全意識，同時培養孩子的安全意識。

有分泌物不必驚慌

有的新生兒和剛剛進入青春期的女孩，會有分泌物滲出，很多媽媽以為是疾病造成的，其實大可不必緊張。

新生兒陰道出現分泌物是正常的，因為，新生兒從母體裡帶來的一些雌激素還在作用，會使陰道出現一些分泌物，有一些細胞脫落，這與成人的白帶性質一樣，但它持續的時間不會很長，一般在出生後 3 ～ 6 週就會消失。

但也不是每個孩子都會有分泌物，有分泌物的孩子，可以檢查一下，她的外陰可能和別的孩子不太一樣，比如小陰唇顏色比較深一些。另外，乳房也會有一個硬的小核，就像要發育似的，這都是正常情況，等孩子滿月以後，慢慢就會消失。如果超過六週還有分泌物，可以到醫院檢查。

青春期性腺軸正式啟動，卵巢會分泌一些雌性激素，接近於成人，所以這時陰道的分泌物和成人的白帶沒有什麼不同，所以青春期或者稍早一點出現分泌物也不要過於驚慌。

這些情況要去醫院檢查

一般情況下，如果發現孩子屁股或外陰有點紅，用清水洗一洗就好了。但有些情況就需要去醫院。

 外陰紅，搔癢

如果出現外陰紅，或外陰有黃色分泌物，或者孩子告訴你外陰不舒服，有些癢，這種情況要及時到醫院去檢查。

這些症狀，跟孩子的年齡有關係，年齡比較小的孩子，她不會訴說，但一定會有些不太正常的表現，比如一歲以內的孩子，會去抓外陰、拽尿布，或者煩躁不安，甚至出現沒有原因的哭鬧，如果清洗之後換了尿布孩子還有這種反應，家長就要關注一下，最好到醫院去做一些檢查。

排尿疼痛

有的女孩會說尿尿有點痛，遇到這種情況，有些家長會認為是上火，就給她吃一些去火的藥，這種做法過於草率，一定要到醫院去看，因為這可能不是單純外陰的炎症問題，很有可能是泌尿系統感染，需要到醫院做化驗，做常規尿液檢查來確診是什麼問題。

月經期保健

孩子進入青春期，特別是月經來了之後，身體和心理上都會有一些不適，家長應該注意幫她度過這個階段，給她適當的心理調適和生活衛生方面的指導。

心理調適

月經來潮，對女孩來講是一件非常重要的事情，有些孩子會出現一些恐懼心理。這時媽媽要為她做好心理輔導，告訴她這是每個女孩必經的過程，而且也表示妳從小孩變成大人了，這樣孩子可能就會欣然接受。

遠離寒涼

月經期間，不要吃冰淇淋、冰棒這些冷品，飲料最好也不要喝。洗手、洗腳，特別是洗腳，一定要用溫熱的水。如果貪食寒涼食物，或者接觸冷水，很容易出現痛經。在月經期，使身體保持溫熱的環境，對避免和緩解痛經都非常有利。

運動要適量

月經期間，運動量不要過大，否則會造成經期延長，總是不乾淨，會很苦惱。

最好淋浴

月經期的衛生也應該特別注意，經期不要盆浴或者坐浴，最好是淋浴。因為月經期子宮內膜脫落，子宮腔留有創面，子宮頸口也是微微開放的，陰道內有經血停留，非常適合細菌滋生，而月經期身體抵抗力下降，如果盆浴或者坐浴，汙水和陰道中的細菌很容易進入子宮腔而引起感染。

進入青春期，或者孩子身體明顯發育的時候，媽媽要給予及時的指導。比如從她的乳房發育，就開始對她進行一些青春期的教育，有的孩子乳房開始發育時，會覺得疼痛，不敢碰，就要告訴她這是正常現象，還要教給孩子正確的護理方法，比如說不要過度擠壓、束縛，因為有的孩子害羞，就束胸，這對乳房發育非常不好。

專家 Q & A

Q 孩子尿路反覆感染怎麼辦？

A 一般的尿路感染，不會反覆發作，如果是反覆的泌尿感染，一定要去醫院檢查。最好做泌尿系統的超音波，必要的時候還要做泌尿系統造影，看看有沒有先天的泌尿系統畸形。

Q 小女孩三歲，最近感覺乳房脹痛，會不會得了乳腺炎？

A 三歲的孩子乳房還沒有發育，如果出現脹痛，首先應該考慮是不是乳腺發育了，然後反思一下飲食方面，是否吃了特殊的東西，像蜂王漿之類的補品，因為蜂王漿含有一些雌激素，會刺激女性的乳房、子宮、卵巢發育。

Q 孩子誤服避孕藥有危害嗎？

A 女孩子發育過早有兩大類，一類是外源性激素的影響，這種屬於假性的性早熟，還有一類是真性的性早熟，真性性早熟是由於身體的原因所引起。而假性的性早熟，比較常見的就是誤服避孕藥，尤其是長效避孕藥，孩子吃一粒就有可能引起很明顯的第二性徵的發育，有的甚至會有陰道出血，所以誤服避孕藥會有很大的危害。

Q 預防性早熟，飲食方面要注意什麼嗎？

A 很多假性性早熟可能與飲食習慣有關，比如長期吃肉類，或者長期喝飲料。因此飲食方面還是以均衡為主，不要長期吃單一食品，也不能讓孩子愛吃什麼就給她什麼。

兒童肥胖，管住嘴巴是根本

翟純秀
首都醫科大學附屬北京兒童醫院
內科主任醫師

兒童肥胖一直是困擾孩子家長的一大難題，因為肥胖不僅影響孩子的學習和生活，嚴重還會危及孩子健康，甚至帶來心理負擔。預防和控制兒童體重過重，是許多家長急迫要解決的問題。肥胖的根源，除了遺傳和疾病因素外，就是吃得太多，因此管住嘴巴、多運動是控制體重的根本，如果有併發症，也需要藥物治療。

肥胖有標準

肥胖並不是只有體形變化，它也是一種疾病，醫學上稱為「肥胖症」。既然是病，就要有一個很明確的診斷標準。一般來說，不同年齡、不同性別，都有一個標準體重值，用實際體重與標準體重值相減，再除以標準體重值，如果得到的數達到20% 或者以上，就叫做「肥胖症」。

多吃少動是肥胖的根源

兒童肥胖症，從類型上可分為三類，一類叫「單純性肥胖」，一類是「病理性肥胖」，還有一類是「遺傳性肥胖」。

病理性肥胖，常常是由一些特殊器官的疾病所引起，比如腎上腺的腫瘤、腦下垂體腫瘤等，都可以造成一種叫做「庫欣氏病」的肥胖，兒科的某些症候群，經常也有肥胖表現。

我們常見或者最關心的，還是單純性肥胖。單純性肥胖的原因總結起來有兩點，那就是攝入過多，消耗過少。

很多家長認為，孩子在成長，上學又很累，應該多補充營養，所以在飲食上就會有所偏重。人體的營養有攝入也有支出，二者需要一個平衡，當這兩者不平衡的時候就會出現問題。攝入過多，消耗過少，就會造成營養過剩，久而久之就會形成肥胖。

支出得少，很重要的一個原因就是運動過少。如果營養充足了，卻很少動，必然會造成消耗過少，熱量在體內積聚，就會引發肥胖。

肥胖引發多種疾病

很多人對肥胖習以為常，只知道肥胖會給形象帶來困擾，卻不知道肥胖還會帶來很多的危害。

肥胖容易導致各種血管疾患。身體肥胖的人除了皮下脂肪堆積過多之外，內臟和遍布全身的血管內也都堆滿了脂肪，容易引起多種血管疾患，特別是對健康和生命危害嚴重的心腦血管疾患。

肥胖還會誘發糖尿病、血脂異常、脂肪肝，甚至還會出現關節病變、尿酸增高、痛風等病症。

上面這些疾病，一般都是人到中老年才經常會得的，但是兒童肥胖若是不注意控制，發生這些疾病也是早晚的事。

預防肥胖，別錯過最佳時期

兒童生長有一定的規律性，不同的生長期，發生肥胖的機率是不一樣的。

嬰幼兒期是肥胖比較好發的年齡階段，這個時期如果減少了細胞脂肪的數目，以後出現肥胖的機率就會少一些。

還有一個易發生肥胖症的時期是五歲左右，如果能安全過度這個時期，也就是在這之前預防了肥胖，那麼青春期或者以後出現肥胖是比較少的。

第三個好發期是青春期，因為激素等的變化，容易出現肥胖，如果青春期不發生肥胖，再出現成人肥胖的機率就不是很大了，因為細胞數目和細胞體積基本上固定了。

至於已經發生肥胖的孩子，防止進一步肥胖，也很重要，因為沒有簡單方法可以治療肥胖。因此，做好預防是相當重要的。

管住嘴巴、多運動是預防的根本

單純性肥胖的主要原因是多吃少動，所以預防肥胖，就要從吃與動兩個方面做起。

三分飢寒保健康

我們常說，飯要吃七分飽，這不僅僅是針對大人，對孩子來說，飯吃七分飽也夠了。而且三分飢寒不僅對預防肥胖有好處，對預防感冒也有好處，有育兒經驗的

爸爸媽媽知道，有的孩子只要吃多了就會發熱，因為吃得太多會影響免疫力。所以三分飢寒很重要。

油炸食物要少吃

在確保三分飢寒的前提下，還要注意吃進去的七分是健康食品。所謂的健康食品，就是不要含太多的脂肪和蛋白質。尤其是要少吃或不吃油炸食物，因為油炸食物所含脂肪量相當大，很容易造成體內脂肪堆積。

飲食均衡有規律

均衡飲食也有助於預防肥胖，詢問有些肥胖孩子的飲食，就會發現，他常常挑食，不吃菜，只吃肉，所以這很容易引起肥胖。有的孩子飲食沒有規律，暴飲暴食，想吃就吃，一天吃無數次，總在吃，即使是小零食，頻繁地吃，不知不覺間也會造成攝入過多。

生命在於運動

很多孩子不運動，尤其是小時候，父母老是抱著，捨不得讓他走。該翻身的時候沒有翻身，該攀爬的時候沒有去爬，該站立的時候也很少讓他站立，這一方面會造成消耗過少，發生肥胖；另一方面對他神經系統的發育也有影響，因為它沒有經過運動練習，一旦自己要爬要走的時候找不到平衡，最直接的後果就是會走路和說話的時間晚，因為這種機會都被大人剝奪了。

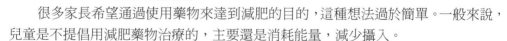

不提倡藥物治療

很多家長希望通過使用藥物來達到減肥的目的，這種想法過於簡單。一般來說，兒童是不提倡用減肥藥物治療的，主要還是消耗能量，減少攝入。

如果已經有了併發症，如高胰島素血症、第二型糖尿病，可以使用一些藥物，比較安全的藥物就是二甲雙胍，二甲雙胍在全世界都有使用。調查和研究發現，二甲雙胍使用之後，能夠非常好地逆轉兒童糖尿病的高胰島素血症和血糖的值，能夠使孩子重新回到比較健康的狀態，而且長期使用還沒有明顯副作用。但是「是藥三分毒」，如果能夠使用非藥物的方法，通過自己的毅力、自己觀念的轉變以及良好的行動，達到減肥的目的，當然是最好的。

專家 Q & A

Q 孩子也感覺到自己超重了，但無法控制飲食，該怎麼解決？

A 既然孩子也知道自己胖了，還不注意控制，那就說明他沒有認識到問題的嚴重性，這種情況就要給孩子一個震撼教育，就是帶他去醫院檢查一下，檢查之後發現各種問題，比如高血壓、脂肪肝等問題，讓他親眼看到結果，再加上由醫生告訴他，這時他的心態就不會那麼輕鬆了，家長再配合減少他的進食，效果就會好很多。另外，孩子管不住嘴巴，與大人態度不堅決、聽之任之也是有關係的。

Q 現在很多孩子都特別愛吃肉，不愛吃青菜，這個問題怎麼解決？

A 飲食習慣都是從小養成的，如果在他很小的時候就注意飲食習慣的培養，做到飲食均衡，蔬菜、肉類、主食合理搭配，那麼他長大之後，就會遵從這種飲食習慣。所以說挑食很大多是父母慣出來的。

此外，烹調方法上也要有一些技巧，比如不愛吃蔬菜，那就應該變花樣給他做，很可能他就愛吃了，這都需要家長自己想辦法。

Q 不同年齡段的孩子都應該做一些什麼樣的運動呢？

A 不同年齡階段的孩子有不同的能力，一歲多的孩子，開始學走路，到了兩三歲，就會單腿跳、雙腿跳，這個時候，就要放開手，讓他自由自在地活動，不要嫌孩子淘氣、難帶，愛跑、愛跳，愛動是孩子的天性。

跑跑跳跳消耗的能量比較大，不知不覺中就會消耗掉身上多餘的脂肪。如果這時候家長覺得不安全，總把孩子拉在手上，對孩子身體各方面的成長都是不利的。

4～6歲的時候，孩子學會的技能就多一點了，這一時期不容易長胖，可以做一些靜態的活動，多動腦，其實動腦的時候也是要消耗能量的。孩子願意去做的事盡可能讓他去做、去探索，啟發他對世界、對自然的好奇心。

哪個年齡階段應該做什麼樣的運動是很難具體規定的，這得看孩子發育的情況，不同的孩子發育早晚快慢是有差異的。不管哪個年齡階段都能做的就是游泳，只要注意安全，游泳適合任何年齡。

兒童性早熟，需要家長細心發現

翟純秀
首都醫科大學附屬北京兒童醫院
內科主任醫師

孩子肥胖會帶來多種疾病，比如糖尿病、血脂異常、脂肪肝、關節病變、尿酸增高、痛風等，還對孩子的性發育有著直接的影響，會造成孩子性早熟。這種影響通常很隱密，需要家長細心才能發現。性早熟對男孩的危害尤其大。有些性早熟還可能是某些嚴重疾病所引發，家長千萬不能忽視。

性早熟的表現

性早熟是按照年齡來界定的，當女孩子小於八歲，男孩子小於九歲，出現第二性徵的時候就稱為性早熟。

女孩性早熟的常見表現是乳房發育，當然還有其他表現，包括出現月經，或是出現陰毛。而男孩通常表現為生長過快，或者陰莖增大，聲音變化，出現鬍鬚，這些表現也都是家長和孩子到醫院就診的常見原因。

性早熟的分類和危害

兒童性早熟，不論男孩還是女孩，影響主要在三個方面，一是早熟造成孩子認為自己和其他孩子不一樣，有心理壓力；二是造成他最終的身高不夠滿意；三是他自己應付不了這件事。

 特發性的性早熟

在人群當中發生率最高的叫「特發性的性早熟」，就是把其他病因全部去除，找不到原因的性早熟。

特發性的性早熟在女孩的性早熟中占 90% 以上，男孩占 40 ～ 50%。也就是說，如果發生了早熟，男孩可能病理性的狀況會更多，女孩子相對來講更安全一點。

對於特發性的性早熟，有的家長會非常緊張，當孩子開始發育的時候，就會擔心她的月經會早來嗎？她自己會料理得好嗎？她現在過早發育，將來是不是很快就

會停止生長，會不會個子很矮。還有一種擔心，比如孩子本身就很內向，現在又跟別的孩子不一樣，會不會造成心理的傷害。

 ### 非特發性的性早熟

非特發性的性早熟就是由某些疾病造成的性早熟，這些病有的是惡性的，比如惡性腫瘤。

曾有這樣的病例，孩子七八歲的時候，發現有性早熟的狀況，去做檢查，結果就發現腦部長了腫瘤，這種現象並不少見，而特發性的性早熟，就不會有這種問題。

多方面的原因造成性早熟

對於性早熟，引發因素是多方面的。

營養狀況是很重要的一個因素。現在孩子的營養狀況普遍較好，很多人出現體重增加、肥胖，由此引起的性早熟不在少數。

如果蛋白類的食物吃得比較多，或者奶製品吃得比較多，性早熟的機率也會多一些。如果食品存在汙染，比如含有雌激素或者化學汙染，長期吃這樣的食品也會導致孩子出現性早熟。

生活方式不健康，比如作息狀態不好，總是晝夜顛倒，對孩子的發育也有一定的影響。

當然遺傳也發揮著決定性的因素，這種情況占 60 ～ 80%。比如媽媽月經初潮的時間比同年齡人早，她的孩子來月經的時間往往也會偏早。

家長細心才能早發現

 ### 女孩更容易早發現

對女孩子來講，及時發現性早熟的症狀還是比較容易的，因為媽媽和女兒之間的關係，常常比較密切。而且女孩子的第一性徵表現，常常是在體表的乳房，所以很容易發現。

 ### 男孩更需要關注

男孩性早熟的特徵是睪丸變大。一般情況下，家長都沒有這個意識，而且也不容易發現。即使是醫生，不是內分泌專業的也沒有這個意識。因此，對於男孩子要

特別關注，尤其要注重他體表的一些表現，比如長鬍子、聲音變化、喉結變化等等。出現喉結和聲音變化，常常已是比較晚的階段。所以，男孩子一旦出現性徵方面的異常，一定要特別關注。

男孩性早熟需要格外關注，一方面是因為男孩性早熟不容易觀察，另一方面是如果發生性早熟，其對全身的影響要比女孩子大。

一般來說，女孩出現性早熟，家長最擔心的是會不會不長個子，月經來了能不能自己處理好，會不會造成心理傷害。但就性早熟給身體各方面帶來的影響來說，男孩所受的傷害要比女孩更大一些。尤其是會造成男孩個子很矮，因為個子矮在女孩來講還是比較容易被接受的，而男孩相對來說心理傷害就會較大。更重要的是，男孩一旦出現性早熟，查出其他疾病的可能性要大得多。

別錯過最佳治療期

如果發現孩子有性早熟表現，就應該去治療。

女孩八歲前，發現即去就診

對於女孩來說，只要是在八歲之前，發現有這方面的問題，一定要去就診。通過診斷，如果是特發性的性早熟，沒有任何病態的原因，應當與醫生一起探討應對方法，是治療還是不治療，並且要和孩子達成共識。

在治療時間上，如果對身高特別在乎的話，肯定是越早越好。

男孩要注意觀察辨別

男孩在九歲前出現性徵，就是有問題了。到九歲的時候，可能會出現性徵的變化，即睪丸的變化，當睪丸輕度變化的時候，不會有太大的影響。在十歲左右的時候，如果出現了喉結的變化，那常常真的是有問題了。也就是說男孩出現喉結的變化早於十歲，就一定要注意了，很可能是性早熟的表現。

正確對待孩子性早熟

家長對於孩子性早熟，要有正確的態度。

首先要確定病因

出現性早熟，要到醫院去檢查，只要排除疾病原因，就大可不必那麼緊張。

青春期發育順其自然

如果孩子的發育與他的同學相差不遠，即使稍微偏早，也不必過於緊張，否則可能引發孩子心理上的抗拒。一般來說，這個時期，學校老師也會非常關注，會進行相應的教育，家長只要順其自然就可以了。

針對性干預

假如孩子在八歲左右發生了性早熟，也不一定都需要治療，對於性早熟問題，家長要和孩子充分溝通，進行適當的干預。至於治療，主要則是抑制性的發育，特別是對於年齡非常小的孩子，不要讓性發育再繼續。

對於確定不是疾病原因造成的性早熟，一定要和醫生一同探討，明確後果，治療和不治療會有什麼樣的不同後果，治療應該怎麼進行。並且要和孩子達成共識，再進行治療。

家長要開導孩子

家長要有正確的認識，幫助孩子度過這個時期。根據不同的病因，採取不同的方法，對不同的孩子也有所不同。有病因的一定要針對病因治療。沒有病因的性早熟，要根據自己的生活經驗，給孩子相應的開導。女孩可能乳房發育比較早，就覺得丟人，所以就使勁勒著，這樣做的危害非常大。

專家 Q & A

Q 體重與性早熟有沒有關係？

A 有關係，30公斤是一個臨界體重，也就是說大多數孩子達到30公斤就要發育了，如果孩子年齡還很小，體重已經很重了，那麼性早熟發生的機率也很大。在這種情況下，不僅要控制體重，對孩子的性發育也要密切關注。

Q 開著燈睡覺，會不會導致孩子性早熟？

A 有一種學說，說兒童若受過多的光線照射，會減少松果體褪黑激素的分泌，引起睡眠紊亂後，可能導致卵泡刺激素提前分泌，從而導致性早熟。理論上有一定的道理，所以孩子睡覺要有晝夜規律，睡覺的時候盡量不要開著燈。

Q 中醫有沒有什麼治療和預防性早熟的好方法？

A 中醫有一種理論，認為血熱，或者肝陽上亢的孩子容易早熟，臨床也可以觀察到這種現象。從中醫的角度來講，用一些涼血的藥，對孩子有好處，但是如果孩子已經發育了，就不會有效果。中醫也是從飲食調節角度來治病防病的，比如盡量少吃熱性食物，多吃清淡的青菜等，這樣就可以減少過早發育，即使是早發育之後，經常清淡飲食，對於進一步發育也有一定的緩解作用。

Q 吃違反季節的水果容易性早熟，這種說法科學嗎？

A 這個好像沒有太多依據，對早熟的調查，並沒有發現違反季節的水果造成性早熟的問題。

Q 過早接觸到了性方面的知識，會不會是導致性早熟的一個原因？

A 目前對性早熟還沒有確切的認識，但是精神層面的信息反覆刺激大腦、下丘腦，也有可能是造成性早熟的一個因素，但是並沒有一個確切的試驗或調查來證明這件事情，只能從理論上來說有可能。

06

皮膚科

別讓青春痘困擾青春

史　飛
中國人民解放軍空軍總醫院
皮膚科副主任醫師

　　青春是美好的，但美好的時光偶爾也會有小小的煩惱，不經意間，一粒粒小小的痘痘就會爬上臉頰，若是處理不好，甚而有「燎原」之勢，為我們帶來面子的大問題。青春痘就是痤瘡，中西醫都有很好的防治辦法，加上正確的飲食調理，很容易就能解決這個「面子」問題。

青春痘就是痤瘡

　　青春痘在醫學上稱為「痤瘡」，主要是皮脂分泌過於旺盛，皮脂中的脂肪分解產生脂肪酸，影響皮脂腺正常排出，然後再續發細菌如痤瘡丙酸桿菌等感染，造成炎症。青春痘的表現就是出現白頭粉刺、黑頭粉刺，或者炎症性丘疹和膿頭等。

　　根據青春痘的輕重程度，一般將它分成四級，一級只有一些零散的紅丘疹或者白頭、黑頭粉刺；二級是出現深層丘疹；三級除了深層丘疹以外還會長到前胸後背；四級分布非常密集，一般第二級或第三級比較多見。重一點的痤瘡，也叫「聚合性痤瘡」或者「囊腫性痤瘡」。

青春痘帶來「面子」問題

　　青春痘是一種皮膚疾病，一般不會對全身造成大的影響，但是它會給人的心理造成很大的影響，尤其是焦慮憂鬱，長青春痘的人多少會有一點。因為青春痘長在臉上，而青少年對面子問題又比較敏感，會覺得不好看，時間長了，或者比較嚴重了，有時候走路就會老低著頭，覺得不好意思，甚至會產生自卑心理。

青春痘是年輕人的專利

　　青春痘在 10 ～ 40 歲的人身上都可能發生，但青春期是一個高發期，一般來說，在 16 ～ 24 歲是最常見的。但是隨著飲食結構的變化，小孩也會有，比如早至八九

歲的也會長，但不常見，10 歲以後就會陸續出現。女孩出現比男孩要早一些，一項流行病學調查顯示，在 13 歲以前，女孩的發病率比男孩要高。14～20 歲，男孩的發病率比女孩高，因為青春痘的發病主要受雄性激素的影響，這一階段女孩發病率在 90% 左右，男孩幾乎是 100%。30 歲以後，女性發病率比男性要高，這一階段女性的發病率在 18% 左右，而男性的發病率在 8% 左右。

飲食預防最有效

座瘡發病的最根本原因，就是皮脂腺過度分泌，通過調控飲食來調節皮脂腺分泌是很有效的。

首先是要少吃或不吃比較油膩的食物，尤其是煎炸食物，還有肥肉，油脂含量比較高的堅果也要少吃。其次一定要少吃糖，因為糖會促進皮脂腺的分泌。很多食品，尤其是味道比較好的食品中，大部分都是含糖量比較高，像巧克力、冰淇淋這類食品，既含有大量脂肪，又含大量的糖，對皮脂腺影響很大，青春期要盡量少吃或不吃，尤其是容易長青春痘的人。

多吃蔬菜對防止青春痘很有好處，尤其是粗纖維含量比較高的蔬菜，有助於糞便的形成和排泄，大便通暢能對整個身體免疫狀態發揮提升作用，有助於預防青春痘。粗纖維蔬菜中一般多含維他命 C 或者維他命 E，這些營養素對消除炎症有幫助。

飲食中多吃一些維他命 B 群含量比較高的食物，比如粗糧、小米、玉米、紅薯，對座瘡的預防也很有幫助。

飲食結構方面，要合理搭配，比如粗糧和細糧搭配，吃了高蛋白和高脂肪的食物以後，要注意吃一些有消脂功效的食物，比如可以經常喝一些菊花茶、苦丁茶，對消脂都有幫助。平常喝些紅茶、綠茶，對於降脂都是有好處的。此外，中醫認為，座瘡長在面部，屬於上焦，所以喝帶花的茶對上焦的清熱有幫助，熱毒消除了，自然就不容易長青春痘。

避免咖啡、濃茶、吸菸、飲酒以及辛辣刺激食品。因為這些飲食都有助於青春痘的形成。

起居方面首先要生活規律，不熬夜。因為熬夜會影響皮脂腺分泌，經常熬夜加班的人，很容易長青春痘，而且會明顯加重，所以容易長青春痘的人更是要早睡早起。

其次是保持飲食規律和大便通暢，中醫說要給邪毒以出路，大便通暢，邪毒就能及時排出，否則就會形成青春痘。

擠不是好辦法

很多人長了青春痘以後會習慣用手把它擠出來，這是非常不好的習慣。因為擠壓會造成感染，一旦形成深層的感染，就會形成瘢痕。很多人臉上有小坑或者小瘢痕，都是擠的結果。

一旦形成瘢痕，要想消除，就需要後續的一些美容治療，因為靠自身的癒合是消不掉的。

如果是青春痘長到了一定的程度，正常排出的話，就是一個輕度的炎症，正常消失後，只會留下一點色素，慢慢就會被自然吸收掉了，無須治療，即使需要治療，也很容易恢復。

中醫西醫都能解決

治療青春痘主要有兩種模式，一種是西醫的方法，一種是中醫的方法。

西醫主要對因治療，一是減少皮脂腺的分泌；二是預防或治療感染，一些抗感染的藥物，也就是常說的抗生素和消炎藥，在感染症狀比較嚴重的情況下，短期應用也可以把炎症迅速控制住。

上面說到用抗生素，可能大家會覺得是不是有必要，會不會對身體產生影響，這主要還得看病情的程度來決定是否使用。因為青春痘有時會出現感染加重，在這種情況下，要迅速控制症狀，因為感染的時間長會造成炎症的深入，如果深入到真皮的話，就可能會留下瘢痕、小坑，或者是鼓出來的小丘疹。要想把炎症控制住，把感染細菌殺掉，短期應用抗生素，對人體不會有太大的影響。

中醫將青春痘叫「肺風粉刺」，或者叫「粉刺」，也叫「面皰」，認為主要是濕熱造成的，濕熱循著肺經上走，因為肺主皮毛、主上焦，所以向上走就形成面部的炎症。因此中醫治療一般都是以清肺熱為主。另外如果有脾胃濕熱，也要兼顧調治。所以中醫治療實質上是一個調控的過程，而不是直接去除它，其原理是促進身體自身去抵抗外邪。

此外，再配合一些外治的方法，比如拔罐、針灸、面膜等來治療，效果也是不錯的。面膜主要是一些清熱解毒藥，對皮膚也有護理作用與美容效果。拔罐主要是在背部，與肺經相關或者督脈上的一些腧穴，主要是發揮洩火洩熱的作用。一般十天左右就會有效果。拔罐最好還是去醫院，如果去美容場所拔罐可能效果不是很好。

專家 Q & A

Q 用香皂洗臉對青春痘有治療作用嗎？

A 從理論上來說會有改善，但也要根據個人膚質來進行，比如油性皮膚，多洗幾次臉是沒有問題的，甚至用一些去脂比較強的洗面乳或香皂、硫磺皂都可以。但如果是混合型的皮膚，就要注意減少用香皂洗臉的頻率，主要是洗油脂分泌多的區域。乾性皮膚最好不要用香皂洗。

Q 用牙膏加珍珠粉塗抹，會有幫助嗎？

A 皮膚如果長了丘疹，就屬於皮膚炎症，牙膏和珍珠粉會發揮一定的安撫和收斂作用，但不是根本的解決方法，對於炎症比較輕的，也許可以治好。

Q 青春痘是上火引發的嗎？

A 青春痘從中醫角度來說，是濕熱上炎引起的，所以上火可能會引起青春痘，但是不是說上火引起的一定都是青春痘，上火後如果續發過敏反應，或者是外界刺激，也可能造成皮膚炎，出現紅丘疹，這種就不是青春痘。所以如果出現紅丘疹，就要想到也許是皮膚炎，或者毛囊炎，或者其他皮膚炎症。

Q 蟲引起的小疙瘩和青春痘怎麼區別？

A 蟎蟲以丘疹為主，在晚期可能會出現皮膚炎，或者毛細血管擴張，青春痘最主要的症狀表現就是有白頭和黑頭粉刺，有時可能也會出現紅丘疹，但是如果沒有黑頭粉刺或者白頭粉刺，就肯定不是青春痘。

Q 吃辣椒能把臉上的毒素刺激出來嗎？

A 皮膚病治療一方面是要消除炎症，另一方面就是要安撫，不能刺激。想要靠吃辣椒把毒素刺激出來是不科學的，反而會使皮脂腺分泌更旺盛，加重炎症。

防治色斑，其實很簡單

史　飛

中國人民解放軍空軍總醫院
皮膚科副主任醫師

　　俗話說「一白遮三醜」，皮膚白皙是美麗的基本要素，然而各種外界侵擾和身體疾病的影響，總是讓我們的皮膚深受其害，一不留神，雀斑、黃褐斑等各種色斑就會趁機紮根。不當的護理方法也會讓皮膚飽受煎熬，給色斑提供可乘之機。防治色斑首先是要避免多晒太陽，其次是要注意調理肝臟，內因外因都解決了，就可以跟色斑說拜拜。

色斑就是色素沉積

　　我們皮膚有一個正常的生理過程，即產生色素抵禦紫外線對皮膚的損傷，延緩皮膚的衰老，所以產生色素是正常的生理現象。但如果色素在代謝過程中出現問題，比如產生的色素去不掉，就會形成雀斑。

　　色素的產生和代謝，每個人都不太一樣，受先天的影響很大。比如有人膚色黑一點，有人膚色白一點，這完全是先天決定的。黑色素是黑色素細胞產生的，在組成皮膚的細胞中，最基本的是角朊細胞，十個角朊細胞中，可能會有一個黑色素細胞。黑色素細胞生長分布的機率，大多數人是一樣的，但是它產生黑色素的能力，卻可能不太一樣，這就造成有的人皮膚相對黑一些。而且黑色素能不能被吞噬細胞吞噬掉，每個人的情況也不一樣。所以長不長斑，長斑多少、深淺，人的先天因素發揮很大甚至是決定性的作用。

多晒太陽易長斑

　　日光中的紫外線，是產生黑色素的最重要誘因，人體產生黑色素的目的，就是為了阻止紫外線對真皮造成損傷。長時間晒太陽，就會增加色素產生，如果代謝過程出現紊亂，不能把它運輸走，積留在皮膚中就成了色素斑。

　　色素的代謝過程受很多因素影響，比如內分泌、自主神經系統、血液循環等，皮膚的免疫狀態也會對它有影響。一般的皮膚炎症，也會導致色素存留。因為皮膚發生

炎症以後，會對色素代謝產生影響，發生色素沉澱。一般的色素沉澱，會隨著時間推移，在皮膚的修復下大慢慢消退掉，但是病理性的色素沉澱是不會隨著時間消除的。

長斑是肝臟不好的表現

色斑的產生，不光是皮膚上的問題，往往是整個人體健康狀態的表現。從中醫的角度來說，皮膚上的病變，都與五臟六腑有關係，臉上長黃褐斑，中醫認為與肝的關係很密切，而肝主情志，肝氣橫逆就會造成情志不舒，如果經常發脾氣，容易激動，就容易長斑，中醫稱之為肝斑。這也從另一方面提醒我們，如果長斑，可能肝臟存在一定的問題，需要注意。

這些人容易長斑

皮膚長斑，最常見的就是女性懷孕期間容易長的妊娠斑，因為懷孕會導致內分泌紊亂，影響色素代謝。另外，裝子宮內避孕器或口服避孕藥等也會導致內分泌紊亂而出現色斑。

精神壓力大、休息沒有保障的人，特別是經常加班的人，容易長黃褐斑。

經常日曬，比如戶外工作者，容易長色素斑。因為長期接受日光中紫外線的輻射，色素代謝會產生異常。

肝腎功能不全的人，容易長黃褐斑、蝴蝶斑等色斑。

一些婦科疾病，也會長色斑，比如卵巢的疾病，但是這種情況並不多見。

老年斑則有比較明顯的年齡特點，多出現在 50 歲以後，又名「壽斑」，常見於面部、手背以及前胸等部位。

去斑其實很輕鬆

臉上最常見的色斑就是黃褐斑，還有慢性皮膚炎造成的色素沉澱，也有用藥不當造成的色素沉澱，比如有些人有了皮膚炎以後，自己抹了荷爾蒙藥膏，荷爾蒙對皮膚炎的治療顯效很快，但是荷爾蒙的副作用就是色素沉澱和毛髮增多。還有一些色斑屬於先天疾病，比如雀斑、太田氏母斑、雀斑樣痣等。

對於長在臉上的色斑，大家都是欲除之而後快，因為它雖然無害，但畢竟會影響面子。治療色斑，方法也很簡單。主要有口服藥物和微創手術兩種。要根據不同情況來選擇治療方法。在口服或外用藥效果好的情況下，就不做有創傷的治療；如果口

服和外用藥物效果不好，可能就需要外科治療，比如雷射、美白電解，或是冷凍治療都可以。有些人治療後，過段時間又復發，這主要是預防措施沒有做好，可能是自己的生理狀態沒有調整好，或是接受過多日晒，這些都需要注意調整預防。

護膚品選擇要慎重

合理護膚，對於預防色斑也有效果。有一些傳統的美白配方中，會含有一些天然物質，比如珍珠粉，雖然對皮膚的色素並沒有直接的作用，但它卻能夠通過改善營養狀態，發揮預防色素沉積的作用。再如熊果，它是由熊果的葉子萃取，能夠加速黑色素的分解與排泄，從而減少皮膚的色素沉積，去除色斑和雀斑。但是這類藥物都不是百分之百見效，所以每個人在用的時候，一是要注意安全性，二是要看效果，一般來說三個月左右如果還是沒有效果，就應該更換了。

有一些強效的去斑藥物或化妝品，會造成色素的不均勻，使皮膚顏色變得有淺有深，也就是變花了，這樣反而更影響美觀。所以選擇藥物的時候，也不能選擇最強的。適合自己，達到去斑目的就行了，不要長期使用。

現在有些去斑的化妝品，即使是大品牌，也可能含汞之類的物質，這些物質對於色素斑的消除可能會很快，但對健康並不好，因為停藥以後，可能會反彈加重，而且藥物的有效成分對皮膚本身也會造成損傷。

所以，治療色素斑首要的就是安全性，因為臉畢竟是每個人最重視的部位，不要只圖療效不顧安全，因為很多面部的色斑都是由於炎症而產生的，不注意安全性，不但治不好色斑，反而會使色斑加重。

預防要分內外因

因為色斑的形成有內因和外因，所以預防色斑就要從這兩方面著手。

外界因素，也就是色素沉澱的來源，主要是太陽光中的紫外線照射，所以最主要就是要避免長時間晒太陽。即使是陰天，陽光中的紫外線依然很強，所以，外出要做好防晒措施。

自身因素，就是皮膚的健康狀態，影響皮膚健康狀態的因素有生活規律、飲食習慣與結構及情志三個方面。生活規律就是工作和休息要定時，不要時間顛倒，別熬夜；飲食方面，不要太精細，過於精細的飲食會導致皮膚營養缺陷，一定要注意粗細搭配，還要避免吃辛辣的食物；情志方面就是要注意心境平和，不要激動，不要經常發怒。如果掌握這三個方面，就能降低長色斑的可能性，即使長了，治療效果也會很好。

專家 Q & A

Q 經常使用電腦，會不會因為輻射而長斑？

A 一般來說，如果用的是液晶顯示器，影響不是很大，如果是傳統的映像管顯示器，長期使用會有些影響。鍵盤和鼠標也有一些輻射，都會造成一定的影響。

Q 遺傳的雀斑能治嗎？

A 先天的也可以治療，比如色素痣，常見的太田氏母斑、藍痣，這類痣都是先天產生的，現在用雷射可以有效去除。

Q 口服維他命對雀斑有效果嗎？

A 維他命對皮膚健康非常有幫助，因為自由基的產生對皮膚老化包括皮膚炎症有很大的影響，尤其是維他命 E，抗自由基效果很好。長期服用綜合維他命，對於延緩皮膚老化是有幫助的。但是不能過量，否則就會造成維他命中毒。

Q 清理腸道可避免面部長斑嗎？

A 及時把人體產生的廢物排出去是有好處的。如果處於便祕狀態，或者排泄不暢，可以洗腸，但如果排泄正常，洗腸就多此一舉了。因為有一些營養成分還在結腸部位，需要吸收，如果此時就把它排掉，對身體也沒有好處。另外腸液的大量流失也會影響電解質的平衡，對皮膚健康沒有幫助。

Q 長雀斑跟亞健康的身體狀態有關嗎？

A 健康的身體狀態，能把色素正常代謝掉，長期處於亞健康狀態，體內的色素難以分解和消耗，就會積存在皮膚表面形成雀斑。

Q 熬夜後有黑眼圈是怎麼回事？

A 熬夜後產生的黑眼圈也是色素沉澱，只是還比較輕，醫學上把它叫做「眼周黑色素沉澱」，可以用藥物治療。中醫認為，產生黑眼圈是一個勞損的過程，也是血瘀的表現，在生活規律、情緒各方面都要適當注意。

預防晒傷有學問

史 飛

中國人民解放軍空軍總醫院
皮膚科副主任醫師

炎炎夏日，防晒是我們每天要做的事情，然而防晒可不是簡簡單單塗點防晒乳就算大功告成。選擇什麼樣的防晒用品，怎麼使用防晒用品效果才好，晒傷後需要怎麼處理，這些都是有學問的。正確的防晒才能讓我們的肌膚保持健康。

防晒到底防什麼

防晒，防晒，每到夏天，愛美的人們都會像唸經一樣重複這兩個字，各種品牌的防晒用品更是被視為珍寶。但若真要問起來，防晒究竟防的是什麼，大概沒有幾個人能夠回答。

UVA 和 UVB 是真正的夏日「殺手」

其實防晒主要防的就是陽光中的紫外線，紫外線主要分三種，分別是 UVA、UVB 和 UVC，基本上，通過大氣層以後，其中 UVC 就被過濾掉了，所以我們主要防的是紫外線當中的 UVA 和 UVB。

UVA 即 ultraviolet A 的縮寫，是長波紫外線，又稱「戶外紫外線」，一般是波長 320 ～ 400 奈米的紫外線，穿透能力比較強，能深入真皮層，對膠原、彈力纖維甚至纖維母細胞造成破壞。

UVB 即 ultraviolet B 的縮寫，是中波紫外線，波長範圍 290 ～ 320 奈米，會折射進室內，又稱為「室內紫外線」，它波長比較短，但是能量相對較強。

晒太陽也會受傷

晒太陽健康，但過多曝晒也會造成傷害。這種傷害主要有三種，第一是使皮膚變黑，容貌受影響；第二就是造成皮膚病；第三是會造成皮膚老化。

對於皮膚變黑，一般很好理解，就是因為晒多了太陽以後，黑色素增加的緣故。

疾病方面，主要是日晒傷，也就是日光性皮膚炎，一般是在曝晒後沒有注意防護而出現，表現為紅斑、脫屑。還有一種叫做「光敏性皮膚炎」，就是一種對光的過敏，它對皮膚的損害比較大，比如晒太陽後皮膚非常癢，就是一種過敏現象，因為晒太陽就如同接觸過敏原一樣，慢慢就會出現炎症。出現這種情況，用藥可能需要一個長期的過程，治療過程實際上就是一個脫敏過程，只有不再對紫外線過敏，才算根治。

皮膚老化的問題，主要是由 UVA 造成的，因為 UVA 波長比較長，它能直接損傷到皮膚的真皮組織，所以是皮膚老化的罪魁禍首。

有些食物也會導致皮膚變黑，因為這些食物可能會增加光敏作用，吃了之後，即使曝晒很短的時間，也會出現皮膚紅斑，常見如莧菜、芹菜、泥螺等都有可能增加光敏，這一般與體質是沒有關係的。

看懂防晒產品

防晒產品上往往標明了很多數字，這些數字對於我們合理選購和使用都有指導作用。

PA++

防晒用品上通常會見到標有 PA++ 的字樣，這是產品的功能標誌。PA++ 說明這個產品對 UVA 有防護作用，而「＋」號越多，它的防護作用就越強，一般來說，一個「＋」的有效防護時間大約為四小時，每增加一個「＋」號，防晒時間就延長四小時。

SPF

SPF 是以最小紅斑量（MED）為基準的日光保護係數，就是在陽光下晒出紅斑的最短時間，一般最少應該是 15 分鐘左右，當然這還取決於太陽的強度，比如夏天可能短一點，冬天就會長一點，這個值一般都是在實驗室裡模擬標準的日光所做出來的。

SPF 值越高，性能越不穩定，比如出廠的時候 SPF 值可能達到 50，但是它可能很短的時間內就會降下來了。此外 SPF 值越高的防晒乳，它分解以後的產物對皮膚的刺激也會越大，所以應該根據用途和活動的場所，來選擇合適的 SPF 值，比如只是在外面二小時，就沒有必要選擇係數高的防晒乳。

正確使用才有效

使用防晒用品並不像塗抹潤膚油那樣簡單，使用不當也發揮不了相應的作用。

 縮短活動時間

一般來說，在室外的時間應該比產品標明的時間稍微短一點，因為標誌的 SPF 值是一個理想狀態，如果防晒乳保存不當，比如沒有完全避光，或者放得時間長了，SPF 值就可能會變小，防晒效果也會降低，這時就應該增加塗抹的頻率。

 防晒不只在晴天

紫外線每天都存在，只是因季節、時段不同，強度會有差別。陰天的時候也會有紫外線輻射，但它可能比晴天少一些。所以條件許可的話，應該每天擦。

 妝後用才有效

防晒乳應該擦在最外面，所以如果需要化妝，最好是化完妝再用，否則就不會發揮很好的作用。

防晒用品要因人而異

任何一種化妝品，都標明了功效、用途等，防晒用品也是這樣。它的構成一般分為兩部分，一部分是基質，無論是果凍、凝膠、乳霜還是乳液，這都是它的基質；另一部分是有效成分，就是遮光劑或防晒劑。

對於不同基質的選擇，要根據個人的皮膚狀態來定。如果很容易出汗或皮脂比較多，選擇乳劑或者果凍會好一點；如果皮膚比較乾燥，或者需要去爬山或到海邊風很大的地方，最好選擇乳霜或者乳液。無論是什麼基質，防晒效果都是相同的，只是適合的皮膚不一樣。

 男性的皮膚其實和女性沒有太大的區別，對於日晒造成的損傷都是一樣的，只是多數男性可能不擔心晒黑或是長斑，所以對皮膚的保護不像女性那樣注重。其實無論是什麼樣的人群，都應該做好防晒護膚的工作。

物理防晒與化學防晒

現在的防晒乳分為兩大類，一類是物理性防晒乳，另一類是化學性防晒乳。

物理性防晒乳主要是以二氧化鈦為主，它遮光、防晒的效果非常好，但是使人感到不適的感覺會比化學性防晒乳強，另外，使用後會顯得不太美觀，因為皮膚上會有白白的一層，所以一般多用在野外，比如登山的時候。但是物理性防晒乳對皮膚的傷害會少很多。

生活中用得比較多的是化學性防晒乳，它抹起來比較舒適，而且幾乎都是透明的，不會有顏色上的改變，所以也不必擔心美觀問題。化學性防晒乳的防晒原理就是通過所含的無機或有機活性成分吸收紫外線，不讓它對皮膚造成傷害。

晒傷的處理

如果皮膚晒傷比較嚴重，出現發熱、頭痛或者皮膚劇烈疼痛，可以用小劑量激素或是消炎止痛類的藥；如果只是搔癢、脫屑，或輕微疼痛，用一點抗過敏藥就可以了。

外部處理或者外用藥主要是以安撫為主，比如晒完之後出現水泡，應急的辦法就是用冰水或冷水敷，然後用硼酸溶液（3%）、利凡諾或中藥製劑進行濕敷，用新鮮的馬齒莧煮水冷濕敷效果也很好。安撫的目的就是要讓炎症不要繼續發展，一般三天左右就能把炎症控制住。

後續的治療主要就是消除色素沉澱，大部分人在三個月到半年之內，色素沉澱都能吸收掉，如果實在吸收不掉，可以用去斑的藥物或是雷射把它處理掉。

專家 Q & A

Q 皮膚上的防晒乳回到家需要立即洗掉嗎？

A 應該馬上洗掉。因為防晒乳的有效成分大部分都是化學物質，都是靠吸收紫外線中的能量把紫外線消除掉。它吸收能量的過程就是一個分解的過程，分解產生的一些物質對皮膚都會產生刺激。所以如果回家後不再出去，還是應該盡快把它洗掉。

Q 戶外工作者皮膚更粗糙，是什麼原因呢？

A 皮膚粗糙與防護不好有關，主要是受到光線中的紫外線損傷而產生的結果。紫外線中最主要的是 UVA，國外有報導，認為人的皮膚接觸紫外線經過 5,000 小時，可能就會老化。如果保護得好，它的壽命可能就會更長一點。

戶外工作者的皮膚長期暴露在外面，接觸紫外線，會加速皮膚老化，讓皮膚變得粗糙，皮紋加深，還可能出現色素斑或者脂漏性角化症，也就是老年斑。

Q 防晒乳什麼時間擦效果最好？

A 最好在出門前 20～30 分鐘就擦上，因為塗抹後還需要經過一會才能發會效用。

Q 長青春痘，擦防晒乳會有什麼影響嗎？

A 青春痘患者是可以擦防晒乳的，但是擦的時候要注意有沒有刺激反應。用的時候應該先試一試，如果沒有這種反應，就可以用；如果擦完了以後發紅、脫屑、搔癢，就是發生皮膚炎了，這時就別用，或換一種產品試試。

Q 吃番茄有防晒效果嗎？還有哪些食物有防晒效果？

A 番茄中含相對高的維他命 C，維他命 C 和維他命 E 對防晒都有幫助。此外，綠茶裡面含有茶多酚，對防晒也有很好的幫助，還有一些保健的中成藥，比如紅景天，防晒效果都不錯。

Q 皮膚癌與晒太陽有關係嗎？

A 一般來說，接觸正常的太陽光照射是不會患上皮膚癌的。皮膚癌是長期照射所形成的一種病理改變，這種病變有一個積累的過程，而且這個發病率是隨著年齡增長而逐漸增高，可能與個人體質也有關係。長期從事戶外工作，皮膚長期暴露在外的人相對來說容易出現皮膚癌。

苦不堪言的帶狀皰疹

黃石璽

中國人民解放軍中國中醫科學院
廣安門醫院針灸科主任醫師

在民間有一種說法，叫「火龍纏腰苦不堪言」，而這個火龍指的其實是一種疾病，那就是「帶狀皰疹」。因為主要發生在腰部和胸部，呈帶狀分布，且一般呈現紅色，所以形象地稱之為「火龍纏腰」，台灣俗稱「皮蛇」，而「苦不堪言」則道出了這種疾病帶來的痛苦。要解除這種痛苦，首先是要正確診斷，而中醫在治療皰疹上有獨到的療效。

帶狀皰疹由病毒引起

帶狀皰疹是由病毒引起的，如果孩童時期感染了水痘，那麼水痘帶狀皰疹病毒就會潛伏在身體裡，一般是在交感神經節（脊髓後根）上，或者是三叉神經節上。如果我們的身體抵抗力很好的話，一般是不會發作；當抵抗力比較弱，或者又加上勞累的時候，這種病毒就會被活化，開始侵犯我們的神經。

目前醫學上稱它為感染性皮膚病，又叫「感覺神經病變」，就是感覺系統的神經病變，由此也可以看出，這種病毒對皮膚和神經都會造成傷害。

每個人都有得這種病的可能，但會不會得病，主要還是與體質有關，如果身體能保持強壯，它可以和你和睦相處，一般不會得病；但是如果抵抗力下降，或者過於勞累，就可能刺激它導致發病。

引起帶狀皰疹的病因很多，勞累是其中的一種，上火、感冒、發熱，這些都會誘發皰疹。很多面癱的病人，都是因為感冒後不注意，耳朵就慢慢長皰疹，進而發生面癱。

還有一個主要的因素就是老人長腫瘤，尤其是惡性腫瘤。80歲以上的帶狀皰疹患者，有5%是惡性腫瘤引起的。因為老人生病後本來免疫力就低下，惡性腫瘤放化療，會使人的免疫力更低下，很容易誘發帶狀皰疹。

青壯年發病則大多數是疲勞、作息不規律、抵抗力下降引起的。

帶狀皰疹有三種類型

中醫將帶狀皰疹分為三種類型。

最常見的是肝火型皰疹，這種皰疹顏色比較紅，也比較痛，甚至很劇烈，同時可能還會有煩躁、口乾、口苦、大便乾燥等一系列上火表現。

脾濕型皰疹，顏色比較淡，但是水泡比較大，有些嚴重的水泡會化膿，因為體內濕氣較重，所以患者會感到身體發沉，不想吃飯。

氣血瘀阻型皰疹，一般在帶狀皰疹好了以後，還留有神經痛，這種神經痛往往苦不堪言，疼痛比較固定，晚上痛得比較厲害。中醫一般認為是氣血瘀阻引起的。

容易誤診的帶狀皰疹

目前帶狀皰疹的發病率在 3 ～ 5‰，任何年齡都會發病，女性稍微多一點，但不太明顯。50 歲以上的中老年人，發病率比較高，占發病人數的 75% 左右。

帶狀皰疹剛剛開始的時候，也就是發病前幾天，會引起局部皮膚的搔癢、疼痛，會使人產生厭食以及身體上的不舒服，然後會有比較劇烈的疼痛。

因為疼痛發生在胸部、腰部，所以很多醫生會懷疑內臟病變，比如胸膜炎、冠心病，以及其他腹部急症。而且病人一般不會找皮膚科或神經內科，而會首先找內科，由於內科分得比較細，一系列的檢查之後，很可能皰疹就出來了，這就錯過了最佳控制期。所以帶狀皰疹是很容易被誤診的。

民間有一種說法，認為帶狀皰疹最好是讓它完全長出來，長得越多越好。這種觀念是錯誤的，帶狀皰疹應該盡量不讓它長，因為長出來以後，皰疹的面積越大，留下神經痛的後遺症可能性就越大，應該盡早治療，及時控制。

疼痛只是基本的表現

因為帶狀皰疹影響的是感覺神經，所以一旦發病，首先侵害的就是神經，所以會非常痛，很多患者描述像閃電一樣、撕裂的抽痛，也有針扎一樣的痛，一不小心刮到衣服，就會疼痛難忍，用苦不堪言形容一點也不為過。疼痛對工作、學習以及生活品質都會造成很大的影響。而且幾乎每個患者都會睡不安寧。

 併發症很嚴重

帶狀皰疹發生最多的部位是胸部，其次是眼部、耳部，發生在眼部、耳部的皰

疹，後果可能相當嚴重，因為眼部有三叉神經的第一分支眼神經，如果眼神經發生皰疹，會引起角膜炎（帶狀皰疹病毒性角膜炎），進而引起失明。

眼部的嚴重皰疹，還會造成輕度的腦膜炎，眼瞼腫脹也會很嚴重，會導致整個眼皮垂下來，視力受限，頭痛、嘔吐都會發生。

發生在耳廓及外耳道的帶狀皰疹，會損傷到幾條重要的神經，最常見的是顏面神經。顏面神經若是損傷，就會引起口眼歪斜、面癱，而且這種類型的面癱，是比較難好的。另一條是聽覺神經，聽覺神經損傷會引起耳聾。除了聽覺神經以外，它還影響到前庭神經、前庭系統，引起眩暈，這些都是比較嚴重的併發症。

後遺症依然是痛

帶狀皰疹本身並不可怕，一般二週左右就會自然消退，但是它留下的神經損傷後遺症，目前仍然是醫學難題。要想讓疼痛消退，就需要把神經修復，這是很難的。如果能在損傷神經前及時控制疾病，就能大大減少後遺症的發生。

有可能復發

帶狀皰疹的病程一般是二週左右，即使不治，皰疹一般也會慢慢結痂、脫落，漸漸消退，但是疼痛還會持續很長的時間。

小心復發

以前認為得一次帶狀皰疹後，就不會再得，因為可能會產生某些抗體。但現在帶狀皰疹的復發率還是比較高，大概在 5 ～ 10%。這可能與身體抵抗力較弱，或者沒有產生抗體有關。因此得過帶狀皰疹之後，如果再有發病徵兆，切不可大意。

疼痛會延續一段時間

皰疹消失後，一般疼痛還要延續一個月左右，才會慢慢消失。這在年輕人中是比較常見的。但如果是五六十歲以上的患者，神經痛後遺症可能會延續半年以上，甚至一兩年。

可能會留疤

帶狀皰疹結痂脫落以後，大部分的人會留下局部色素沉澱。抵抗力很弱，尤其是惡性腫瘤導致抵抗力很弱的患者，皰疹化膿、感染比較嚴重的，可能就會引起結痂，留下瘢痕。

中醫治療最見效

控制帶狀皰疹的最好方法就是及時就醫，並且要找對科室，及時找到皮膚科、神經科，就能馬上對症用藥，收效很好。

現在治療帶狀皰疹用針灸效果很好，特別是用火針。有些患者，剛開始三天以內，用火針治療，一般 3 ～ 5 次，疼痛就沒有了，一週左右後期的疼痛也消失了。

帶狀皰疹的針灸治療，大概分三個階段。第一個階段是超早期，就是發病三天以內，用火針、拔罐、放血的方法，快的話兩三次，慢的話五六次，大概 3 ～ 5 天，疼痛就消失了，皰疹很快就結痂。第二個階段是急性期，急性期除了上面的方法，還要使用其他針灸療法，每個療程六次，一般一到兩個療程，大部分也能好。第三個階段是後遺症期，病情到了這一階段，康複比較慢，但一般也比普通西藥效果好。這時是用火針加其他方法，療程要稍微長一些。

西醫治療帶狀皰疹目前首先是抗病毒，其次是止痛，然後就是用一些維他命 B 群的神經營養藥促使神經恢復。這些方法也很有效，特別是對皰疹，但是對留下的神經痛還是沒有針灸效果好。

專家 Q & A

Q 水痘和帶狀皰疹是同一回事嗎？孩子得過水痘，以後還會得帶狀皰疹嗎？

A 水痘和帶狀皰疹，不算同一個病，但是由同一種病毒引起。水痘一般都在嬰兒期、兒童期感染，很少呈現帶狀，也可以呈現帶狀，是全身性發作，有傳染性，冬春季發生比較多，而帶狀皰疹沒有傳染性。

得過水痘還會得帶狀皰疹，因為得了水痘以後，病毒潛伏在神經節內，當免疫力低下的時候，或者太勞累的時候，這種病毒就會被活化而出現帶狀皰疹。

Q 得了帶狀皰疹可不可以洗澡？

A 得了帶狀皰疹以後洗不洗澡，多長時間可以洗澡，沒有一致的說法。建議輕輕地沖澡，應該沒有什麼問題，但別太頻繁，可以兩三天沖一次。禁止泡澡，因為有可能會造成感染。

Q 帶狀皰疹出院已經有一個多月了，還需要吃維他命 B12 嗎，中藥可以吃嗎？

A 如果還是很痛的話，可以吃一段時間的神經營養藥，比如維他命 B1、維他命 B12。因為神經已經損傷了，維他命 B 群可以促進神經修復。一般用這類的藥，都是肌肉注射，口服也行，只是吸收比較慢。

另外，可以吃點中藥，像洩火、洩肝、活血化瘀之類的藥都可以，但要辨證施治。

Q 帶狀皰疹有什麼預防方法嗎？

A 沒有什麼預防的方法，主要是增強抵抗力。現在得帶狀皰疹的年輕人比較多，就是常熬夜玩遊戲的緣故。中年人工作比較忙，或者熬夜，壓力非常大，也會引起帶狀皰疹。所以增強抵抗力是根本的辦法。對老年人來說，最重要的是管住嘴巴、邁開腿、多喝水。

Q 民間有一種說法，火龍纏腰頭對頭了就會要命，是這樣嗎？

A 實際上不會的，一般來說，帶狀皰疹發生在一側，很少有兩側，一般要過中線的話，只是過大概十公分左右。若是長一圈，則可能有帶狀皰疹病毒引起的脊髓炎，這種病也不致命，但可引起截癱，不過非常罕見。

皮膚真菌感染，怎一個癢字了得

史　飛
中國人民解放軍空軍總醫院
皮膚科副主任醫師

有一種病菌，最喜歡潛伏在我們的手腳上，一遇到合適的時機就會滋生蔓延，讓我們奇癢難耐。忍不住抓撓，卻不小心上當，給了它們散播傳染的好機會。這就是皮膚真菌感染。真菌感染的危害不僅僅在皮膚表層，它也會對我們的內臟造成感染。但是只要我們消除真菌存在的條件，就能輕鬆擺脫「癢」的煩惱。

真菌也有好壞之別

真菌是比人類出現還要早很多的一個物種，在我們生活當中，它無處不在。真菌大概有一萬多種，但是對人產生損害的，大概有 400 多種，常見的有 100 多種，比如常見的皮膚病就是由於真菌感染所造成的。

真菌雖為菌，但並不都是壞的，有些食物的生長、食品的製作就需要真菌幫忙。比如蘑菇、木耳都是真菌生長出來的，含有很多微量元素，人體攝入以後，對於維持健康的生理狀態很有幫助；優酪乳、豆腐乳等也都需要真菌才能做成，真菌的參與，對我們攝取其中的營養物質有很好的幫助。

此外，比如饅頭發酵，參與發酵過程的真菌都是有益的真菌，它對於植物蛋白的吸收有幫助，但是在衰變以後產生的黃麴毒素對於人體來說就是有害的，長期食用黴變食物是引起肝癌的一個重要原因。

真菌感染主要在皮膚

真菌中有一些會產生毒素，對胃腸道產生一些影響；有些真菌可能使血液系統發生病理改變。但真菌感染以後，主要還是引發皮膚的炎症，在不同的部位，命名方式和治療方法都不太一樣。比如真菌感染如果是在頭部，叫「頭癬」，頭癬根據不同類型，分為黃癬、白癬和黑癬，綜合特徵就是毛髮脫落，然後有紅斑、丘疹，還可能有膿皰、大量脫屑；如果感染在手足部位，可能就會出現紅斑、角化，或者還可能有些水皰、浸漬。

　　手癬和足癬主要分三個型，一是紅斑水泡型，二是角化型，三是浸漬型。主要表現是紅斑、水泡、滲出，或者是角化過度變厚，再有就是脫皮，然後伴隨有搔癢，並且容易再感染到其他的部位，比如腹股溝，這時就叫「股癬」，主要表現是紅斑和輕度的滲出，或者還有脫屑和劇烈的搔癢。另外還有一種比較少見或者難辨認的癬，可能會長在面部或身體的其他部位，比如胸部、背部。

　　除了皮膚，有一部分真菌也會感染指甲引起甲癬，就是一般說的灰指甲，灰指甲的表現各不相同，有的是增厚，有的僅僅是顏色改變，一般都沒有光澤，而且會變得很碎很鬆，很容易被摳掉。

真菌危害不只在表層

　　真菌感染雖然主要在皮膚上，但其危害卻並不僅僅止於此，真菌可以續發很多疾病，比如夏天常見真菌引起的足癬（腳氣），就會續發變態反應（自身敏感性皮膚炎），造成全身的紅斑丘疹；真菌感染後，續發細菌感染，也會造成丹毒之類的疾病。

　　如果人體抵抗力很弱，或者有其他疾病，再服用免疫調節藥，可能會造成深部的真菌感染，這種深部真菌感染是非常難治的，比如會深到內臟，使內臟感染真菌。特別是有些放療、化療的病人，或者是做骨髓移植的病人，在長期服用免疫抑制藥的情況下，抵抗力會很弱，這時真菌就可能會通過血液造成內臟感染。

　　長癬，不是塗藥就能解決的，一是容易把小病拖大，因為足癬、手癬、股癬會有一些續發疾病，如果引起續發疾病，就比較麻煩了；二是癬是一個傳染源，很容易危害周圍的人，尤其是家人。所以癬雖是小病，也要早診斷、早治療。

足癬，塗藥不如吃藥

　　足癬是一種最常見的真菌感染性皮膚病，它是皮膚的一種炎症，最大的特點就是搔癢。可能還會出現紅斑、丘疹，大部分會有滲出，如果再續發細菌感染，這時可能就會出現發熱或者其他遠部位的過敏，但是這種情況比較少，主要還是局部的皮膚反應，就是以搔癢為主。

　　足癬之所以難治，最主要的問題還是斬草不除根。真菌在生命週期中，處於兩種狀態，一種是孢子狀態，一種是正常的菌體菌絲。當用藥的時候，真菌的生存環境變了，它就不可能再按以前的那種方式生活，這時它可能就變成一種孢子狀態，寄生在角質層下，腳上角質層相對來說是比較厚的，一般的藥物不容易消滅它，這就是為什麼外塗藥效果不明顯的原因。孢子就像草根一樣，存在於角質

層下，等停藥後環境恢復到原來的狀態，它立刻就會恢復原來的狀態，又開始生長，這個時候足癬就又犯了。所以現在對於頑固性的真菌，還是以口服藥為主，效果遠好於外用藥。

真菌感染是有條件的

足癬和手癬都是真菌感染引起的，感染並不是什麼情況下都會發生。它需要滿足三個條件，第一是溫度，第二是濕度，第三是要有角蛋白存在。因為真菌大部分都是嗜蛋白的，尤其是嗜角質蛋白，手掌、腳掌都是角蛋白比較豐富的部位，而且這些地方溫暖，皮脂腺、汗腺容易積存，濕度也夠，所以真菌最容易在此落腳生長。

辦公室工作者、司機等人群足癬的發病率高，就是由於最容易滿足上面三個條件。一般來說，孩子不會得足癬，因為孩子的角質蛋白剝脫得快，成人一般 28 天左右脫落一次，孩子要快得多，真菌就不容易寄生，因為剛寄生上，馬上就剝脫掉了，所以是不容易得足癬的。

與真菌感染一樣，真菌的傳染也有一定的條件，首先是抵抗力降低，容易被真菌感染；其次是角質剝脫的速度慢，真菌能長時間寄生並生長繁殖，有一類治足癬的藥就是剝脫劑，比如 30% 冰醋酸，就是讓角質層一層一層脫皮。此外與個人的體質也有關係，真菌並不是見人就傳染，有些體質的人就不容易傳染。

有些部位，還是很難治的

有些部位的真菌病不太好治，比如長在頭上的頭癬，雖然現在非常少，但是在臨床上，還是能遇到一些的，尤其是孩子，因為大人頭部的血液循環很豐富，不容易長真菌。

孩子長頭癬後若是身上再有小傷口，比如經常接觸小動物被抓傷或其他傷，又會續發感染。而且孩子得了頭癬，很容易傳染給其他孩子。所以孩子如果得了頭癬，一定要規範治療，而且要長期治療，一般來說治療週期都得按月算。預防傳染，也需要有相應的措施。一是孩子之間不要共用寢具，比如枕頭、被子等，二是沐浴用品要分開，三是剪下來的頭髮應該燒掉。

還有一種比較難治的，就是甲癬，因為指甲本身很厚，一般的藥物很難滲透進去把真菌殺死。這時一般需要用口服藥，口服藥是親角質性的，藥物分布的濃度在指甲或者角質層中最高，也不容易造成臟器的損傷。

專家 Q & A

Q 腳容易出汗，會不會得足癬？怎麼預防？

A 　足癬的生長需要三個條件，溫度、濕度和角蛋白。如果出汗多的話，是比較容易傳染真菌的。避免出汗多，有兩個簡單易行的辦法，一是穿透氣的鞋，比如布鞋、拖鞋，二是洗完腳以後撲一點爽身粉，粉劑有吸汗作用，可以減少摩擦，就不容易長真菌。

Q 足癬塗滴露行不行？

A 　滴露之類的藥物對於殺真菌的作用並不強，而且真菌生存條件變了，它可能就會變成孢子狀態潛伏起來，一有機會就會捲土重來，那就更不容易被殺死了。

Q 真菌在皮膚上能存活多長時間？

A 　如果是以孢子狀態來說，時間會很長，但這也與表皮剝脫的週期有關。表皮剝脫的過程，大概是一個月左右。如果真菌不是呈感染狀態，一個月左右就隨著角質剝落。

Q 指甲上長白斑或者有凹凸不平，是真菌感染嗎？

A 　不一定是，因為很多疾病都可能會引起指甲的改變，指甲上有小的白斑，叫「甲云翳」，一般是指甲本身的問題，就是甲床在生長指甲的過程中，出現一些問題，一般不需要治療，如果指甲上出現小坑，叫「頂針甲」，一般與其他疾病有關，需要檢查一下。

Q 下雨天去泥濘的地方走或者用醋泡，這些辦法有用嗎？

A 　這些辦法都是不科學的，無論哪一種刺激都是不好的。下雨天到泥地走，如果皮膚破口，就可能續發其他感染。不同濃度的醋發揮的作用不同，若是 30%，就是一個很強的剝脫劑，對角化型的足癬比較合適，能把厚皮剝脫掉，如果是紅斑水泡型的，或者浸漬型的，刺激不但沒有作用，有可能還會刺激成皮膚炎，或者續發濕疹。

Q 口服藥會不會給患者帶來副作用呢？

A 任何一種藥都有副作用，這要看相對於藥效來說，副作用是大還是小。治足癬的藥，以前的口服藥對肝臟損害比較大，現在新型的抗真菌藥對肝臟的損傷已經很小了，目前還沒有碰過因為服用抗真菌的藥而出現肝或腎損害，或者血液方面問題的。

07

眼科

別讓近視影響孩子一生

張豐菊

首都醫科大學附屬北京同仁醫院
眼科中心主任醫師

　　一項統計表明，亞洲人患近視的比例最高，以中國為例，小學生的近視率在 32 ～ 35%，中學生為 50%，大學生高達 90%。如此高的近視發病率，究其原因，與亞洲孩子勤奮學習有關，因為要用功、要學習、要考試，就業壓力也很大，於是代價就是過度用眼，但這絕該成為近視居高不下的藉口。

用眼過度是近視的禍根

　　孩子近視多是從進入學習階段開始，因為這是用眼最為集中的時期，加上戶外活動又少，長期近距離用眼，使眼球的睫狀體壓力變大，長期得不到緩解，就漸漸造成了近視。所以從根本上來講，除了遺傳因素，近視就是用眼過度造成的。

近視的原理

　　當正視眼（Emmetropia Eye）看向遠處時，眼球處於靜止狀態，不用調節也不加任何動力，平行光線通過眼的屈光系統（其中最關鍵的是水晶體）正好聚焦於視網膜上，所以看遠處的時間再長也不會感到疲累。

　　而看近處時，眼睛要通過調節才能看清近處物體，所以會增加屈光系統的屈光度，讓聚集的焦點移至視網膜上。要增加屈光度，就只有增加水晶體的厚度才能達到，眼睛長時間處於調節狀態，就會造成調節痙攣，形成近視狀態，此時看遠就會覺得模糊，休息一下又好了（這是假性近視）。如果經常長時間近距離用眼，就會造成長時間調節痙攣，而形成真性近視或近視度數增長，這就是近視發生的原理。

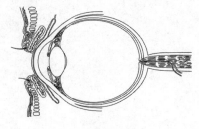

眼球

158

近視也會遺傳

近視的第一大原因就是遺傳，尤其是高度近視，是一種單基因的遺傳病，如果父母兩個人都是高度近視，那麼孩子得到高度近視的可能性就有 50%，父母只有一方是高度近視，孩子患近視的機率相對小一些。

預防在每時每刻

如果是遺傳因素引起的近視，一般是沒有好的方法預防的，只能定期檢查，看有沒有眼底的改變，進行預防性的處理與後天矯正。

至於非遺傳性近視，是完全可以控制的，做好下面幾個方面，就能有效預防近視。

適當休息

現在中、小學上課一般都是 40 ～ 45 分鐘一節課，然後休息 10 分鐘，這是很有科學道理的，上 45 分鐘的課，眼睛已經很疲勞了，這個時候休息一下，讓睫狀肌鬆弛，有助於恢復它的正常形態，讓眼球恢復。因此平時看書、寫作業，也要注意時間長了就要適當休息一會兒。

持續戶外活動

國外最近有研究和報導指出，中、小學的孩子，每天從事戶外活動超過三小時者，和每天少於一小時者，在近視發生上有本質上的差異。因為日常學習和閱讀需要長時間近距離視物，睫狀肌會收緊令水晶體暫時變厚，以便準確對焦。如缺乏適量的中遠距離視物來作平衡，眼球便會逐漸拉長，水晶體也會逐漸慣性變厚，就會變成只宜近距離視物，使中遠距離的視力大為降低。戶外活動能讓眼睛看到較遠的距離，藉此緩解睫狀肌的緊張狀態。

足夠的距離視物

小孩的最佳閱讀距離為 30 公分，無論做功課、讀書或用電腦，最少都應保持這一距離，才可令雙眼壓力不致太大。如果過近會令雙眼對焦距離不足，過分向內靠攏，使眼睛易容感疲勞。看電視時則要保持離畫面尺寸三倍的距離，如 32 吋的電視最好在 2.5 公尺處觀看，42 吋電視則應至少要在 3 公尺外看。

孩子看電視的時間一定要控制，較小的孩子一般一天看半個小時，大一點的孩子，也不應該超過一個小時。

📝 穩定充足的光源

閱讀時要有穩定及充足的光源，即使看電視、用電腦也不應將燈關掉，過強的光線對比度會令眼球過度集中於畫面的移動，給雙眼造成負擔。

檯燈最好從左前方照射，因為多數孩子以右手寫字，燈光從左前方射入不會被手擋住，形成影子。燈光以白熾燈最好，因為它和白天的環境比較接近，孩子也不容易睏，市面上賣的護眼燈，燈光很柔和，也很不錯。

燈光的強度，在 25 瓦左右為好，太強會晃眼，做完作業再看別的地方就看不清楚了，如果太暗，眼睛會比較疲勞，容易睡著，尤其是晚上。

📝 穩定的視物環境

在交通工具上看書對眼睛傷害很大，因為交通工具不時擺動及顛動，眼球要不斷作細微調整對焦，令其負擔過重，容易疲勞。此外還切忌躺在床上看書，坐姿不端正也都會影響視力。

推薦食譜

明眼三丁

■ 原料

紅蘿蔔半根，核桃仁 50 克，雞胸肉 200 克，料酒、鹽、太白粉、薑末、沙拉油、香油、胡椒粉各適量。

■ 做法

（1）將紅蘿蔔、雞胸肉切成丁，核桃仁用刀壓一下。

（2）在切好的肉丁中加入少許料酒、鹽、太白粉、薑末抓勻。

（3）鍋中放入少許油，下入肉丁煸炒至七分熟（變色）時取出備用。

（4）鍋中放入少許油，下入紅蘿蔔丁和核桃仁，煸炒至核桃仁變色、紅蘿蔔丁變軟，然後放入雞丁，加入少許料酒、鹽、香油、胡椒粉，炒勻後即可出鍋。

■ 功效

紅蘿蔔富含 β - 胡蘿蔔素，在體內能轉化成維他命 A，有很好的明目作用。

飲食均衡保護眼睛

飲食均衡同樣對保護視力具有重要的作用，小孩容易因為偏食，多吃甜食與油膩食品而促進近視的發展，過於精細的食物也對眼睛不利。均衡的飲食就是要做到粗細搭配、葷素搭配，確保蔬菜、水果及肉類的均衡攝入。

在飲食均衡的基礎上，還要注意適當多吃一些對眼睛有益的食物。深綠色蔬菜如芥藍、綠花椰菜等，含大量抗氧化物；橙紅色的蔬菜如紅蘿蔔、番茄等，富含胡蘿蔔素，均有助於保護眼睛。

近視有時會伴有散光

散光，是眼睛屈光不正的一種狀況，由於角膜或水晶體表面不同方向的彎曲度不一致，使得進入眼球的平行光線不能在視網膜上聚成焦點，而是形成一條焦線，所以遠近的物體都不能在視網膜上形成清晰的影像。這種情況稱為散光。

散光的表現

散光的主要表現是視物模糊及視疲勞，可合併近視或遠視，甚至伴有弱視、斜視。

低度散光者，視力一般影響不大，但容易出現眼部不適，當需要精確注視時，就會感到眼瞼沉重、雙眼乾澀、眼球發酸、脹痛，出現視物模糊，嚴重者會出現頭痛、頭脹、頭暈等症狀。高度散光者，為了看清目標，常常有轉頭動作或斜頸，甚至將看的東西拿到離眼很近的距離，貌似近視，另外眯眼注視也是散光的一個特徵。

人人都有散光

正常人都是有點散光的，但基本上都是「順規性散光」，大約 20 ～ 50 度都屬於正常現象。但是，如果出現中度和高度的散光，就不正常了，需要治療，如果是「生理性散光」，配戴合適的眼鏡可以矯正，如果是「病理性散光」，用眼鏡便無法矯正，需要手術治療。

眼鏡不可隨便配

很多青少年，一出現近視症狀，就迫不及待地戴上眼鏡，其實，很多情況下，近視是越戴眼鏡越嚴重。

首先，剛出現近視的時候，往往都是假性近視，眼球前後徑並沒有加長，眼球

結構也未發生變化，僅僅是生理功能的改變，及時治療和注意保護，使睫狀肌放鬆，視力就可以恢復正常。如果這時按真性近視治療而戴了近視鏡片，眼睛會感到很不舒服，因它並沒有解除調節痙攣，甚至還有導致近視發展的危險。

如果確定是真性近視，配眼鏡也不能隨便，一定要到正規醫院，經過專業檢查之後由醫生來為你配戴，因為度數不正確的配戴很容易加劇視力的損壞。配戴眼鏡矯正的同時，也要積極治療，這樣才有助於阻止近視的發展。

此外，定期到醫院做視力檢查，也能有效發現並及時阻止近視的發生和發展。已經配戴眼鏡的人，也要定期檢查，追蹤視力發展，以便阻止近視的進一步加深。

專家 Q & A

Q 喝豬肝湯對近視眼有好處嗎？

A 近視眼患者，每週至少吃一次豬肝，或者是各種動物的肝臟，有助於補充視紫質。

Q 年紀大了，近視程度不深，有時戴有時不戴眼鏡，好不好？

A 年紀大了，眼睛出現這種問題，應該查查原因，因為成人出現近視，很可能是眼球裡面的結構所引起，查一查是不是水晶體的屈光度發生改變所引起的，是否有白內障或者糖尿病，因為糖尿病有高滲狀態，也會使水晶體變凸，造成近視，如果是這些病引起的話，把病解決了，近視就好了。

Q 成年人得了近視眼，老了之後會老花眼嗎？

A 老花眼是人的老化所造成，不同於近視眼的屈光不正，而是一個正常的生理性老化過程，是眼睛功能的衰退。不管以前有無近視，都要面臨這個老化的過程，所以並不是近視眼就不會得老花眼。

乾眼症，讓我們的眼睛不再水靈

張豐菊
首都醫科大學附屬北京同仁醫院
眼科中心主任醫師

當你長時間在電腦前工作，或目不轉睛地觀看電視節目之後，又或者處在特別乾燥的環境裡，你的眼睛一定會感覺非常疲勞、乾澀，這都是眼睛給你發出的信號。如果你不予理會，繼續讓眼睛疲勞工作，就會使眼睛變得更加乾澀、發癢，甚至有燒灼感，這就是乾眼症了。

乾眼症是怎麼發生的

乾眼症即眼乾燥症，是由於眼淚的量不足或者品質差，所導致眼部乾燥的症候群。正常人每隻眼分泌淚液的速度是 1 微升／分鐘。分泌不足或者蒸發量過大都會造成眼淚量的不足。正常的淚液會在眼表形成一層淚膜，淚膜從外到內分為三層：脂質層、水層、黏蛋白層，任何一層出現異常，淚液的品質都會降低。

眼淚的量不足或者品質差是由多種原因造成的，最常見的是看電視、看電腦、看書，眼睛盯得時間長了，眨眼次數過少了，就會使淚液過度蒸發，導致角結膜乾燥，出現乾眼症。

乾眼症的病因

 損傷因素

眼睛受傷，如果傷及淚腺，就容易發生乾眼症。此外，化妝不當也是眼睛受傷的重要原因，比如有時候畫眼線就會損傷瞼板的腺體，造成脂質分泌功能障礙，同時也會造成瞼緣的炎症，這些都會導致瞼板腺功能異常，而出現乾眼症。

 用藥因素

一些藥物的副作用，也會產生乾眼症。比如長期服高血壓藥物、避孕藥物、抗憂鬱症藥物、抗風濕藥物，都會導致淚膜功能異常，造成乾眼症。

疾病因素

糖尿病患者全身的微循環不好，結膜表面的微血管功能障礙，會導致結膜的黏膜分泌黏蛋白功能減弱，這樣淚膜功能也會異常，造成乾眼。

年齡因素

隨著年齡增長，40歲以後人的腺體功能會下降，特別是女性過了更年期，荷爾蒙水平下降，這時淚腺的分泌功能就會明顯下降，所以老年人的發生率較高。

某些習慣容易導致乾眼症

除了年齡和疾病的因素，一些生活習慣也容易導致乾眼症的發生。下面這些因素，生活中都要注意避免。

睡眠不足

年輕人得乾眼症，多與有熬夜習慣有關，睡眠不足最容易得乾眼症。乾眼症患者裡，大約有60%與睡眠不足有關係。

飲食不健康

喜歡吃辛辣的食品，有吸菸習慣，或者長期暴露在吸菸環境裡，對淚膜的功能都有影響，容易造成乾眼症。

眨眼次數少

眨眼的頻率，一般是每分鐘15～20次，如果少於這個次數，比如看書、看電腦、看電視等時間過長，又長時間不眨眼，肯定會乾燥，這對眼睛的傷害很大。此外，螢幕的輻射對眼睛和淚膜都有損害。

環境乾燥

長時間處於過於乾燥的環境，也會使眼睛乾燥。

有很多女性為了追求美，做雙眼皮手術，這是有風險的。如果閉合功能不全，做完雙眼皮以後，經常會出現角膜、結膜充血甚至感染。還有去眼袋，去多了以後閉合不全，都會造成眼病，所以做美容手術之前一定要考慮到風險。

滴眼藥水不是長久之計

　　乾眼症會導致眼表的結膜、角膜都乾燥，乾燥以後會引起黏性的變化，所以乾眼不光是乾，有時候還會感到有些澀與酸痛，甚至往往充血，不舒服、怕光、有燒灼感，這些都是因為角膜的滲透壓改變了，而造成的黏性改變，這不是單純滴眼藥水就可以的。

　　此外，眼淚的循環，上面有分泌，下面有淚道吸收，是一個正常的循環，如果額外用藥水刺激，會影響正常的循環。即使要滴眼藥水，一天也不要超過六次。一些眼藥水含有防腐劑，本身對淚膜就會造成影響，滴眼藥時間長了，眼睛反而會乾澀。得了乾眼症，首先要查明原因，從根本上解決，另外在飲食、環境上都要注意，這樣才能擺脫對眼藥水的依賴，讓身體自己康復。

　　如果是用藥的話，一般醫生會用一些環孢素，還有一些其他藥物來刺激細胞分泌黏蛋白，這樣才能從根本上改善眼睛的乾澀。

嚴重可手術治療

　　一些手術也會造成術後乾眼，比如白內障、青光眼的老年人，本身淚膜功能就比較差，經過手術刺激之後，肯定會損傷一批表面細胞，術後這些瘢痕就會使眼部功能進一步下降，加上術後抗炎藥物的使用，也會加重乾眼症狀。如果通過飲食調理或補充人工淚液，三個月或者半年還不好的話，可以做一個小小的手術，叫做「淚點栓塞手術」，就是在淚小點臨時性或永久性放置一粒芝麻大小的栓塞，整個過程只需幾分鐘。

　　由於自然眼淚是通過淚小點和淚道進入鼻腔和咽喉部，所以阻塞淚液流出通道可以使自然淚液在眼表面停留更長的時間。對於中重度乾眼症，效果尤其明顯。

　　淚點栓塞手術對有些患者可能效果不好，這時還有一種頜下腺移植手術，通過改善淚腺功能來達到緩解乾眼的目的。

按摩讓眼睛更明亮

　　瞼板腺可以分泌脂質，阻擋眼眶內水分蒸發，防止眼睛乾澀。如果不注意用眼衛生，經常用髒手擦眼睛或頻繁畫眼線、塗睫毛膏等，都會造成眼睛局部炎症，進而造成腺管不通暢。如果瞼板腺堵了，脂質就不能排出來，這樣會形成一個囊皰。拿小鏡子照，會發現睫毛根部長了一個小白皰，那就是腺管堵塞排不出來所造成的。

165

腺管堵塞，可以自己在家裡用手擠壓這個瞼板腺，有時候會擠出一層白的，但要注意不是擠眼皮，是擠裡面較硬的組織。

如果自己不好掌握，可以到醫院由眼科醫生做瞼板腺按摩，一般是用瞼板腺夾，擠壓按摩很舒服而且也不會痛，因為擠完以後容易造成炎症，所以術後需要消炎，每週護理 1 ～ 2 次，基本上 2 ～ 3 次就治癒了。

推薦食譜

紅蘿蔔炒豬肝

■ 原料

豬肝250克，紅蘿蔔半根，青椒1顆，雞蛋1顆，沙拉油、蔥薑絲、鹽、醬油、太白粉、料酒、白糖、高湯各適量。

■ 做法

（1）將紅蘿蔔切片，青椒掰成片，豬肝切片。

（2）取蛋清放入碗中，加入 10 克太白粉、3 克鹽、10 毫升料酒，少許白糖、醬油、高湯，攪勻後倒入豬肝中，用手抓勻上漿。

（3）鍋中加清水煮沸，放入豬肝過水後撈出。

（4）炒鍋洗淨，燒熱倒油，下入豬肝煸炒至熟後盛出。

（5）鍋中下油，放入蔥薑絲煸炒，爆香後加入鹽、醬油、紅蘿蔔、青椒翻炒，倒入豬肝炒片刻，用太白粉水勾芡，大火略炒收汁即可。

■ 功效

豬肝中含有豐富的維他命 A，紅蘿蔔含有 β - 胡蘿蔔素，在體內能轉化成維他命 A，青椒含有豐富的維他命 C。維他命 A 對預防乾眼症、夜盲症有效果，對上皮組織細胞也有滋養作用，維他命 C 可以抑制細胞氧化、滋養眼睛。

好習慣讓你遠離眼睛乾澀

保持良好的生活習慣是預防乾眼症的有效手段。防止眼淚蒸發，可以從以下方面做起。

多眨眼

眨眼是一種保護性的神經反射動作，可以使淚水均勻塗在角膜和結膜表面，以保持濕潤，因此操作電腦、駕車、讀書等長時間用眼時，要多眨眼睛，一般五秒鐘眨一次眼。

注意用眼衛生

不要用手揉搓眼睛，用眼一小時左右休息一會，閉目養神，眺望遠處。眼瞼容易有油性分泌物、碎屑、脫落物者，尤其要注意保持眼瞼衛生。

避免長時間使用電腦

減少使用電腦的時間，避免連續長時間使用電腦。工作的姿勢和距離也很重要的，盡量保持 60 公分以上的距離，保持舒適的姿勢，使得視線能保持向下約 30°，使眼球表面暴露於空氣中的面積減到最小。

戴框架眼鏡

長時間配戴隱形眼鏡會使淚液分泌減少，最好還是選擇框架眼鏡。游泳時要戴上泳鏡，外出時則戴上太陽眼鏡。

注意房間濕度

在乾燥的環境中會增加淚膜蒸發，使眼睛容易發乾、發澀。天氣炎熱，使用空調要注意定時開窗通風，或者在房裡放置一台空氣加濕器，把房間濕度保持在 30 ～ 50%，避免眼睛直接接觸到吹風機與電風扇的風。

適當調整飲食

長期使用電腦者，要多吃新鮮的蔬菜水果，同時增加維他命 A、維他命 B1、維他命 C、維他命 E 的攝入。

富含維他命 A 的食物，如豆製品、魚、牛奶、核桃、青菜、大白菜、空心菜、番茄及新鮮水果等。可預防角膜乾燥、眼乾澀、視力下降、出現夜盲等。

維他命 C 在各種蔬菜水果中含量較多，可以有效抑制細胞氧化。

維他命 E 在核桃和花生中含量較多，可清除體內垃圾，預防白內障。

維他命 B1 存於綠葉蔬菜，可以營養神經。

每天可適當飲用綠茶、菊花茶，因為茶葉中的脂多糖可以改善人體造血功能，茶葉還有防輻射損害的功能。

有些食品會使眼睛和身體脫水，如巧克力、可樂等。咖啡和茶都含有咖啡因，而咖啡因會消耗身體水分，為了保持體內有充足水分，要多飲水，每天至少要喝六杯水。

專家 Q & A

Q 眼睛腫脹是不是乾眼症？

A 眼睛腫脹一般是炎症反應而不是乾眼症，乾眼症是無菌性的，眼睛因為乾燥而造成滲透壓的改變，形成一種慢性的、非炎症性變化，不會有細菌、病毒感染造成的那種紅腫熱痛感。

Q 乾眼症對健康好像並無大礙，可以不用治療嗎？

A 雖然對健康無大礙，但還是會干擾正常生活。有這種症狀以後，應到醫院確診，看看屬於哪個類型，以便採取方法阻止惡化，因為如果發展到重度乾眼症的話，治療起來就比較麻煩。

角膜需要淚膜保護，如果角膜完全暴露在大氣中，就會乾燥，時間長了就會得暴露性角膜炎，造成角膜潰瘍、穿孔，最後引起失明，所以及時治療乾眼症也很重要。

Q 乾眼症有什麼程度差別嗎？

A 乾眼症分為輕度、中度以及重度，一般輕度乾眼症的症狀為眼睛乾澀、癢，眼睛帶有異物感與血絲，以及頭痛頭暈，只要多休息就好；而中度患者只要點了人工淚液就會改善；重度乾眼症患者即使點了人工淚液也無效，眼睛不只會乾澀不舒服，整個眼瞼還會充血，是很嚴重的炎症狀態，往往會導致角膜炎、角膜潰瘍，有時還會伴有一系列的視力障礙，進而造成失明。

白內障，手術治療很簡單

錢　進
首都醫科大學附屬北京同仁醫院
眼科白內障中心副主任醫師

白內障，是造成失明的最主要原因，很多人以為得了白內障就要從此與光明無緣了，其實，接受一次簡單的手術就能解決問題。

白內障就是水晶體渾濁了
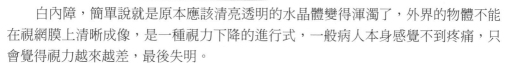

白內障，簡單說就是原本應該清亮透明的水晶體變得渾濁了，外界的物體不能在視網膜上清晰成像，是一種視力下降的進行式，一般病人本身感覺不到疼痛，只會覺得視力越來越差，最後失明。

在白內障的發生過程中，有時會有一些併發症，例如續發性青光眼，這時眼壓會升高，眼壓高了以後，會有眼睛痛、頭痛、噁心等症狀。但如果沒有併發症，一般視力下降都是處於平穩的過程中，在眼睛的外觀上，不會有明顯的變化。如果是非常白的那種白內障，通過肉眼也可以看見黑眼球中間的瞳仁是發白的，但也有的白內障呈黃色，或者深紅色、深棕色，普通人一般是看不出來的。

這些因素可致病

白內障的原因比較複雜，可能是很多因素綜合作用的結果，不過主要還是遺傳和老化造成的。其他因素，就目前的研究，主要有以下幾種：

輻射因素

某些職業，如吹玻璃的工人，或者煉鋼工人，長期受到紅外線、紫外線的輻射，或高原地區、赤道附近的人，接受紫外線輻射強度比較大，更容易患白內障。

疾病因素

一些疾病，比如糖尿病或者一些代謝紊亂的疾病，也容易造成白內障。

藥物因素

某些藥物，像氯丙、嗎啡、賀爾蒙等，長期大量使用，也容易引起白內障。

過量飲酒

過量飲酒的人也容易患白內障。

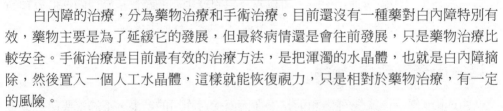

遺傳和老化都是無法人為干預的，所以預防白內障還沒有什麼有效的方法，但在生活中多加注意上述因素，對預防也有一些幫助。

檢查因人而異

如果懷疑自己得了白內障，要及時到醫院眼科檢查確診，一般會檢查視功能，包括視力、光定位、色覺，有的還檢查視野及對比敏感度。儀器檢查包括裂隙燈檢查、眼底鏡檢查，另外還要查眼壓。如果決定手術，還要進行超音波檢查、角膜內皮檢查，做什麼檢查一般需要根據病情而定。

手術治療，十分鐘重見光明

白內障的治療，分為藥物治療和手術治療。目前還沒有一種藥對白內障特別有效，藥物主要是為了延緩它的發展，但最終病情還是會往前發展，只是藥物治療比較安全。手術治療是目前最有效的治療方法，是把渾濁的水晶體，也就是白內障摘除，然後置入一個人工水晶體，這樣就能恢復視力，只是相對於藥物治療，有一定的風險。

目前最先進的白內障手術，就是透過超音波晶體乳化術摘除。水晶體的結構類似一個雞蛋，外面有一層殼，叫「水晶體的囊」，裡面有皮脂和核，手術時，在前囊上鑿一個直徑三公釐左右的孔，然後把超音波的探頭伸進孔裡，把水晶體的核粉碎，然後吸出來，再把人工水晶體從囊孔置入囊袋裡。

病人手術時，躺在一張手術床上，醫生坐在病人頭部位置，通過顯微鏡在眼睛上操作。這個過程聽起來比較恐怖，但其實手術時間很短，大概十分鐘左右就能完成。

有的病人可能雙眼都需要做手術，雙眼一起做手術，理論上是可以的，但是，

為了減少風險，一般兩隻眼分開一段時間做。一是為了降低感染風險，二是術後有的病人會覺得眼睛不舒服，會有一些術後反應，如果同時做，對眼睛不好。

　　人工水晶體置入後，它的屈光狀態不一定能達到特別完美的一個正視狀態，或多或少會有一些屈光的誤差。所以在術後穩定一段時間後，還要做驗光檢查，看看還殘留多少度數，如果殘餘度數很小，就不需要配眼鏡，比較大的話就需要配眼鏡。

　　　人工水晶體的作用就是替代原本的水晶體，因為水晶體就像一個凸透鏡，有屈光作用，如果把渾濁的水晶體——也就是白內障——取出，就像照相機缺了鏡頭一樣，眼球便無法成像，成為高度遠視的狀態，要想看清東西，必須戴一個度數特別高的遠視鏡，或者高度數的隱形眼鏡。戴高度遠視鏡不美觀也不方便，而且視覺品質也比較差，看東西會有變形，定位會有失誤，而且會眩暈，有時候視野會變小，物像會放大。而置入人工水晶體克服了這些缺點，它就像瞳孔後面直接放入一個微型眼鏡，藉此矯正視力。

　　　人工水晶體是一種固體，直徑差不多 5 ～ 6 公釐。它由兩部分組成，中間是一個圓形的透明光學區，周圍有兩個支撐腳，把這個水晶體放到已經摘除原本水晶體的囊袋裡面，就能發揮原有水晶體的作用了。

術前術後要注意

 術前

（1）術前在家裡，提前 1 ～ 3 天點抗生素的眼藥水，並做好個人衛生，洗頭、洗澡，前一晚上注意休息，放鬆心情。

（2）當天早晨，如果不是全身麻醉的病人，可以吃早飯，平常該吃的慢性病的藥，也都可以照常服用。

（3）最好不要穿套頭衫，因為做手術時，有些老年人有時會合併一些心肺疾病，需要解開衣服，比較麻煩。而且術後眼睛上要蓋上一些敷料，套頭衫脫起來會不太方便。

（4）進到手術室以後，要配合醫護人員，做好眼睛清潔，先洗眼，然後點上散瞳的眼藥水，最後消毒。躺在手術台上，最好保持體位、眼位不動，因為這是顯微手術，眼睛稍微動一動，醫生就要隨時調整顯微鏡。

✍ 術後

術後要遵從醫囑，按時點藥複查，還要注意保持眼部的清潔，避免低頭用力抬重物，術後兩週眼睛不要著水，也不要揉眼睛。洗臉時要小心，可以用濕毛巾擦一擦眼眶周圍，但不要碰到眼球。

術後是否住院要根據情況而定，基本上，大部分病人術前體檢正常，沒有什麼問題的話，可以門診手術，手術做完就能回家。有些兒童患者，由於不能配合手術，需要全身麻醉，所以術後需要密切觀察，則應住院。還有一部分成人合併有嚴重的其他系統疾病，身體狀況不好，或者眼睛情況比較複雜，手術難度比較高，也需要住院手術。

專家 Q & A

Q 視力下降是否就是得了白內障？

A 不一定，因為眼球的組織結構很複雜，任何一個部分出現問題，都有可能影響視力，所以如果出現了視力下降，應該去正規醫院檢查，獲得明確的診斷。

Q 白內障跟用眼過度有關嗎？

A 讀書寫字等過度用眼並不會造成白內障，白內障一方面來自遺傳，一般兒童比較多，另一方面就是年齡增大眼睛退化所造成。

Q 白內障是眼睛內的異物嗎？

A 不算是異物，因為每個人都有水晶體，水晶體是人體自身的一部分組織，只不過它本應該是清亮透明，現在變得渾濁了，就叫「白內障」。

Q 手術是局部麻醉還是全身麻醉？

A 一般來說，如果全身沒有其他大問題，檢查基本上正常，對成年人來說，一般都是局部麻醉。如果是兒童白內障患者，不能配合手術，則需要全身麻醉。

Q 人工水晶體可以用多久？

A　在正規的醫療機構做手術，一般來說，人工水晶體的品質都是有保證的，所以置入的水晶體如果沒有特殊反應，這個水晶體就會在眼睛裡待一輩子，永遠維持清亮透明，而且發揮它應有的作用。

Q 有輕微白內障，眼睛有點乾痛，看書就痛得更厲害，時間長就看不見了，這與白內障有關係嗎？

A　這些症狀都不是白內障的症狀，有的老年人眼淚分泌少了，會有一些乾澀的感覺。另外，人到老年之後，水晶體會逐漸硬化，調節能力變差就會有老花眼，看書時間長了就會不清楚，這明顯是老花眼的一種表現，因為檢查有輕微白內障，所以也要注意複查。

青光眼，小心有失明的危險

王　濤
首都醫科大學附屬北京同仁醫院
青光眼科主任醫師

目前全世界大概有六千萬青光眼患者，其中 10% 的患者已經失明。其實，失明並不是不可避免的，如果能及早發現、合理治療，大部分患者可以終身保持視力。

眼壓過高導致青光眼

眼睛是身體的一部分，但是眼球由於沒有骨骼的支撐，只是被水分包圍著，所以需要有一個張力來支撐眼球，這個力量就是眼壓。

眼壓是由眼睛裡的水（房水）來維持，而房水是 24 小時不斷循環，在眼睛裡有一個結構叫「睫狀突」，它隨時隨地在分泌房水，還有一個結構叫「房角」，負責隨時隨地把陳舊、帶有排泄物的房水排除到眼睛外，分泌和排泄的量應該維持平衡，當這個流動的平衡被打破，比如分泌得太多，或是排泄上發生了困難，都會造成眼壓過高。

當眼壓超過正常壓力，就會將眼睛裡一些重要結構壓壞，比如位於眼底的視神經，導致視神經萎縮、視野縮小、視力減退等一系列視功能障礙，最終導致失明。這種情況就叫做「青光眼」。

常見的症狀是眼睛痛，看東西突然看不清楚，一般是晚上發病，眼睛痛、頭痛、眼眶痛，嚴重的時候還會伴有噁心、嘔吐。眼壓非常高時，會讓人坐臥不寧。

青光眼有四種類型

一般來說，醫學上把青光眼分成四大類，第一類叫「原發性青光眼」，第二類叫「續發性青光眼」，第三類叫「先天性青光眼」，第四類叫「混合性青光眼」。

原發性青光眼是隨著年齡增長，自然而然發生眼壓升高而導致的，其中根據房角情況的不同又分為「隅角開放型」和「隅角閉鎖型」，原發性隅角閉鎖型青光眼最常見。

續發性青光眼一般是由於外傷或疾病所致。外傷方面，爆竹的炸傷是最常見的；疾病方面，糖尿病、高血壓最多。此外，眼部自身的一些疾病也會引起青光眼，比如白內障沒及時做手術，到了過熟期，就會阻塞房水的出路，引起病變，還有像虹膜睫狀體炎、眼內出血等。

先天性青光眼主要與遺傳有關，是指孩子在三歲以內，眼壓逐漸升高，漸漸就看不清楚東西。

混合性青光眼，就是上面幾種因素，至少有兩種混合在一起同時出現。比如有原發性青光眼，同時你又受了外傷，那麼眼部的損傷就更嚴重，這種青光眼就叫「混合性青光眼」。

青光眼會失明

青光眼會引起視神經萎縮，視神經萎縮如果到了中晚期，是不可逆的，所以會發展為失明。這並不像有些眼科疾病，比如白內障看不見了，通過手術治療還能完全恢復到正常的狀態。既然是不可逆，及早發現並治療，控制它的發展是唯一的方法。如果早期發現，經過治療還是可以保持很多年有用的視力，但是如果到了中晚期，視神經已經萎縮得比較嚴重，疾病的發展就會越來越快，這個時候想再恢復就很困難，失明就不可避免了。所以，對於青光眼，醫學上主張「三早」，就是要及早發現、及早診斷、及早治療。

這些情況要早查

青光眼除了遺傳因素或先天因素以外，早期大多有症狀表現，發現一些蛛絲馬跡之後，及時檢查非常重要。

如果出現不明原因的視力下降，尤其是年輕人，就應該馬上去醫院檢查。因為隅角開放型青光眼與近視眼的症狀很像，特別是在早期。出現視力模糊年輕人往往會認為是近視，殊不知是隅角開放型青光眼，如果當做近視，只是通過配戴眼鏡來解決，就會耽誤病情。

不管是什麼年齡層的人，如果眼睛有不明原因的持續性脹痛，尤其是位置比較固定的，或是眼眶痛或帶著偏頭痛，一定要到醫院查一下，往往有可能就是潛伏期的青光眼。

對於有青光眼家族史的，一定要定期檢查眼睛，及早發現患病傾向，對於控制病情發生或進展也是大有好處。特別是頭痛、眼脹、視力疲勞，老花眼出現較早者，或頻換老花眼鏡的老年人，更應注意定期複查。

檢查與治療

醫院通常有一套常規性的檢查，第一，要測量眼壓，看看眼壓的高低；第二，要查視力，看看視力好不好；第三，要查視野，就是檢查一下看東西的範圍。上面這三項是最基本的一套檢查，如果這三項沒有問題，基本上就能排除患有青光眼的可能性。

如果這三項中有一項有問題，在可疑的範圍之內，那麼醫生就會做進一步的檢查，比如會查一下視神經有沒有問題，這個檢查會用到很多高級的儀器設備，醫生會根據每一步檢查的情況再做相應的檢查。

確診為青光眼之後，治療一般有三種方法。第一是藥物治療，第二是雷射治療，第三是手術治療。

藥物治療和雷射治療，主要是針對早期的病人，因為這兩種治療方法沒有什麼損傷性。如果已經是中晚期的患者，用雷射和藥物治療，一般沒什麼效果。這時就得用手術的辦法來解決，做一個通道，讓眼睛裡的水（房水）流出來，降低眼壓，解決眼壓過高的問題。

控制眼壓是護理的重點

家庭護理對青光眼患者很重要，對於已經被診斷為青光眼的患者，在沒做手術的狀況下，護理的根本目的就是要把眼壓控制好，這是最重要的。

控制眼壓，第一要嚴格執行醫囑，比如用什麼藥，用多少種、多少次，一定要嚴格執行。第二要注意心理調適，青光眼病人往往比較敏感，容易被激怒，容易激動，脾氣不好，小心眼，愛生氣，想不開，鑽牛角尖，因為病人本身很焦慮，作為家屬應該多體諒他，多給他關心，不要跟他計較，如果這方面控制不好，他的血壓就很容易升高，同樣眼壓也會升高。第三睡眠很重要，一定要創造適宜的環境讓病人好好休息，使他保持良好精神。第四一定要定期複查，青光眼是眼科的一種慢性病，一旦得了這種病，就會永遠跟著你，如果控制得好沒什麼大問題；如果控制得不好，它會很快導致失明，所以一定要定期去複查，把病情控制穩定。

以上幾點對於未手術的病人是非常重要的。

對於做了手術的病人，護理起來更複雜，除了以上幾個方面，還要涉及手術的護理和隨訪，青光眼手術，並不是做完手術以後就沒事了，青光眼的手術，只是控制眼壓，但眼壓會受很多因素影響，唯有避免這些因素，才能保證手術的效果。

專家 Q & A

Q 青光眼可以治癒嗎？

A 青光眼是一種慢性、不可逆的疾病，理論上是很難治癒的，但是，只要能及早發現、及早診斷、及早治療，在有生之年是可以維持視功能，而不影響生活品質的。

Q 近視眼和青光眼怎麼判別？

A 如果從眼科醫生的角度來看，還是比較容易鑑別的，如果視力不好，驗光戴眼鏡後，視力能提高到正常範圍，就說明是近視眼。

青光眼會有視野的缺損，就是視野開始縮小。正常人的眼睛除了要能看得清遠近，還要能看到一定的範圍，這個範圍就叫做「視野」，如果看東西比較清楚，但看的範圍有問題，就要高度注意。

青光眼也會出現視力減退，但只有到了中晚期的時候，才開始逐漸出現，一般若到了看不清楚的時候，往往已經是中晚期了。

Q 飲食上應注意什麼？

A 不要暴飲暴食，因為這樣會使眼壓升高，誘發或加重青光眼。特別是短時間內不要喝水過多，建議少量多次飲水，使喝進去的水有一個代謝的時間，以免使眼壓升高。老年人要飯吃八分飽，不吸菸，不喝酒，不喝咖啡，不喝濃茶，不吃辛辣及有刺激性的食物。

08

耳科

- 耳鳴、耳聾要及早治療
- 中耳炎，要更多關注孩子

耳鳴、耳聾要及早治療

龔樹生

首都醫科大學附屬北京同仁醫院

耳鼻咽喉科主任醫師、中華耳鼻咽喉頭頸外科學會委員

在各種殘障疾病中耳聾居於首位，耳鳴除了疾病，還有一個重要原因就是心理壓力過大造成的。特別是幼兒到了說話年齡遲遲不說話，很可能就存在聽力障礙，有聽力障礙的人配戴助聽器也要因人而異。

聽力障礙的原因

引起聽力障礙或耳鳴的原因非常多，有局部因素，也有全身因素。可以是自身因素，也可以是社會因素，包括生活壓力大等。

聽力障礙的原因可以分為以下幾種情況。首先是遺傳因素，有的家族，接連好幾代人都有耳聾。還有一些非遺傳因素，如藥物損害、噪音損傷，還有感染，某些腫瘤或者外傷等，也都可以導致耳聾、聽力下降，或者出現耳鳴症狀。

耳鳴大致分兩類

耳鳴的原因大致可分為兩類，有一部分耳鳴，除了自己感覺耳朵響以外，別人也可以聽見他耳朵裡的響聲，這種情況叫「他覺性耳鳴」。這種耳鳴有一部分是能夠找到原因的，比如血管狹窄、血管畸形、血管瘤，或是鼻咽部的病變所引起。

但耳鳴大部分只是自己聽見，別人聽不見，這種耳鳴叫作「自覺性耳鳴」，中醫認為是腎虧或者腎虛引起的，這個觀點目前沒有非常充分的科學依據，但我們姑且認為它是對的。至於具體原因的確有很多，比如高血壓、高血脂，還有很多慢性疾病，比如糖尿病、甲狀腺機能亢進、慢性腎炎等，也是引起耳鳴的很重要原因。

耳鳴要及時檢查

如果耳鳴持續幾天、幾個月甚至更久，而且還伴有一側的聽力下降，應該及時到醫院去看醫生。

一般來說，如果出現耳鳴還有聽力下降，醫生首先要做一次聽力檢查，瞭解一下聽力狀況，看聽力有沒有損失，是哪一種類型的損失，有多大程度的損失。因為只有瞭解基本狀況之後，才能提出相應的指導性建議。

此外還要做影像學檢查，包括 CT 電腦斷層攝影、核磁共振等。還有一些特殊檢查，比如聽力已經出現下降，就要做言語能力評估，看看他的言語識別率，如果十句話大概只能聽懂其中一兩句，那就下降得很厲害了，這種情況可能需要配戴助聽器，並且要做一個助聽聽力的評估，看他的聽力能否恢復到一個範圍內，這個範圍在醫學上叫作「香蕉圖」，如果戴了助聽器以後他的聽力能夠落到這個「香蕉圖」裡面，說明助聽的效果很好。

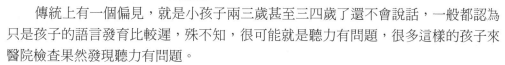

幼兒說話晚要警惕

傳統上有一個偏見，就是小孩子兩三歲甚至三四歲了還不會說話，一般都認為只是孩子的語言發育比較遲，殊不知，很可能就是聽力有問題，很多這樣的孩子來醫院檢查果然發現聽力有問題。

正是基於這種情況，所以孩子出生後三天就給他做一個初篩，如果初篩沒過，42 天後要再複篩，複篩還沒通過，三個月左右要做全面的聽力檢查，如果經過聽力檢查發現聽力確實有問題，那就應該做早期的干預。

即便是全聾的新生兒，如果早期干預，一歲以內置入人工耳蝸，加上適當的訓練，基本上就跟正常孩子一樣，可以過正常的生活。大家知道孩子會說話一般是在 1～3 歲，這是語言發育的關鍵時期，如果錯過這個時期再置入耳蝸，之後的訓練工作就會困難很多，效果也會差很多。

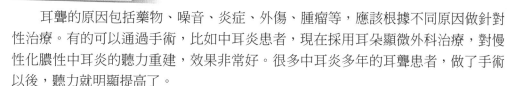

耳聾怎麼治

耳聾的原因包括藥物、噪音、炎症、外傷、腫瘤等，應該根據不同原因做針對性治療。有的可以通過手術，比如中耳炎患者，現在採用耳朵顯微外科治療，對慢性化膿性中耳炎的聽力重建，效果非常好。很多中耳炎多年的耳聾患者，做了手術以後，聽力就明顯提高了。

有一些人，比如白領，可能連續幾天熬夜、加班，突然一下子兩個耳朵聽不見了，這叫「突發性耳聾」，出現這種耳聾，住院或在門診通過藥物就可以使聽力明顯恢復。

助聽器不是人人都能戴

助聽器是幫助耳病患者提高聽力的有效設備，但是很遺憾，有些人是不適合戴助聽器的。比如中耳炎患者，一戴助聽器，耳道裡面就潮濕，因為耳塞把裡面塞住了，熱氣不能蒸發掉，所以戴不了二天，耳朵就會開始流膿。

還有一些人，如耳道閉鎖或沒有耳廓的也不能戴，因為沒有辦法將助聽器固定在這個地方。還有一些人一戴助聽器耳朵就紅腫、過敏，也是不能戴助聽器的。還有一種聽力嚴重下降，即使配戴大功率助聽器，也還是聽不見。

這幾種情況就得想其他辦法，根據這些不同情況，現在的人工助聽技術有很多解決方案。比如完全聽不見的，可以使用人工耳蝸置入，不論是語前聾還是會說話之後由於噪音或藥物導致語後聾，用人工耳蝸都能使他回到有聲的世界。

當然還有一部分人，普通助聽器也幫不了他，但是他的聽力還有一部分殘餘，沒有到必須使用人工耳蝸的程度，這時就可以使用植入性骨導助聽器，或者是振動聲橋等新技術，效果都非常好。

「聲音治療法」治療耳鳴

想讓耳鳴完全消失很困難，但有許多方法能使耳鳴患者愉快地接收聲音。耳鳴分為「暫時性耳鳴」和「長期耳鳴」。暫時性耳鳴對學習、生活和工作影響不大，但長時間耳鳴或高響度的耳鳴，會直接影響學習、工作和生活，甚至會因為耳鳴出現一些心理情感障礙。很多患者焦慮、憂鬱、煩躁甚至狂躁，還有一部分人甚至會有自殺傾向。很多人夜不能眠，長期靠安眠藥來維持短時間的睡眠狀態，非常痛苦。

針對這種比較嚴重的耳鳴，現在最流行的是聲音治療，可以把這種耳鳴的聲音給抽離出來，通過一些現代的儀器分析，看看大概是什麼頻率的聲音，響度是多少分貝，然後可以從外界給個聲音來把這個聲音隱蔽掉，然後結合一些其他的生物反饋治療，使患者對這種聲音產生適應，也就是說，即使你聽到這種聲音也不覺得煩躁苦惱。

預防耳鳴保健操

要預防和緩解耳鳴，還有一些比較簡單的方法，比如耳朵保健操，對於改善耳部的局部血液循環是有幫助的，血液循環好了，就能增進聽力。

第一步

用拇指和食指在雙耳耳廓上下揉搓 20 下，發熱為止。

第二步

用拇指和食指將耳垂向下拽拉反覆多次，以不疼痛為度。

第三步

將食指放入耳道反覆回轉後將食指用力拔出。

第四步

將食指和中指按在腦後，然後用食指敲擊顱骨，反覆敲擊，也叫作「敲天鼓」。

第五步

雙手合併搓至發熱，然後將雙手捂在雙耳上面搓揉耳廓至發熱。

專家 Q & A

Q 耳鳴一定會導致耳聾嗎？

A 很多人耳鳴之後擔心自己出現耳聾，其實耳鳴和耳聾，可說是兩個獨立的症狀，兩者之間並沒有直接的關聯性。當然耳鳴可以伴有耳聾，耳聾也可以伴有耳鳴，但是它們之間沒有必然的聯繫，有的人可以只有耳鳴或只有耳聾。

Q 高壓氧治療耳鳴有效嗎？

A 在選擇高壓氧治療的時候，學術上有兩種觀點，一種認為有效，一種認為無效。目前高壓氧在很多醫院都被醫生推薦，一部分患者通過高壓氧治療，的確耳鳴或耳聾會有所緩解，但是由於這種治療沒有長時間和大量的臨床對照，所以它的作用並沒有被確定。如果有條件，患者願意做高壓氧，也不失為一種治療方法，但想通過高壓氧治癒疾病不太可能。

Q 戴助聽器有哪些需要注意的事情？

A 助聽器一定要專業驗配，就像是配戴眼鏡一樣，一定要根據聽力損失的類型、損失的程度，選擇適合的助聽器，而且還要經常微調。助聽器有一個耳膜，耳膜如果配得不好，就有可能嘯叫，該聽的聲音聽不見，不該聽的聲音全進去了。所以很多人對助聽器有誤解，認為根本沒用，戴著難受，實際上是沒有做到專業驗配。有很多人，戴助聽器幾十年，以助聽器為夥伴，生活像正常人一樣。

Q 幼兒聽力有問題適不適合戴助聽器？

A 如果幼兒聽力有問題，應該盡早配戴助聽器，一般孩子出生六個月如果發現有問題就應該戴，因為三個月的時候，就可以明確診斷出他的聽力是否有問題，如果聽力的確有問題，應該盡早給予干預。因為孩子在語言發育階段，能夠讓他盡早聽到外界的聲音，對他言語的建立和發育是非常有幫助的，不要擔心助聽器戴了之後再也摘不掉。

中耳炎，要更多關注孩子

龔樹生
首都醫科大學附屬北京同仁醫院
耳鼻咽喉科主任醫師、中華耳鼻咽喉頭頸外科學會委員

耳朵出了問題，最常見的就是聽力下降或是出現耳鳴，但中耳炎初期表現並不明顯，有些孩子有時候會說自己耳朵裡面痛，家長往往安撫一下就過去了，其實很可能就是中耳炎，等到嚴重的時候可能就已經造成損害了，所以要多關注孩子，一旦出現流膿，更要及時就醫治療，不可簡單處理了事。

中耳炎是怎麼來的

中耳炎的基本特徵有三點，第一是耳朵經常流膿，第二鼓膜穿孔，第三就是聽力下降。引起中耳炎的原因有局部，也有全身。局部的原因，比如打耳光以後，造成鼓膜穿孔，或者放鞭炮的時候，把鼓膜震破了，然後洗澡不注意，耳朵進水了，髒水通過穿孔的地方進到中耳，就會引起急性中耳炎。

中耳炎最多見的還是由於鼻部和鼻咽部局部的疾病，如鼻竇炎、鼻炎造成的。耳朵和鼻子之間有一個管道，叫「咽鼓管」。吃飯、打哈欠，或者做吞嚥動作的時候，耳朵會轟隆一響，就是由於鼻咽部的氣體，通過咽鼓管到了耳朵裡去，把鼓膜脹開了。這是很正常的，可以維持我們耳朵的正常的氣壓。如果在急性上呼吸道感染也就是感冒的時候，鼻咽部有分泌物，甚至是濃鼻涕，在不當擤鼻涕的情況下，就會把這些分泌物擤到耳朵裡去，引起中耳感染，這是一個很重要的原因。

還有一部分是全身的其他疾病，比如痲疹等傳染性疾病，病菌會通過血液循環帶到中耳裡去，引起急性中耳感染。

中耳炎要多關注孩子

中耳炎分為急性和慢性兩種，急性和慢性還可以再分成化膿性的和非化膿性的。一般的中耳炎，多半都屬於非化膿性的，也叫作「分泌性中耳炎」。這種中耳炎因為鼓膜是完整的，所以不會流膿，但是中耳腔裡是有液體的。有的人會感覺痛，

但耳朵痛可能是短暫的，所以孩子在說痛的時候，很可能安撫一下就過去了，沒有引起高度重視。結果過了一段時間，發現孩子聽力下降了，比如看電視，聲音已經很大了，孩子卻沒反應，這個時候才引起重視。實際上耳朵痛是最初的症狀，後來耳朵裡已經慢慢積水，就引起聽力下降了。

還有更多的一種情況，就是耳朵流水、流膿聽不見聲音，這種中耳炎一般需要手術治療。

中耳炎也會很危險

中耳炎有安全的，也有危險的。安全的中耳炎，即使多少年不去理它，也不會對健康造成危害。但有一些中耳炎卻是危險、需要重視的，如果處理不當，甚至會丟掉性命，所以一定要正確識別，積極處理。

比較危險的中耳炎有以下幾種情況。一是反覆流膿，膿液特別臭，除了自己聞得到臭味以外，身邊的人都能聞到，像臭雞蛋的臭味。二是膿液或多或少，一段時間好像乾了，過一段時間又有大量的膿液流出來，這種情況需要重視。第三種是流膿引起了耳朵痛，平時還好，突然間耳朵痛得很厲害。第四種是出現眩暈，天旋地轉、噁心、嘔吐，這種很有可能是中耳炎引起的。

還有就是引起發熱或其他一些症狀，也就是說中耳炎不單是中耳炎了，已經出現了非常嚴重的併發症了。

還有一種，就是中耳炎很多年了也沒什麼事，聽力損失也不是很大，可是某一天，一下子就面癱、嘴巴歪了，檢查發現是中耳炎引起的面癱。

總之，中耳炎雖然不會在短時間讓人丟掉性命，但是如果不重視，長時間的中耳炎也會引起非常嚴重的後果，甚至引起顱內的嚴重併發症，處理起來非常麻煩。

中耳炎的治療要點

根據不同的致病原因，中耳炎有不同的表現形式，治療方案也不完全一樣。但有幾個基本點是一致的。

第一，要治療原發病，原來有鼻炎、鼻竇炎的，一定要治好，特別是小孩，有可能腺樣體肥大、腺樣體增生，把兩邊的咽鼓管孔堵住了，自然就不通氣了，這個時候，還要考慮手術，把增生的腺樣體切除掉，才能使咽鼓管暢通。

第二，就是要盡可能保持中耳裡充氣。

第三，如果有分泌物，長期流膿一定要控制感染，讓耳道保持乾燥。

　　第四，如果中耳腔已經形成病灶，比如裡面已經長肉芽、息肉了，甚至有膽脂瘤影響美觀，這些情況，就要通過手術清除病灶。

　　當然，無論是治療原發病、引流，還是把病灶清除，都要以盡可能保留、改善，或者提高患者聽力為目的，否則治療就沒有意義了。

中耳炎流膿的處理方法

　　如果中耳炎已經流膿了，不要認為只是簡單擦拭乾淨就行了。要到醫院查出中耳炎的類型、程度、範圍，然後根據這些情況，再來選擇治療方案。如果膿液很多，應該在醫生的指導下，把膿液清理乾淨，然後用雙氧水處理一下，再把藥滴進去，這樣才能達到效果。

　　有很多患者已經點了好長時間的藥物，可炎症還是不見好轉，這種情況多半是外耳道、中耳腔裡的分泌物沒有清理乾淨，所以只有把它清理乾淨了，藥物才能發揮作用。

　　耳朵點藥的正確方法，第一，要把耳道和中耳腔的分泌物清理乾淨，第二，一定要患耳向上，把藥滴進去，滴進去之後，最好壓迫一下耳屏，讓藥液在耳朵裡充分與病變的部位相接觸，然後在這個姿勢下，保持 15 ～ 30 分鐘。因為滴完藥就起來，藥很快就會流出來，發揮不了作用。

孩子得了中耳炎怎樣護理

　　因為中耳炎有的沒有疼痛的感覺，所以孩子即使得了家長也不容易知道。有時有點痛，也不會引起家長重視，往往就耽誤了。

　　所以孩子在撓耳朵，說耳朵痛的時候，家長一定要重視。因為分泌物儲留在耳道裡，對孩子的聽力會產生比較大的傷害。治療得越早，效果越好，對聽力的影響就越小。所以家長一定要注意觀察孩子是否有聽力問題。

　　如果孩子出現了鼓膜穿孔，耳朵流膿了，要正確地處理膿液，用細的棉花棒，反覆給他清理，然後用雙氧水點進去，清乾淨後再點藥。最好是到醫院去處理。

　　點藥一定要持續，因為孩子很可能會哭鬧，影響點藥的效果，如果不經意，炎症遷延不癒，就會發展成慢性中耳炎，一旦成了慢性中耳炎，就比較麻煩。

187

專家 Q & A

Q 聽說老流鼻涕容易得中耳炎，有依據嗎？

A 確實有一定的關係。鼻部的炎症，比如鼻竇炎、鼻炎等，在某些不恰當的動作下，細菌可以逆行到中耳腔裡，引起感染，這種情況比較多見。得了鼻腔疾病，首先要治療，其次要學會保健方法，比如擤鼻涕就要講究方法。

很多人不會擤鼻涕，往往把鼻子捏得緊緊的，使勁用力，很容易把鼻涕帶進中耳腔裡，一旦有上呼吸道感染，或者有慢性鼻腔鼻竇炎，就更容易引起中耳炎。擤鼻涕的正確方法是，摀住一側鼻孔，另一側不能摀，一邊一邊地擤，這樣壓力就不會跑到耳朵裡去，小朋友尤其要學習這個正確的動作。

Q 中耳炎手術後能完全恢復和提高聽力嗎？

A 中耳炎會引起各種不同程度、不同類型的聽力下降，有一部分可以通過手術增進聽力，或者恢復聽力，但是有一部分，比如長時間的慢性化膿性中耳炎，膿液在中耳腔裡反覆刺激，膿液裡的毒素會到內耳裡去，引起毛細胞的損傷，就會出現神經性耳聾，這種情況下，中耳炎手術是不能提高聽力的。但絕大多數中耳炎患者，通過現代耳外科手術，都可以使聽力在一定程度上提高，只是程度大小不同而已。

Q 中耳炎手術後能消除耳鳴嗎？

A 做完手術以後，不能保證耳鳴會消失，因為引起耳鳴的原因很複雜，有的並不是中耳本身引起的耳鳴，做中耳炎手術是不能減輕或消失的。

Q 孩子四歲多有腺樣體肥大，同時得了急性中耳炎，需要做手術嗎？

A 腺樣體肥大在兒童比較多見，因為一般情況下，孩子到了八歲以後腺樣體才會慢慢萎縮，是正常的生理反應。但如果腺樣體增生到了一定的程度，引起了某些疾病，比如夜間張口呼吸、打鼾等症狀，甚至引起中耳炎，就需要手術切除。如果只是偶爾出現打鼾，可以觀察一段時間再說。一般來說，孩子在疲勞或者有上呼吸道感染的情況下，都會出現一些短暫的打鼾或者張口呼吸，只要把炎症控制住，很快就能恢復正常，不考慮手術。

「頸」告不容忽視

李建民

北京積水潭醫院中醫骨科主任

你是否經常感到頸肩部僵硬疼痛？你的手臂是否不時會有發麻的感覺？你在活動頸部時是否經常聽到嚓嚓的響聲？也許你正受到這些症狀煩擾。不要忽視，這些或許就是身體發出的某種警告，引發這些不適的原因最常見的就是頸椎病。頸椎病的發生與現代生活節奏不斷加快以及緊張的生活和工作密切相關，由於短時間很難治癒，所以預防非常關鍵。一些簡單的動作對預防和緩解頸椎病都是有好處的。

頸椎病也是一種骨質增生

頸椎病簡單說就是由於頸椎的椎間盤退化，導致頸椎的骨質增生，骨質增生到了一定程度就會壓迫周圍的組織，產生頸痛等一系列症狀。

人體的脊柱，有一個正常的生理曲度。在頸部是往前凸的一個彎曲，在胸椎是往後凸，腰椎是往前凸，薦骨是往後凸，形成了兩個 S 接在一起的彎曲。而頸椎病患者的生理曲度改變了，一般都是變直的。

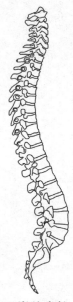

正常的脊柱生理曲線圖

伏案工作者和司機是頸椎病的高發人群

長期強迫體位的工作人比較容易得頸椎病，最常見的就是長期伏案工作的人。比如經常用電腦，經常看書寫字，或者像財會人員，得頸椎病的比較多。

頸椎主要是靠頸部肌肉來進行固定，它周圍支撐的組織少，而頸部在日常生活中的活動又比較大，是一個高活動性、低穩定性的節段，一旦它的穩定性受到破壞，就會出現頸椎病。

長時間的伏案工作，頸部的肌肉是緊張的，如果得不到及時緩解，頸椎的椎間盤壓力就會增大，時間長了，椎間盤就會退化，產生骨質增生或者椎間盤突出，於是頸椎病的各種症狀就此產生了。

此外，司機也是高發人群之一，因為長時間駕車會導致頸部肌肉緊張，一些交通事故也會導致頸椎損傷，損傷處理不及時，也會引起頸椎病。

頸椎病的一般早期症狀就是頸部肌肉發緊發僵，反覆落枕也可能是頸椎病初期的一個症狀，出現這些現象的人要及時採取措施避免頸椎病的發生。

頸椎病的四大類型

頸椎病的類型有多種，不同類型的頸椎病，其症狀表現也各不相同。常見的類型有以下幾種。

 神經根型

由於頸椎的椎間盤突出，或者骨質增生，壓迫到頸部的神經根。常見症狀有頸部僵痛，活動受限，部分患者伴有一側或者雙側上肢的串痛、麻脹，肩部痠痛、麻，而且發涼。

椎動脈型

由於骨質增生，增生的骨刺影響到椎動脈，壓迫椎動脈，在特殊的體位下會導致椎動脈供血不足。表現為眩暈、頭痛，甚至出現噁心、嘔吐現象。

脊髓型

這種一般比較嚴重，職業司機得這種病比較多，多數都是由於一些車禍傷或者外傷引起，壓迫到脊髓。主要表現為腿發軟，腳就像踩在棉花上似的，身上會有緊束感。這是危害最嚴重的一個類型。

交感神經型

由於增生的部分或者是退化的部分刺激到交感神經節。有的人表現為心慌、胸悶、出汗，但心電圖是正常的，還有一種表現就是出現恐慌感，經常晚上全身出汗。

頸椎病預防是關鍵

一旦得了頸椎病，短時間內不容易痊癒，如不及時治療，還很容易加重。因此對付頸椎病的關鍵是預防。

勞逸結合

預防頸椎病首先要改變工作習慣，每工作一小時，要起來活動幾分鐘，避免長時間連續使用電腦，注意勞逸結合。

注意鍛鍊

經常運動，比如游泳、放風箏，都會有效緩解頸椎不適，預防頸椎病。

調整枕頭

注意生活中的一些小細節，對預防和改善頸椎病也有意想不到的效果。例如選用蕎麥皮的枕頭，枕頭盡量低一些；汽車座椅的頭枕要放在後腦勺的位置，整個包裹住頭，並盡量往前傾，都可以更好地保護頸椎或頭部。

經常按摩

正確的按摩也能有效預防和緩解頸部不適，一般常用的手法就是手指按揉。手指放在棘突兩邊的肌肉上，夾住兩側的風池穴，做輕度的按揉；然後再順著頸椎兩邊的肌肉，由上至下，做比較柔和的按揉。如果胸鎖乳突肌偏緊，可以用拇指的指腹做輕柔的彈撥，將硬的肌腱放鬆，恢復肌肉的彈性。

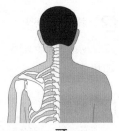
頸

平常生活中，我們也可以有意識地做一些動作來緩解頸椎不適。

提肩縮頸

放鬆身體，然後含胸拔背，即在吸氣的時候，把肩往上抬，脖子往下縮，深吸一口氣，然後呼出，再把脖子挺起來，把肩放下來。

抬肩縮頸

把脖子往裡收，然後肩往上抬，吸—呼—吸—呼，既可放鬆肌肉，也可放鬆心情。

✏️ 頸項爭力

取坐位，雙手十指交叉放在頭後，對頭的活動發揮保護作用，低頭的時候吸，然後呼，抬起來，然後吸，往後仰，呼氣抬起來，動作比較緩慢。通過這個鍛鍊，也能發揮放鬆頸部肌肉的作用。

上面三個動作，每天練習 2～3 次，每次練 20～25 下就行了。

（1）運動時要控制動作幅度，注意關節穩定。

（2）若已經得了頸椎病，頸部不要做繞環運動，否則容易對頸部造成損傷。

（3）平時的鍛鍊要適度，過度可能會造成損傷，一般以運動後休息 20 分鐘能緩解為度，緩解不了，則說明運動過度。

推薦食譜

天麻鰱魚頭

■ 原料

鰱魚頭 1 個，天麻 20 克，玉蘭片、火腿、小油菜心、香菇各適量，薑 2 片，蔥 3 段，鹽、料酒各適量。

■ 做法

（1）天麻洗淨切片，若是乾天麻則應提前泡軟再切成片（泡天麻的水備用）；魚頭刮去裡頭的黑膜以去除腥味，將天麻放在魚頭內；香菇、火腿均切成片；小油菜心洗淨。

（2）鍋裡放入適量植物油，下薑片、蔥段煸香，把魚頭放入，加入料酒，放入適量開水沒過魚頭。放進火腿片，大火煮八分鐘，再放入玉蘭片和香菇煮片刻。

（3）等湯色變白，打開鍋蓋，放入小油菜心，加少許鹽調味，即可出鍋。

■ 功效

具有平肝息風、袪風止痛、定驚安神、行氣活血的功效，同時還有補腦益智、強身健體的功效，特別適用於頸動脈型頸椎病，也可緩解神經衰弱、記憶力下降、耳鳴頭暈、肢體麻木痹痛等症狀。

專家 Q & A

Q 怎樣判斷自己是否得了頸椎病？

A 頸椎病早期主要表現在頭、頸、肩、背、手臂痠痛，頸部僵硬，活動受限，活動時有嘶啦嘶啦的響聲，頸肩痠痛可放射至頭枕部和上肢，進一步發展就可能出現一側的手臂發麻、頭暈、目眩的現象，經常落枕也可能是頸椎病的前兆。

Q 是不是出現手臂發麻、眩暈就是得了頸椎病？

A 手臂發麻不單是由頸椎病引起，腕隧道症候群、滑鼠手、肘關節勞損等都會引起手麻。

至於眩暈，大概一半以上的眩暈者，跟頸椎病沒有關係，可能是腦供血的問題。所以出現眩暈不要急著跑骨科就診，建議先看心血管科或神經科，以免耽誤病情。

Q 如果確定自己得了頸椎病，到醫院必須做哪些檢查？

A 醫院檢查一般首先要做物理檢查，就是用骨科的辦法先評估一下你整個頸部的一個狀態，如果需要的話，醫生會建議你做 X 光檢查，看一下頸部的狀態，確定是什麼問題之後再採取相應的治療。

Q 確診自己得了頸椎病，應該採取哪些有效的方法治療？

A 頸椎病的治療方法，目前主要有兩類，即非手術治療和手術治療。非手術治療主要是調整工作習慣，再配合物理治療，如超音波、雷射、牽引等，以緩解頸部肌肉的緊張，一般對早期症狀都有比較好的效果。

手術治療主要是針對較嚴重的患者，如果長期非手術治療效果不明顯，或者嚴重的脊髓壓迫症狀的都需要及時接受手術治療。

肩周炎，更青睞女性

徐建立

北京世紀壇醫院院長

很多人到了 50 歲左右會出現肩關節疼痛，就是「肩周炎」，俗稱「五十肩」，女性患病率更高。其實肩周炎並不是 50 歲的人都會經歷，因為肩周炎也是一種疾病，是疾病就有原因，就能預防。生活中只要注意肩部保暖，經常做一些小動作就能預防和緩解疼痛與不適。如果病情嚴重，治療也是必不可少。

女性是肩周炎的主要群體

肩周炎的發病原因是多方面的，一般來說，人到中年，氣血不足，就很容易出現關節方面的問題，但具體來說，主要還是與關節用力過度、肩關節受涼有關。此外，與自身的免疫、調節，或者內分泌失調也有一定的關係，比如糖尿病患者、偏癱患者的發病率就會相對高一些。但綜合來說，女性要比男性更容易患病。

肩周炎的男女患病比例是 1 ： 3，即女性的患病率是男性的三倍，究其原因，主要有以下幾個方面。

首先比較常見的原因是勞損，中年女性一般做家務比較多，如果手臂肩膀長期處於緊張狀態，或是經常提過重的物品，加上肌肉的耐力、彈性和柔韌性都較差，肌腱一旦受傷，就會引發肩周炎。

其次是生活習慣的原因，許多肩周炎是受涼引起，很多中年女性愛在天氣暖和的季節穿無袖的衣服，可能當下不覺得涼，但風寒濕邪的侵襲就慢慢發生了，肩周炎也就隨之而來。

生理期也是很重要的因素，女性到了更年期，雌激素水平下降，對肩關節周圍的滋養減弱，很容易導致肩周炎的發生。

無論是勞損還是肩部受涼，我們只要生活中加以注意，都是可以避免的。

發病分階段，症狀各不同

肩周炎的主要特點就是肩部劇烈疼痛，伴隨肩關節的活動障礙，一般女性發病要比男性多，左側比右側多。可以一側發病，也可以兩側先後發病。

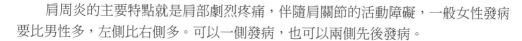

肩周炎的病程，大致可以分為三個階段。

第一階段為急性期，這個時候以疼痛為主，剛發病時是間斷性疼痛，隨著時間延續，就會成為持續性疼痛，夜間尤其痛得厲害，患側怕壓，不能動，甚至無法休息，這一階段通常持續幾週到兩三個月不等。這個階段的治療，主要是鎮痛和解除肌肉痙攣，此時可貼一些中藥藥膏，主要是促進血液循環，尤其在夜間，還可服用一些消炎止痛藥。適當的按摩也可以減輕肌肉痙攣，放鬆肌肉，緩解疼痛。

第二階段為凍結期，這時會出現關節功能障礙，一般要持續幾個月到一年以上。這個階段，疼痛已經明顯減輕，但是還有疼痛，應當一邊止痛，一邊開始功能鍛鍊。

第三階段為康復期，這個時候疼痛已經沒有了，炎症吸收了，血液循環也開始重新建立，但肩關節的功能還需要通過鍛鍊來改善。這個階段主要是通過適當的鍛鍊來恢復肩關節的功能。

推薦食譜

椒酒香菇肉

■ **原料**

花椒 20 克，黃酒 50 克，五花肉 200 克，黃酒、陳年醬油、香菇、米粉（白米加入少許肉桂、大料炒熟後磨成粉）、蔥末、薑末各適量。

■ **做法**

（1）花椒先用水泡過，下鍋煮開後，撈出，花椒水備用。

（2）將蔥薑末放入米粉中攪勻；香菇洗淨後用沸水燙一下，切成片，水備用。

（3）五花肉切成刀背厚肉片，加入一半黃酒、花椒水以及少許陳年醬油和20 克米粉；然後舖放在碗內，再鋪上一層香菇片，逐層鋪好；再加入少許香菇水及剩餘的花椒水和黃酒，入蒸鍋蒸一小時左右，出鍋後倒扣入盤中即可。

■ **功效**

花椒、黃酒都有溫熱利濕的作用，香菇有補氣強筋的功效。這道菜對肩周炎有很好的調理作用。

九個動作緩解肩周炎

　　肩周炎的治療一定要配合功能鍛鍊，只有持續鍛鍊，才能緩解症狀，有效恢復肩關節功能。下面一組動作，可以幫你有效緩解肩周炎。

甩手

　　站立，兩腳與肩同寬，手臂前後甩。開始甩的時候，會感到非常痛苦，這時應該一點一點來，先是小幅度的甩，再逐步增加，一般以患側為主。

撈物

　　站立，兩腳與肩同寬，腰稍彎，患側的手臂做動作，像是從水裡撈起東西一樣。一天做二次，每次做 50 ～ 100 下。

畫圈

　　兩手抬起來放平，從小到大，先畫一點，慢慢地越畫越大。有點類似於蛙泳。患側畫圈的時候，也可以用另一側的手扶在這個肩上，以減輕痛感。

聳肩

　　坐著做聳肩的動作，雙肘屈曲上下聳肩，有助於把黏連的關節拉開。

爬牆

　　側站，患側手貼在牆上，給自己定一個目標，每天向上摳。在初期可以劃一道線。慢慢地往上摳，一點一點地升高，借助牆來鍛鍊肩的外展功能。

摸高

　　在家懸吊一個物品，一點一點去摳它，等能夠摸到了，再把高度逐漸向上調整。

上舉

　　坐著，雙手互握，舉向頭頂。

展翅

　　身體站直，雙手臂外展，向上舉，舉起來以後持續幾秒鐘，慢慢放下。

摸頸

將手伸向頭後面，做梳頭動作，從上往下，要能夠摸到脖子。

專家 Q & A

Q 肩膀疼痛與肩周炎是一回事嗎？

A 　　肩膀疼痛不一定就是肩周炎，因為肩膀疼痛可能是多種疾病引起的，比如頸椎病牽扯所致，肩袖損傷、肱二頭肌的肌腱炎、肩胛骨喙突炎、肩部腫瘤等都可以表現為肩膀疼痛。因此，肩膀疼痛，最好是去照X光檢查，排除其他疾病，千萬別擅自認為就是得了肩周炎。

Q 肩周炎與頸椎病有什麼區別？

A 　　頸椎的疼痛，往往是從脖子開始，向肩部放射，但是很少是整個關節疼痛；而肩周炎不同，它就是在肩周，瀰漫性的疼痛，頸部不會痛。如果是頸椎病，壓痛部位在頸部，肩部一般沒有壓痛，肩周炎的壓痛主要在肩部周圍。而且如果是頸椎病，肩關節的活動很少受到影響，但肩周炎的一個重要表現就是肩部活動受到影響。

腰椎間盤突出，坐出來的病

徐建立
北京世紀壇醫院院長

　　如果把我們的身體比作一棵參天大樹，那麼毫無疑問，我們的脊柱就是這棵大樹的主幹，它所承受的力量非常大，腰椎作為這條主幹的基礎部分，所承受的壓力更大，而健康的人往往忽視了它的重要性。一旦腰椎出現問題，我們的身體就將遭受痛苦的折磨。腰椎間盤突出的原因與坐姿不正確有關係，所以預防的關鍵就是糾正坐姿，一旦患病則要積極治療。

腰腿痛是典型症狀

　　腰椎間盤突出的主要症狀就是腰痛及下肢痛，即我們常說的「腰腿痛」。一般是腰痛合併一側下肢或者雙側下肢放射性疼痛，同時可能還會有腰部活動受限，絕大多數的人先是腰痛，之後腰痛可能稍輕一點，出現下肢的放射性的疼痛；還有一部分是腰痛和腿痛同時出現。

　　需要注意的是，腰椎間盤突出並不等於腰椎間盤突出症，許多人電腦斷層檢查有腰椎間盤突出，但卻沒有症狀，這部分患者一般無須治療，而腰椎間盤突出症是由於突出的腰椎間盤壓迫、刺激了相應節段的神經根及硬膜囊等，引起腰痛及相應部位的下肢疼痛、感覺改變等，需要進行有效合理的治療。

認識我們的腰椎

　　要弄清腰椎間盤突出是怎麼一回事，首先得從脊柱、腰椎的解剖結構說起。

　　我們人體的脊柱上面是頸椎，有七個，中間是胸椎，有十二個，下面是腰椎，有五個。正常情況下，我們的脊柱有曲度，呈 S 形。頸椎向前彎曲，胸椎向後彎曲，到了腰椎部分又往前彎曲，到了最底下薦骨部分，又往後彎曲。由於腰向前彎曲，薦骨向後彎曲，所以在腰部這個位置受力最大，它的椎間盤就容易退變、損傷。

　　椎間盤在兩個椎體之間，像竹節一樣，是由三部分組成，貼近上下椎體的叫做「軟骨板」，是透明的，上面貼到上一個椎體，下面貼到下一個椎體，外面一圈叫「纖

維環」，在椎體之間，包在中間的叫「髓核」，纖維環的特點是前方和兩側厚，後方相對較薄，前面有前縱韌帶保護，後面雖然也有後縱韌帶，但卻是在椎體的中央，所以此處的髓核就特別容易突出。突出以後可能就會壓迫神經，如果從後中央突出來，可能還會壓迫馬尾神經。

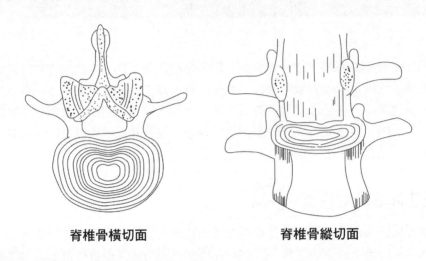

脊椎骨橫切面　　　　　　　　　脊椎骨縱切面

腰椎間盤突出最愛中青年

　　腰椎間盤突出多見於青壯年男性，年齡多為 30 歲左右，大約占整個發病人數的 80%。這與中青年男性的生活特點有關。因為中青年男性一般體力活動較多、較頻，活動範圍也大，腰部容易發生外傷，而且絕大多數中青年人因為身體狀態好，就不注重休息，結果導致組織勞損，就引發了腰椎間盤突出。

　　除此之外，腰椎間盤突出的發病人群還有一些其他特點。

　　從體型上來看，一般過於肥胖或過於瘦弱的人容易導致腰椎間盤突出。

　　從職業上來看，多見於勞動強度較大的產業工人。

　　從姿勢上來看，多見於每天伏案工作的辦公室工作人員及經常站立的售貨員、紡織工人等。

　　從生活和工作環境上來看，經常處於潮濕或寒冷環境中的人，也容易發生腰椎間盤突出。

　　此外，對於女性來說，產前、產後及更年期為腰椎間盤突出的危險期。

有沒有突出，自己就能檢查

腰椎間盤突出，絕大多數發生在第四、第五腰椎之間或第五腰椎與第一薦椎之間，這大概占腰椎間盤突出的 90% 以上，尤其是第四、第五腰椎，因為這兩節是活動的交點。第三、第四腰椎較少，大概能占到 6%，其他部位則很少發生。

一般醫生檢查首先看步態，輕度的椎間盤突出，步態沒有太大的改變，看不出來，嚴重的可能行走就會受限，或者有一些跛行。從體格檢查來看，腰部在突出部位會有壓痛，而且這個壓痛還有個特點，就是會向下放射到臀部，甚至會發散至腿、踝。

由於每個間隙的突出，表現症狀也不一樣，所以根據自己的感覺，基本上也能判斷出是不是有突出，或者突出是在哪個位置。

從自身感覺上來說，第四、第五腰椎椎間盤突出，一般是小腿外側發麻，甚至足背也會麻木。第五腰椎與第一薦椎椎間盤突出，小腿的外側、後側也會麻，足趾麻一般在外側。如果是第三、第四腰椎椎間盤突出，大腿會麻，小腿的內側也會麻。

就肌力的下降來說，第四、第五腰椎椎間盤突出有比較明顯的特徵，即趾向上翹的力量弱了。如果趾向下蹬的力量差了，往往是第五腰椎與第一薦椎椎間盤突出。

此外，一般腰椎間盤突出還會有一些腱反射的減弱，主要反映在膝反射、踝反射。一般來說，第四、第五腰椎椎間盤和第五腰椎與第一薦椎椎間盤突出，一般不會影響膝反射，第三、第四腰椎椎間盤突出會有膝反射的障礙，如果是第五腰椎與第一薦椎椎間盤突出，踝反射會有減弱。

還有一些專有的體徵，也可以幫助我們來檢查判斷椎間盤是不是有突出，比較常用的是直腿抬高試驗，就是要躺平，然後讓腿向上抬，正常人應該能夠抬到 70°～75°，不會有什麼不適，如果是椎間盤突出的話，腿是抬不了那麼高的，稍微抬起一點可能就會痛。

做不做手術，病情說了算

腰椎間盤突出的治療，分為非手術治療和手術治療，具體選用哪種治療方式，要根據病情來決定。

✎ 非手術治療

非手術治療適合突出程度不嚴重的患者，首要的就是臥床，尤其是首次發作的時候，更要臥床，而且要臥硬板床。急性發作期可以做牽引，減輕椎間盤的壓力，

增加韌帶的張力，再有就是配合一些用藥（內外用藥），外部可用一些活血化瘀的藥，口服則用一些消炎止痛藥。也可以做脊椎管封閉，往椎管裡打藥，比如用利多卡因加上得寶松（倍他米松），加點生理鹽水，往椎管裡注射，效果不錯。當然還有一些傳統的中醫的手法，治療效果也比較好。

 手術治療

是否要採用手術治療，需要根據病情來判斷。第一條就是患了腰椎間盤突出，診斷明確以後，病史一般要超過半年，在醫生指導下做正規的非手術治療，連續六週之後無效，才考慮手術。第二條是考慮適應證，就是病史比較長，反覆發作，影響生活、影響工作，非常痛苦的，這種要做手術治療。第三，是突出得比較大，尤其是發病較急，或者是某一側肢體或兩側肢體出現了癱瘓，出現了馬尾神經損傷，這種情況需要及時做手術治療。第四，是合併椎管狹窄，一般非手術治療效果不太好，需要手術治療。

手術之後，康復期必須缺保臥床休息，即使病好了，也要注意不要睡太軟的床，硬板床還是最好的選擇。

預防的關鍵是坐姿

腰椎間盤突出過去多見於中老年和長期從事體力勞動的人群，腦力勞動者過去比較少見。但隨著社會發展，在電腦前、辦公室裡一坐就是一天，已成為很多人工作、生活的主要方式，所以腰椎間盤突出發病人群也隨之發生明顯變化，長期坐在辦公室工作的白領增多，發病年齡也趨於年輕化。

腰椎在坐著的時候受力比站著要大很多，如果說站立的時候，椎間盤受到的壓力是 100% 的話，坐著就是 150%。如果坐位再向前屈，腰部的椎間盤受到的壓力，可能會達到 250 ～ 270%。說到底，腰椎間盤突出是坐出來的病，尤其是不正確的坐姿，危害更大。

對於經常坐著的人來說，尤其是辦公室一族，首先要選一把好椅子，好椅子就是要自己坐著舒適，靠背要高一些，坐的時候坐正坐直了，能夠使脊柱有一個依靠，使脊柱放鬆。其次，伏案工作的持續時間不要過長，最長一小時，就要起身活動，做一些運動或者體操。總之要經常變換姿勢，不能持續坐姿。

專家 Q & A

Q 腰椎間盤突出與缺鈣是否有關係？

A 從目前的資料來看，椎間盤突出與缺鈣沒有直接關係。

Q 為什麼腰痛減輕之後，腿開始又痛起來了？

A 椎間盤突出的腰痛和腿痛，出現的次序，多數人都是先腰痛，然後腿痛，還有一部分人，是腰痛和腿痛同時出現，個別是先腿痛後腰痛。

先腰痛後腿痛，跟疾病的進展過程有關係。如果椎間盤突出，但是外面的纖維環還好，這個時候就會表現為腰痛得厲害，等到纖維環完全破了，壓力反而小了，這時候腰痛會覺得好像輕了一些，但是間盤組織突出來了，它壓迫刺激了神經根，下肢就出現了疼痛。

Q 護腰帶之類的會不會有幫助？

A 有一些急性扭傷，疼痛的時候，初期戴上保護一下會有好處，恢復也比較快。一般用在急性期、手術初期、發病的時候、術後恢復期作為保護，但主要還是靠加強腰背肌的鍛鍊，訓練好了以後就可以不用了。

Q 腰椎間盤突出的人，生活當中有哪些要特別注意的事情？

A 腰椎間盤突出的患者在生活當中，要特別注意防寒，要注意天氣冷熱的變化，天氣變涼了，要及時做好腰部保暖。夏天則要避免空調、風扇直接吹，否則很容易誘發腰椎間盤突出。

10

惡性腫瘤

- 肺癌，癌症裡的頭號殺手

- 胃癌，源於不正確的飲食習慣

- 肝癌，並非死刑宣判

- 大腸癌，預防要從改變不良生活習慣做起

- 子宮頸癌，早期發現很容易

- 卵巢癌，一發現就是中晚期

- 子宮內膜癌，最常發生在絕經後

- 乳癌，多數能治癒

肺癌，癌症裡的頭號殺手

王永崗
中國醫學科學院腫瘤醫院
胸外科主任醫師

在所有癌症中，發病率和死亡率最高的是肺癌，被稱為人類健康的第一殺手，因為吸菸、環境汙染等種種因素不斷加劇，所以即使醫療技術不斷進步，也遠遠趕不上發病率的一再攀升。得了肺癌，一旦發現，多數已經到了晚期，因此，肺有症狀就應當及時檢查，盡早治療，手術是目前治療肺癌最好的方法。

癌就是細胞的惡性生長

要弄清什麼是肺癌，先要弄清什麼是癌。癌是一個非常大的範疇，人體的細胞會衰老，等細胞衰老、死亡以後，會有新的細胞來補充。癌就好似這個細胞不去工作了，而是無限制地繁殖。它這種繁殖不受人體調控，就成了癌。

癌除了會無限繁殖，還會發生轉移。當癌細胞生長到一定程度，營養各方面不適合它生長了，就會往遠處跑，可能通過淋巴管或血管轉移到其他地方，然後重新建立自己的地盤，重新繁殖。

癌的可怕之處，就在於它的生長繁殖會影響到所在周圍臟器組織的正常功能。

肺癌，最標準的醫學名稱是「支氣管肺癌」，因為它不光包括肺組織的癌症，還包括一些支氣管的癌症，過去最常見的是肺鱗癌，現在則是肺腺癌的比例越來越多。

肺癌是癌症裡的大魔頭

癌症有很多種，各種癌症的惡性程度各有不同，而肺癌的惡性程度比較高，或者說是最高，是癌症裡面名副其實的大魔頭。

癌症的治療注重五年存活率，也就是手術治療後多少人能活過五年。肺癌包括很多種，如肺鱗癌、肺腺癌、小細胞肺癌、肺泡細胞癌等，各種情況都不一樣，但整體來說，肺癌手術患者的五年存活率不到 20%，而肺癌其中只有極少數患者能真正做手術。中晚期，特別是晚期肺癌，平均生存期只有一年左右，可見肺癌的危害相當大。

吸菸是最大的危險因素

任何人都有可能得癌，當然也有一些高危險人群，比如年齡40歲以上的人。

吸菸是肺癌的最大危險因素，有很多人雖然不吸菸，但長期處於吸菸的環境中，卻不自覺地成了被動吸菸的人，危害也是很大。有些行業的工作人員，與致癌物質的接觸比較密切，或者環境惡劣，比如粉塵較多，長期處於這樣的環境中，對肺的損傷比較大，也是肺癌的易患人群。所以，長期吸菸和環境因素是誘發肺癌的重要因素。

此外，癌症一般都有家族聚集性，肺癌也不例外，家族中有肺癌病史的人，也是高危險人群，如果再加上環境因素的危害，就更容易致病。

咳嗽要引起警惕

因為肺癌是任何人都有可能得的，所以不管是高危險人群還是一般人群，如果出現了以下症狀，都要非常重視。

第一個要重視的就是咳嗽，特別是刺激性咳嗽。當然正常人也會有咳嗽，但是如果這段時間沒感冒，卻出現了咳嗽，而且是刺激性咳嗽，一時半會好不了，那麼就要警惕了。特別是高危險人群，首先就應該想到有沒有得肺癌的可能。

如果咳嗽的時候有出血現象，即痰中帶血絲，或者咯血，就是一個非常重要的信號。因為痰中帶血，經常見於幾個疾病，一個是結核，一個是支氣管擴張，還有一個就是肺癌。但是結核和支氣管擴張這些病的發病率現在已經比較低了。所以一旦發現痰中帶血，首先就要想到肺癌，一定要到醫院去做檢查。即使不是肺癌，也需要及時治療。有很多患者都是懷疑自己得了結核，結果給耽誤了。

還有一個症狀就是胸悶氣短。胸悶氣短不光是呼吸系統可以引起，心臟、心血管方面的問題也可以引起，所以出現胸悶氣短的時候，應當去醫院查查自己的心臟和呼吸系統。

發熱也是一個比較重要的表現，特別是低熱伴有咳嗽，因為肺癌特別是支氣管裡的肺癌，大到一定程度可以堵塞支氣管，遠端的痰液就排不出來，這樣細菌就很容易在裡面繁殖，發生炎症，表現出來就是咳嗽，而且會有發熱。遇到這種情況，看了普通門診，用藥之後不見好轉，或者好了又出現，就一定要排除肺癌的可能性。

最後一點就是疼痛，主要是胸痛。出現胸痛，不要光想到心臟病，逆流性食道炎、結核性胸膜炎也可以引起，還有一個重要原因就是肺癌。

肺癌的疼痛往往是鈍痛，也就是感到胸部悶痛。有時候也有刺激性疼痛，即快

要長胸水的時候。這種胸部悶痛往往是持續性的，和心臟病的區別很明顯，因為心臟病的疼痛多是心絞痛，比較劇烈，而且多是比較短暫的，一般只持續 3～5 分鐘。胸痛還有一個原因，就是逆流性食道炎，但這種情況往往在空腹平躺的時候才會出現，疼痛更劇烈一點，像心絞痛。

但不管怎麼樣，如果發現胸痛，都要及時去檢查，因為心臟病的風險也是非常大的，更不用說肺部腫瘤了。

拖延往往誤大事

肺癌患者中，大部分檢查確診時，已是晚期了。但他們在生活中，可能有一些癌症信號，往往沒有注意到，或者不認為是什麼大問題，就忍著，或者缺乏這方面的知識，即使感覺到問題，也根本沒有意識到危險性，結果就拖到晚期，這樣的教訓太多了。

還有一種情況就是有了症狀處理不當，致使病情延誤。有的醫生經驗不足，患者肺部出現炎症，到醫院照了胸部 X 光片，發現是典型的炎症，醫生就給消炎，十多天以後發現炎症沒了，就以為沒事了。後來又出現這樣的症狀，患者認為就是炎症，就不太重視，最後等症狀非常明顯的時候，已經是晚期了。

任何癌症的發生發展都需要一個過程，肺癌雖然可怕，但只要能及早發現，及時治療，效果肯定比晚期治療要好。肺癌的發生和發展是一個比較漫長的過程，一般都需要幾個月、半年，甚至幾年的時間。在這個過程中總會出現一些症狀，發現了就不要忽略，拖延就會讓病情一發不可收拾。

手術是第一選擇

現在在治療肺癌，有幾大手段，首先是手術，其次是放射治療，就是採用射線進行照射，還有一個就是化療，這幾種是目前最常用的辦法。當然還有一些其他的辦法，比如免疫治療、生物治療、中醫治療等，但其中最有效的還是手術治療。

手術治療就是把肺部的病灶徹底切除。但即使病情發現得比較及時，手術也切除得很乾淨，手術後的五年存活率仍不到 30%，而且有些肺癌，在發現的時候已經不適合做手術了，情況就更糟。

痛苦是不可避免的

　　早期肺癌很少有症狀，一旦發現往往已經是晚期了。由於腫瘤局部生長，會造成一系列的危害，比如胸腔積液，積液會壓迫肺、心臟，所以胸悶氣短的情況就會很厲害。如果腫瘤直接長到了動脈上，動脈一破，幾分鐘之內就會使人喪失生命。如果腫瘤侵犯了胸壁神經，疼痛也很厲害。長在支氣管上的腫瘤還會堵塞支氣管，支氣管不通，肺功能受影響，患者就會憋得很難受，這些都是局部症狀造成的危害。

　　肺癌是很容易轉移的，肺癌常見的轉移部位是腦、骨、肝和腎上腺。如果轉移到腦，就會引起頭痛、噁心、嘔吐，也會出現肢體活動困難、語言障礙，甚至昏迷。如果侵犯到骨，也會很痛，比如轉移到胸椎和腰椎，這個部位的骨頭就會被破壞，破壞到一定程度甚至會骨折，骨折會壓迫神經，有時就會引起截癱。而且肺癌本身也會分泌一些激素，造成關節疼痛、關節腫脹。總之，得了肺癌之後，一旦到了晚期，生活品質就大大降低了。

預防主要是避免外因

　　誘發肺癌的主因是外在因素，所以避免外因是預防的主要辦法，也是我們能夠做到的。

　　吸菸是造成肺癌的主要原因，首先要遠離吸菸環境，最好不吸菸，有時候家裡或周圍有人吸菸，能勸阻就勸阻，實在勸阻不了就要遠離他。

　　其次，要注意避免一些危害，比如空氣汙染、汽車廢氣、甲醛汙染等，一些含致癌物質的食物也要避免食用。很多婦女經常下廚，肺部常年遭受油煙侵害，肺癌發病率也很高，因為油煙裡有很多致癌物質，所以廚房的抽油煙設備一定不能馬虎。

　　預防很重要的一點是定期體檢，特別是高危險人群，要進行定期檢查，對那些危險信號要重視，早一點發現就多一分生存的希望。

專家 Q & A

Q 肺癌在早期通常沒有症狀，可以檢查出來嗎？

A 早期因為沒有症狀，確實不好得知，但通過醫學檢查是能發現的。肺部問題，一般是照 X 光片，因為比較方便，而且輻射危害不大，但是微小的癌靠 X 光片有時是發現不了的，最好的方法就是做 CT 電腦斷層，但這種檢查的輻射比較多。

Q 肺癌會傳染嗎？

A 肺癌本身是不傳染的，但會遺傳。從理論上來說，癌都有一定的遺傳因素，但並不是說上一輩有肺癌，下一輩就一定會得肺癌，只是風險比較大，所以有家族史的人要格外注意。

胃癌，源於不正確的飲食習慣

畢新宇
中國醫學科學院腫瘤醫院
腹部外科副主任醫師

胃癌無論是發病率還是病死率，近年都呈上升的趨勢，其中不健康的飲食習慣是造成胃癌的主要原因，長期胃病的人更要格外警惕癌變的可能。

什麼是胃癌

胃癌就是發生在胃部黏膜的惡性腫瘤，從賁門（胃的上口）到幽門（胃的下口），發生在這個區域的黏膜惡性腫瘤，都叫「胃癌」。

早期症狀與胃炎相似

胃癌早期症狀很不典型，主要表現為上腹部不舒服、消化不太好、經常噯氣、有時候泛酸，因為這些症狀跟慢性胃炎、胃潰瘍非常相似，所以很多有老胃病的人可能就不太在意，覺得吃吃藥，或者休息休息就能緩解。而早期胃癌恰好是在吃藥以後可以緩解，所以患者往往就忽略了，等到病情再進展的時候，就延誤了。因此，如果平時沒有胃部不舒服的症狀，突然出現了上腹部不適，經過休息以後沒有明顯緩解，或者以前有慢性胃炎或潰瘍的症狀，但是近期症狀突然加重了，又或者以前胃疼的規律改變了、出現了消瘦、乏力等症狀，一定要及早就醫診斷治療。

中期會出血

到了中期，症狀會比較明顯且持續，這時的胃痛通過藥物已經很難緩解了，而且全身會出現症狀，包括消瘦、乏力，吃不下飯，因為腫瘤很脆，所以有時候表面會出血，在大便上就能反映出來，就是顏色比較黑。如果這個時候做糞便常規檢查，就可以查出潛血。

晚期人消瘦

到了晚期的時候，局部的症狀會更重，同時可能會有腹水，如果有轉移的話，可能還會摸到腫大的肝臟，會有肝區的疼痛。還有一些其他的明顯表現，比如貧血、消瘦等，一般來說，發展到這個階段，治療效果就比較差了。

早發現是可以治癒的

胃癌的治療要根據它的分期，即根據病變的早晚、病變的局部情況和遠處有沒有轉移進行整體考量。胃癌的治療，在近幾年有了很大的進步，尤其是早期診斷治癒率非常高，早期胃癌經過治療，五年存活率達到 90% 以上。

早發現的前提就是要做檢查，早期的胃癌完全能夠檢測出來，現在最常見的主要檢測手段就是胃鏡，它能直接看到局部黏膜的病變，胃鏡還有一個好處，就是可以採取檢體進行病理學的診斷，進一步確定疾病的性質。除了胃鏡，還有一種檢查方法，就是「X光鋇劑攝影」，這個準確率也在 80% 以上。如果我們能夠結合造影和胃鏡，準確率就能進一步得到提高。而且很早期的胃癌也能直接通過胃鏡就把它切除，達到治癒的效果。

有老胃病的人要格外警惕

胃癌的高危險人群主要有以下幾類。

首先，有胃的癌前病變，所謂癌前病變，就是它是一種良性疾病，但是有轉變為胃癌的傾向。胃癌的癌前病變主要是慢性遷延不癒的潰瘍，這種慢性的潰瘍會對胃黏膜產生反覆刺激，轉為惡性的機率大概在 3% 左右。還有一種就是慢性胃炎，如果是慢性淺表性胃炎，癌變的機率很低，而慢性萎縮性胃炎，癌變的機率就很高，最高可達到 10%，這是非常危險的。

還有一種病變叫作「殘胃」，就是切除了一部分胃，因為胃切除以後，幽門沒有了，可能有一些膽汁逆流到胃裡，在這種情況下，癌變的機率也會比正常人高，所以有老胃病或者做過胃切除手術的人，要格外警惕。

其次就是飲食、生活習慣不好的人，比如喜歡吃醃製食品、經常吃霉變食品的，這些食品裡有很強的致癌物質，比如亞硝酸類的物質等，都是容易引起癌變的。

現在的年輕人，工作壓力比較大，飲食不規律，經常是飢一頓飽一頓，暴飲暴食或吃飯非常快，喜歡喝過燙過涼的飲料，這些對胃黏膜都是一種不良的刺激，黏膜在不斷損傷再修復的過程中，就很容易發生癌變。

還有其他的不良習慣，如酗酒、吸菸等也是危險因素。因為乙醇對胃壁的損傷是不言而喻的。吸菸不僅傷害呼吸道，對消化道也是非常有害。

不當的飲食習慣是導致胃癌的重要因素

飲食習慣與胃癌的形成有一定的關係。不正確的飲食習慣，會對胃形成一種慢性損傷，進而導致胃癌的發生。

不正確的飲食習慣主要包括以下幾種。

一種是喜歡吃堅硬的食物，比如堅果、烤製的食物，或是吃得很快，狼吞虎嚥，缺乏細嚼慢嚥，這樣的飲食習慣會增大胃癌的發病風險。

另一種是長期食用對胃有化學性刺激的食物，最常見的就是醃製食品，也就是高鹽飲食。高鹽飲食可以在局部形成高滲透的狀態，可能導致局部的細胞脫水，脫水以後細胞甚至會壞死，癌變也就隨之而來。有研究表明，日本胃癌的發病率很高，就與高鹽飲食有很大的關係，而美國、新西蘭這些國家，飲食中鹽的含量較低，相對胃癌的發病率也較低。

還有一種就是飲食追求爽快。比如喜歡吃燙的，喜歡吃火鍋、麻辣燙，或喝咖啡、喝茶時，水溫都要 80℃，甚至是 90℃，這對胃都會造成損傷。胃黏膜燙傷會結痂，然後再燙，再結痂，反覆修復，容易導致癌變。

完善治療避免復發

腫瘤強調綜合治療，千萬不要以為手術完了以後就沒事了。手術治療後，還要進行輔助治療加以完善，否則復發、轉移的機率就會升高。

後續的輔助治療最主要是化療和放療，輔助治療一定要在醫生的指導下進行。時間、劑量要因人而異，避免過度治療和治療不足。

過度治療就是腫瘤切除後，還要做一些化療完善一下，但確把所有治療方法都用上了。其實過度治療並不見得就有好處，放療化療對人體都有很大的傷害。當然治療不足，也是不可取的，所以需要專業的治療團隊根據個人的實際情況制定適合的治療方案，這樣才能有非常好的結果。

胃癌要綜合預防

胃癌的預防涉及多個方面，包括改善生活方式，養成良好的生活習慣，盡量避免吃醃製食品，多吃新鮮的蔬菜水果和富含維他命的食品等。

抗癌的食物，目前報導的有幾類，一類是海鮮、海藻類，比如海帶、海菜等，這些食物中含有一些物質，能夠抵禦腫瘤。還有一些海鮮，像深水魚類等，含有一

些人體所需的微量元素，也有一定的抗癌作用。此外還有一些蕈類食物，比如香菇，裡面含有一些多糖類物質，也能發揮抗癌作用。還有生活中常喝綠茶，也都有一定的防癌抗癌作用。但是也不能寄希望於通過吃什麼就一定能發揮預防癌症的作用，唯有通過綜合的方式，才是最有效的預防。

專家 Q & A

Q 多大年齡的人容易得胃癌？

A 胃癌以往多發生在中老年，就是 40 歲以上的人群。近年來，青年人的發病率也呈現節節升高的趨勢，最主要的原因就是生活節奏加快、生活方式改變，以及工作壓力增大，導致飲食不規律。此外，盲目崇尚西方的生活方式，比如很晚了還在酒吧喝酒，半夜還在夜店，休息得不到保證，很傷身體。吃飯沒有規律，飢一頓飽一頓，這些對身體的影響也很大。所有這些因素綜合起來，就使得青年人患胃病甚至胃癌的人數逐漸升高。

Q 胃癌手術切除後飲食上要注意什麼？

A 一是循序漸進，容易消化，富於營養。早期要吃一些軟的，甚至是流質、半流質的飲食，以後逐步增加軟食，2～3 個月的時候，基本上就可以恢復術前的正常飲食了。當然這種正常的飲食，也要跟正常人有一定的區別，要稍微軟一些，比較容易嚼一些。

二是在咀嚼的時候，一定要注意細嚼慢嚥。細嚼慢嚥一是減輕胃的負擔，另外，由於胃切除了一部分，容量變小了，大塊的食物也會對它有所損傷。

三是不能吃得過飽，要少量多餐，一天可以吃四頓或五頓，每頓只吃七分飽，這樣也能減輕胃的負擔。

肝癌，並非死刑宣判

趙建軍
中國醫學科學院腫瘤醫院
國家癌症中心腹部外科副主任醫師

生活中，我們一聽說誰得了肝癌，總覺得好像就是被判了死刑，有的人得了肝癌也不敢去檢查，甚至檢查出來也不願意積極治療，認為是徒勞。其實肝癌並沒有那麼可怕，只要正確認識，積極治療，切除癌變，阻止擴散轉移，就能趕走癌魔，重獲健康。

肝癌分兩類

從概念上說，肝癌包括「原發性肝癌」和「續發性肝癌」兩大類。原發性肝癌是源自肝臟本身組織細胞的癌變；續發性肝癌則是來自肝臟之外，其他器官組織的惡性細胞，這些惡性細胞如果轉移到了肝臟，就會形成續發性肝癌。

原發性肝癌又分為三類；一是肝細胞癌，它源於肝臟的肝細胞；二是膽管細胞癌，源於肝臟組織內，膽管上皮細胞的一種惡性腫瘤；三是在一個腫瘤之中，上面兩種成分同時存在，叫「混合型肝癌」。一般來說，原發性肝癌占肝癌總數的90%左右。

肝癌主要源自肝炎

肝癌的發病原因是非常複雜的，最常見的肝癌發病因素是病毒性肝炎，特別是B型肝炎，可以導致肝臟從病毒性肝炎逐步演化到肝硬化，進而引起肝癌；脂肪肝也是重要的致病因素。

此外，還有一些毒素，比如黃麴毒素也是致癌的重要因素，最常見的黃麴毒素的來源就是發了霉的花生。

不良的生活習慣，比如酗酒吸菸，也是可能的致病因素。

值得注意的是，精神因素也是很重要的，而且也是常常被忽視的一種致癌因素，一般來說，愛生氣的人更容易患肝癌。

早期症狀不明顯

肝癌在早期基本上沒有典型症狀，主要是原發肝臟疾病的症狀，比如肝硬化、肝炎，或者是脂肪肝、酒精肝的症狀，就是腹脹、乏力、消化不良等等。如果出現肝癌的症狀，基本上就已經是中晚期了。因為我們的肝臟是一個實質性臟器，體積非常大，在這個非常大的實質性臟器裡，如果長了一個腫瘤，能夠引起症狀，就已經長到了一定的體積。這就是為什麼我們發現肝癌的時候就已經是中晚期的原因。

到了中晚期，首要的表現就是消瘦、體重下降，肝區偶爾會有刺痛、脹痛、不適。有些患者如果腫瘤大了，可能會累積一側膈肌，這個時候可能會出現同側肩背部的放射性疼痛。如果腫瘤長到了一定的體積，患者可能還會在腹部摸到腫塊。如果腫瘤長在某些特殊部位，比如擠壓到了膽管系統，可能就會出現黃疸。

到了晚期，除了原發肝臟疾病所帶來的肝臟功能不良之外，腫瘤占據到一定的體積之後，肝臟功能還會有衰竭的表現，比如出現胸腹水、下肢水腫，以致臥床不起等。

檢查和診斷的方法

檢查肝癌，過去經常用到的方法，最基本的就是超音波檢查，它是無創的，對於發現肝臟占位性病變很有幫助。

現在用得最多的，則是 CT 電腦斷層或者核磁共振成像，相對超音波來說，它能給臨床醫生提供更多的信息，能比較清晰地顯示出肝臟內的腫瘤與正常組織的區別。檢查腫瘤的標誌物也經常要用到，比如甲胎蛋白，還有癌胚抗原或鐵蛋白等。

肝癌不是死刑

人們總是一談到癌症患者就覺得判了這個人死刑，甚至是談癌色變。其實癌症並沒有那麼可怕，肝癌也是能治癒的，如果定期去做篩檢、體檢，一旦肝臟長了東西就能及時發現，有效治療。

現在治療肝癌的手段很多，如外科切除、肝臟移植、電燒手術等都很有效果。通常是患者或者周圍的人對肝癌的認識不夠，才造成恐慌。如果患者在一個非常溫暖和諧的家庭裡，再加上醫生對他進行精心治療，患者往往會獲得非常好的治療效果，這些都是良好的外因。如果他本人的心態比較健康，治療效果可能會更好。相反，一個肝炎患者，如果感覺到自己身體不舒服了，不願意去做檢查，擔心得肝癌，

或者檢查出來了，自己整日處於擔心害怕之中，心情憂鬱，病情發展就會很快，這種狀態對治療是極其不利的。

切除是最好的治療手段

目前肝癌最有效的治療手段，還是外科治療，是以外科切除為主的綜合治療。

如果患者肝臟原有的疾病太重，比如嚴重肝硬化，可以選擇其他的替代治療方式，如電燒手術、微波治療、海扶刀、導管介入栓塞治療等。

對於晚期的肝癌患者，失去了手術機會，也失去了做射頻、介入等治療手段的時候，可以選擇生物標靶藥物治療。標靶藥物治療，常用到的是索拉菲尼或者索坦之類的藥物。也可以使用放療和全身化療。

關於手術，這裡需要說明一個問題，就是做手術的患者會有併發症，最常見的是出血、膽漏、膈下積液、膿腫、胸腹水、低蛋白血症等。所以說做手術也不能保證一勞永逸，各種風險都需要考慮。

預防從多方面著手

因為肝癌是一種多因素引起的疾病，預防上也需要從多方面做起。

首先是飲食，飲食方面有很多危險的因素，比如食物中的黃麴毒素、亞硝胺、苯並芘這類物質，都有一定的致癌作用。黃麴毒素主要來源於霉變的食品，常見有花生和玉米。亞硝胺則主要來自醃製食品，包括泡菜、酸菜等。苯並芘一般很少聽說，但也是很常見的，像烤羊肉串、臘肉、滷肉等就含有大量的苯並芘。日常生活中要盡量避免食用這些食品。

酗酒對肝臟的損害也很大，會促使正常肝臟變成脂肪肝，若長期不治療，就會轉變成肝硬化，進而形成肝癌。所以體檢時，被查出來有脂肪肝，就應該高度重視。

另外，調整自己的心態也很重要，心情不好，經常憂鬱，對肝臟也是一種傷害。尤其現在的生活節奏非常快，工作壓力大，肝臟的負擔在無形中也會加重。

適當的運動也是必不可少的，能讓我們遠離脂肪肝，增強身體的免疫力，遠離病毒的侵襲。

經過治療的患者回到家裡也不能一味地靜養，臥床的時間長了，抵抗力就會下降，只有通過適當運動，才能提高抵抗力和免疫功能，間接發揮防癌和治癌的作用。另外也要調整自己的心情，經常生氣，情緒不好，會引起體內激素水平的改變，不僅對肝臟，還可能會對其他臟器造成影響，對身體的康復非常不利。

專家 Q & A

Q 如果出現噁心、嘔吐，或者消化不良，是不是肝癌的初期症狀？

A 噁心、嘔吐、消化不良，是整個消化道疾病的典型症狀，但並不代表得了肝癌，因為胃腸道、肝臟、膽囊、胰腺的疾病都有可能出現這類症狀，肝癌患者，只有腫瘤長到一定的大小，影響肝臟功能，導致消化不良，或壓迫了胃，才可能會導致嘔吐和噁心等症狀出現。

Q 懷疑得了肝癌應該做哪些檢查？

A 對於肝癌高發人群來說，應該定期到醫院做有關的檢查，有酗酒習慣，以及有肝硬化的人，也需要定期去醫院，用超音波來做篩檢。

Q 如果肝臟長了東西該怎麼辦？

A 肝臟長了東西，首先要確定它是什麼，最常見的是血管瘤、肝囊腫、肝腺瘤、不典型增生結節，還有一些是比較少見的肝結核、肝棘球蚴病（肝包蟲）等，這些都是良性疾病。也可能是肉瘤、淋巴瘤等，不過都是非常罕見的，要確定這類腫瘤是良性還是惡性，應先做血清的腫瘤標誌物檢測，加影像學的檢測，如果這兩個都無法確定，可以採取肝穿刺的方式，抽取一些組織細胞來做病理檢查。一旦確定是良性還是惡性，才能選擇治療的手段。

Q 肝癌會不會遺傳？

A 肝癌不遺傳，但是肝癌患者的體質，可能會遺傳。比如父親容易感染某種病毒，並因感染這種病毒而發展為肝癌，他的孩子可能容易感染這種病毒。

大腸癌，
預防從改變不良生活習慣做起

趙建軍

中國醫學科學院腫瘤醫院
國家癌症中心腹部外科副主任醫師

大腸癌是不良生活習慣導致的一種疾病，由於我們的飲食逐漸精細，脂肪攝入量也在逐漸加大，腸胃功能就會越來越差，於是腸道疾病就很容易產生。預防大腸癌首先是要建立良好的生活習慣，避免長期高脂和高蛋白的飲食，並且要形成良好的排便習慣。經常便祕的人更要注意多喝水，嚴重時必須及時就醫，這樣才能及早發現並遏制癌症的發生。

大腸癌源於不良生活習慣

得大腸癌的主要原因是高脂肪低纖維素的飲食習慣所造成的，所謂的高脂肪低纖維素飲食，就是因為現在的生活水準好了，大家每頓都離不開肉，各種各樣的肉都在吃，對於粗糧或者蔬菜的攝取量不夠，所以近年來發病的趨勢逐年在上升，而且逐步傾向於年輕化。

不良生活習慣的另一種現象就是生活不規律，經常吃辛辣刺激的食物，加上熬夜，休息和飲食不規律，經常吃烤肉喝啤酒等，都是誘發腸道疾病的原因。

當然，有家族病史的人也是高危險人群，在生活中就應該更加注意飲食。

排便異常預示大腸癌

所有的腫瘤，都源於自身的細胞，逐漸演化成與正常組織細胞不同的細胞。所有的腫瘤在早期都不具備明顯的症狀，只有當它長到一定的體積，並影響了局部器官的結構或者功能的時候，才會表現出某些症狀。大腸癌也是如此，但只要細心留意，也能發現某些異常。

在早期，大腸癌的主要表現是排便習慣的改變。所謂排便習慣的改變，比如原來一天大便一次，有了大腸癌，可能變成一天兩三次，甚至三四次，而且這時的大

便，基本上是不成形的軟便，甚至是糊狀的；還有些人，以前是一天一次，現在變成了四五天，乃至每週一次，出現了便祕。便頻和便祕也可能交替出現，這些都是大腸癌最早的表現。

第二個改變就是大便性狀的改變，常見的是大便帶血，出現黏液血便，這種情況，可能就比較嚴重了。

另外一種改變就是排便疼痛。由於腫瘤的存在，發生了局部占位，於是大便通過不暢，可能會感覺到腹脹。腫瘤長到一定的體積，還會出現疼痛。

對於曾經有過腸阻塞的人來說，如果發生了大腸癌，腸阻塞會持續加重。

此外，比較明顯的，就是便血了，而且便血的量比較大，這往往預示著癌變已經很嚴重了。

大腸癌是可以治癒的

對於大腸癌，如果是早期，基本上都是能夠治癒的。大腸癌可分為早期大腸癌和進展期大腸癌。早期大腸癌主要是侷限在黏膜層，屬於黏膜層的腫瘤。在腔鏡下就能直接切除治癒。進展期大腸癌在手術後一般還需要輔助化療和放療，愈後效果相對也要差一些。

癌細胞轉移無須絕望

經常有患者，在發現大腸癌的同時又發現了肝臟的轉移灶，就是腸外轉移，或者是大腸癌治療完了，過了幾年，又發現肝臟轉移。患者會覺得自己可能是沒法治了，其實不然。

現在醫療技術發展非常快，出現了轉移灶，並不意味著世界末日。臨床數據統計表明，對大腸癌肝轉移的患者，同期澈底切除大腸癌和肝臟轉移灶，能得到根治的效果。所以出現腸外的轉移灶，並不意味著沒有治療的機會。

另外，對於腫瘤偏大，腸道周圍淋巴結多的患者，醫生一般會建議先化療、放療。最近幾年最常使用的是一種標靶治療藥物，常規化療如果效果不好，加上標靶治療，往往可以收到很好的效果。所以大家也不要覺得，常規的放化療無效了，就沒有治療的機會了，自己一定要對治療有信心。

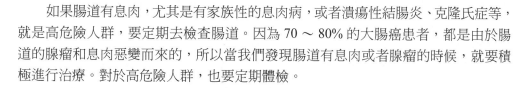

腸道疾病不可忽視

如果腸道有息肉，尤其是有家族性的息肉病，或者潰瘍性結腸炎、克隆氏症等，就是高危險人群，要定期去檢查腸道。因為 70 ～ 80% 的大腸癌患者，都是由於腸道的腺瘤和息肉惡變而來的，所以當我們發現腸道有息肉或者腺瘤的時候，就要積極進行治療。對於高危險人群，也要定期體檢。

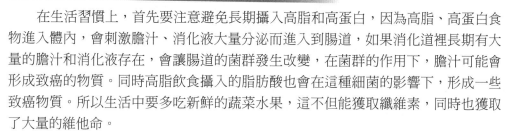

養成好的生活習慣，可預防大腸癌

在生活習慣上，首先要注意避免長期攝入高脂和高蛋白，因為高脂、高蛋白食物進入體內，會刺激膽汁、消化液大量分泌而進入到腸道，如果消化道裡長期有大量的膽汁和消化液存在，會讓腸道的菌群發生改變，在菌群的作用下，膽汁可能會形成致癌的物質。同時高脂飲食攝入的脂肪酸也會在這種細菌的影響下，形成一些致癌物質。所以生活中要多吃新鮮的蔬菜水果，這不但能獲取纖維素，同時也獲取了大量的維他命。

要養成良好的排便習慣，因為不及時排便，糞便在結直腸停留的時間延長，水分會被大量吸收，就容易形成乾便，造成便祕。

對於有便祕習慣的老年人來說，建議多吃蔬菜水果，如果確實不能緩解，可以吃一些麻仁、香油等潤腸食品，促進排便。

平時排便時，要留意大便的性狀，觀察軟硬程度，是不是有黏液，是不是帶血，是不是成形，養成習慣，就能對腸道問題有所警覺，及時就醫檢查。

專家 Q & A

Q 大腸癌會不會傳染？

A 大腸癌不會傳染，臨床醫生和護士，整天接觸的都是這類患者，也沒有被傳染，所以大家不必擔心，大腸癌不具有傳染性，而且科學家也做過一個非常著名的實驗，把得了腸道腫瘤的小白鼠和正常的小白鼠關在一起養幾年，也沒有出現傳染的情況。

Q 常吃燒烤食品或醃製食品，得大腸癌的機率會比較大嗎？

A 常吃醃製和燒烤的食品，是不良生活習慣的一環，因為燒烤的食品裡，含有一種致癌物質叫「苯並芘」；醃製食品含有一種致癌物質叫「亞硝胺」。如果長期吃這類食品，肯定會對身體產生不利的影響。這類食品進入腸道，也會刺激腸道，如果長期反覆刺激，就會讓腸道黏膜發生病變，得大腸癌的機率也會增大。

Q 大腸癌會不會遺傳？

A 大腸癌不會遺傳，但一些癌症初期的疾病會，比如結腸息肉病。這可能與一個家族之中，生活習慣、飲食習慣、居住環境相近有關係，所以一個家族中有這種疾病患者，出現腸癌的比例會增高。

Q 便祕可以經常喝潤腸通便的茶和中藥嗎？

A 這種通便的方式，不建議在日常生活中使用，因為腸道中除了有糞便之外，還有正常的細菌群，如果靠外力的機械方式來清掃腸道，除了掃除積便，還會清掃細菌群，這樣就會引起腸道內環境的改變。但是如果已經有便祕的危險信號，可以吃點潤腸通便的東西，但不能成為一個習慣，否則腸道可能會有一個惡性循環。

在沒有其他疾病的情況下，如果老有便祕，還是應該去照結腸鏡，看看是什麼原因。

子宮頸癌，早期發現很容易

李曉江

中國醫學科學院腫瘤醫院
疾病與感染控制辦公室主任、腫瘤婦科副教授

我們知道，女性做體檢時，基本上都要做子宮頸檢查，因為子宮頸出現健康問題非常普遍，其中子宮頸癌可以算是其中最嚴重的一種情況。值得慶幸的是，這種癌症大多都能早期發現，危害也就隨之減小了。治療方面，應當首選放療，早中晚期效果都很好，治療後還需要定期複查。

發病率比較高

子宮頸癌是女性比較常見的一種惡性腫瘤，發病率經過這幾十年來的醫療技術發展，和腫瘤早診早治策略的普及，現在雖然發病率相對還是比較高，但跟以前相比，還是略有下降。還有一個特點，就是早期患者占的比率比較高，因為隨著經濟情況的改善，以及知識的普及，大家都比較重視這些問題，所以晚期患者的比率有些下降。

在子宮頸癌、子宮內膜癌、卵巢癌這女性三大惡性腫瘤疾病中，子宮頸癌的五年存活率算是比較好的，大概在 67 ～ 70%。致死率最高的是卵巢癌，因為治療上比較困難，但發病率卻是很低的。

子宮頸癌能早發現

很多人一聽到惡性腫瘤，可能都比較緊張，實際上不用太緊張，因為子宮頸癌雖然發生率比較高，但相對於其他婦科惡性腫瘤疾病，致死率卻不是很高，因為它能夠較早發現和治療。子宮頸癌的症狀表現就是陰道出血，這種出血包括兩種，一種是接觸性出血，就是指性接觸的時候出血，還有一種就是絕經後出血，這兩種出血人們都會警惕，及時檢查，所以發現都會比較早，治療效果也很好。

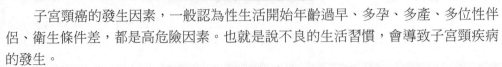
子宮頸癌的發生有內外兩種因素

子宮頸癌的發生因素，一般認為性生活開始年齡過早、多孕、多產、多位性伴侶、衛生條件差，都是高危險因素。也就是說不良的生活習慣，會導致子宮頸疾病的發生。

除了以上因素，自身免疫系統出現問題，也就是說內因也會導致子宮頸疾病。子宮頸癌還與病毒有密切的關係，比如人類乳突病毒（HPV），目前在子宮頸癌的患者裡面，有 80% 以上的患者，都可以檢測到 HPV。但也不是說體內發現了HPV，就一定都會發病，這還跟免疫狀況有關係，如果免疫狀況比較好，可以清除這種病毒。有些患者一開始就診的時候，檢查出是帶有這個病毒，經過一段時間的追蹤、檢測，或者做了相應的處理，病毒就被清除了。

HPV 這個病毒，檢測起來也很簡單，都不用做血液檢查，直接做一個分泌物的抹片，就可以檢測到。

子宮頸癌是會傳染的

子宮頸癌的發病因素，與 HPV 有密切關係，所以也是一種傳染性疾病。這種傳染首先是夫妻之間，傳染以後並不一定發病，要看免疫功能強弱，但攜帶之後如果不加注意，還會傳給別人。

未婚女性怎麼治療

還沒有生育的婦女，如果得了子宮頸癌，只有很早期的病變，才有可能保留生育功能，中期、晚期的就不能保留生育功能了。放療雖然可以不切除子宮，但是放射線的傷害也是很大，對生育功能也有極大的影響。

只有很早期的才可以把腫瘤局部切掉，盡量保留子宮。但是這樣做有很多限制條件，要看是不是有轉移到腹腔裡，若是轉移到了腹腔的淋巴結，就要先做淋巴結的切除，如果淋巴結沒有問題，才可以做子宮頸根治手術，保留生育功能。如果淋巴結有問題，那就不能保住子宮了，因為保命畢竟是第一要務。

妊娠合併子宮頸癌

妊娠合併子宮頸癌，這種情況不常見，但也會遇到。主要是在懷孕之前，沒有

做這方面的檢查，而發病又是一個比較長的過程，可能會有幾年的時間，結果妊娠的同時，子宮頸癌也出現了症狀。

妊娠合併子宮頸癌一般不會對胎兒產生影響，這樣的患者，有一部分通過剖腹產分娩，但是妊娠合併子宮頸癌的預後（預測疾病的可能病程和結局）不好，患者體內的 HPV 也可能會傳染給孩子，但孩子也可能只是攜帶病毒，不一定發病。

手術並不是最好的方式

對於子宮頸癌，常規的手段就是手術、放療和化療，這其中還是以手術和放療為主，化療是作為一種輔助的治療方式。

但手術也不一定是最好的方式，能不能手術也要看癌症的分期。一般來說，早期的患者可以手術，晚期就不能手術了，但是放療是不分期的，早中晚期的患者都可以做。

有些患者就診的時候堅決要求做手術，可能覺得手術能把腫瘤拿掉，但實際上，在不適宜手術的情況下，如果非要做手術，還不如做放療就好。

因為子宮頸癌的放療技術還是比較成熟的，從居里夫人發現鐳以後，腫瘤放療技術最早就應用於子宮頸癌，到現在已經 100 多年了。相比於其他腫瘤的放射治療，技術上更加成熟。

當然，和手術一樣，放療、化療也有併發症，在選擇用哪一種方式治療的時候，只能權衡利弊，擇優選用。

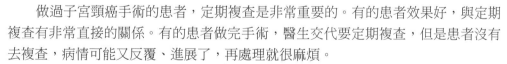

手術後一定要定期複查

做過子宮頸癌手術的患者，定期複查是非常重要的。有的患者效果好，與定期複查有非常直接的關係。有的患者做完手術，醫生交代要定期複查，但是患者沒有去複查，病情可能又反覆、進展了，再處理就很麻煩。

所以子宮切除後，或者放療後，都要定期複查，有問題會及時發現，一個「早」比什麼都重要。

如何預防子宮頸疾病

第一是要避免外因，也就是生活習慣方面的因素。

第二是做體檢。現在最常做的檢查，就是子宮頸抹片，這種檢查一般來說應該

連續做三年，每年做一次，如果三次都沒有什麼問題，就可以把檢測的間隔時間放長一些，比如二年或者三年一次。

第三，接種子宮頸癌疫苗，但是疫苗要在還沒有性生活的階段接種，否則發揮不了作用。

專家 Q & A

Q 子宮頸癌的發病年齡有什麼特點？

A 子宮頸癌發生的年齡段並不固定，從年輕婦女到中老年婦女，都可能發生，只是年輕女性子宮頸癌的早期病例比較多。

Q 年齡已經很大了，比如 70 歲了，還會不會得子宮頸癌呢？

A 任何年齡都有風險，老年婦女尤其需要注意，有的人認為絕經後有陰道出血，就是又來月經了，實際上絕經後，任何的出血都要警惕。老年婦女比較不太願意去就診，所以有很多中老年婦女發生子宮頸癌，都是中晚期。因此出現一些症狀，還是要及時就診。

Q 切除子宮以後，會不會提前進入更年期？

A 有很多人會認為子宮切除了，就會提前進入更年期，這是一種誤解。提前出現更年期症狀，跟子宮切除沒有關係，而在於是不是切除了卵巢。如果是早期患者，一般都可以保留卵巢。

卵巢癌，一發現就是中晚期

李曉江
中國醫學科學院腫瘤醫院
疾病與感染控制辦公室主任、腫瘤婦科副教授

在女性三大惡性腫瘤疾病中，卵巢癌是發生率最低的，大概只有十幾萬分之一，但是，它的致死率卻是最高，五年存活率只有 30%。由於病變位置隱密，往往一發現就是中晚期，所以治療起來很困難，即使做了手術，復發率也相當高，所以手術後的輔助治療非常重要。

發現時多數已是中晚期

80% 以上的卵巢癌患者，發現的時候都是中晚期，這與它的解剖特點有一定的關係。卵巢在盆腔裡，盆腔裡整個空間比較大，所以卵巢如果長腫瘤，可以長到很大，如不通過檢查，都不容易發現。而且卵巢長腫瘤，如果是惡性的，可以在半年之內，甚至更短的時間內長到很大，所以稍有拖延，就會發展為中晚期。

卵巢癌的危害

卵巢的功能很重要，如果是子宮頸癌，切了子宮，對於女性賀爾蒙的影響不大，不會提前進入更年期；而卵巢是分泌女性賀爾蒙的器官，是保證女性性徵的重要器官，一旦長了腫瘤被切除，對於身體的影響是不言而喻的，更年期提前，衰老提前，總之危害很大。

此外，卵巢癌容易破潰，並造成盆腔內感染，還會擴散到其他臟器，治療將更加困難。

發病的因素

卵巢癌的發病與年齡有關，年齡越大，越容易得卵巢癌。

發病的原因，有研究認為與卵巢排卵有關係，但有待進一步證實。卵巢癌的發生有多種因素，也可能與營養狀況有關，比如子宮頸癌容易發生在經濟條件不好的

發展中國家,而卵巢癌在發達國家相對要多一些。

此外,遺傳也是一個因素,如果一個女性得了卵巢癌,那麼她的直系親屬裡面,卵巢癌的發生率就高。

不同分期的症狀表現

卵巢癌不容易被早期發現,因為它的生長空間很大,所以長到很大才能知道,因此一旦有症狀,可能都不是早期。這時一般表現為腹脹,或者發現盆腔腫塊,這都是長到一定大小才能摸得到。

中晚期比較常見的症狀是消化方面的問題,常常會覺得胃不舒服,因為腫瘤長到夠大的時候,是會影響到腸胃的。很多卵巢癌患者在就診的時候,會先去看消化科,因為覺得胃脹、腹脹,不想吃東西的,後來才會發現已經是卵巢癌中晚期了。

卵巢癌還會合併腹水,但不是所有的病例都有腹水。

手術就是要切除腫瘤

卵巢癌的手術,原則上是盡量把腫瘤切掉,並把轉移灶切掉,而且盡量切得乾淨。它和子宮頸癌的手術不太一樣,子宮頸癌周圍有大範圍的正常組織,而卵巢癌的卵巢絕大部分都有問題,可能子宮、輸卵管都要切,甚至大網膜、闌尾也要切掉。

由於卵巢癌常合併有腹水,整個腸管、肝臟、腹膜表面,可能都會有癌細胞種植,手術也不可能都切掉。所以,手術之後,還要放療、化療,這是治療卵巢癌的重要輔助手段。

手術之後還要控制復發

卵巢癌的手術範圍比較大,術後首先是要恢復,控制它不再復發。

卵巢癌復發率比較高,控制復發,就要做好輔助治療。惡性腫瘤絕大部分都要做化療。做化療一般都有療程的規定,做完化療以後,還要定期複查,而且卵巢癌的複查,相對於子宮頸癌,要更加重視,因為它的惡性程度更高。

如果術後二年沒有復發,或者復發發生在二年以後,其預後就比較好。

Q 卵巢癌與絕經期早晚有沒有關係？

A 有研究認為，卵巢癌與排卵的次數有一定的關係，也就與絕經期早晚有一定的關係。但是這種關係也不是很密切。不是絕經早就一定排卵次數少，因為有些人，月經期比較短。

現在有很多女性，為了要雙胞胎，可能會採取一些方法，比如服用促進排卵的藥物，這與患卵巢癌也有一定的關係。

Q 得了卵巢癌以後，會不會影響生育？

A 這個要看分期，很早期的卵巢癌，包括卵巢交界瘤，治療以後有可能還能生育，但由於 80% 的患者確診時都是晚期，所以對生育的影響還是相當大。

Q 不手術，只靠藥物治療可以治好嗎？

A 只靠藥物治療是很難治好的，當然有一些高齡婦女，身體狀況不能承受大手術，對於化療比較敏感，也可以用一些藥物控制，可以延長生存期。但是對年輕的患者來說，這個延長的時間顯然是滿足不了生存的期望。

Q 卵巢癌有什麼預防的方法？

A 卵巢癌的預防，沒有什麼太好的辦法，高蛋白、高脂類食物還是要少吃。同時，由於它不太容易被早期發現，所以定期體檢，每年做一次超音波檢查，還是很有必要的。

子宮內膜癌，最常發生在絕經後

孟元光
中國人民解放軍總醫院
婦產科主任醫師、教授

女性在絕經以後會出現很多問題，子宮內膜癌主要就在這個年齡段發病。子宮內膜癌的發生與高激素水平有密切的關係，所以千萬不要為了延緩衰老而隨意補充雌激素。此外，肥胖、高血壓、糖尿病也是誘發子宮內膜癌的危險因素。定期體檢是發現癌症的有效手段，只有及早發現疾病，才能取得理想的治療效果。

子宮內膜癌的發病年齡

子宮內膜癌多發生在絕經以後，而且肥胖、高血壓、糖尿病等患者的發病風險更高，因為子宮內膜癌的發病主要還是與代謝和雌激素狀態有關，肥胖、糖尿病、高血壓都與代謝有關係，也叫作「子宮內膜癌的三聯症」，尤其是很多肥胖的患者絕經了，為什麼還會出現高雌激素狀態，主要是肥胖，脂肪裡面有一些雌激素的前體，它通過一些的作用，會轉化為雌激素，雌激素水平高了就容易刺激子宮內膜增殖，就容易發生子宮內膜癌。

所以對絕經後雌激素水平較高的患者，一定要嚴密隨訪。有高血壓、糖尿病，或者是肥胖的話，也應該注意觀察，建議定期去做子宮超音波檢查，看看子宮內膜厚不厚以及是否有其他情況，這對預防和早期發現、早期治療都很有好處。

另外，患有多囊性卵巢症候群的患者，也是處於長期高雌激素狀態，發生子宮內膜癌的風險性也比較大。

乳癌患者手術後要用一些藥物治療，其中最典型的就是用諾瓦得士錠（三苯氧胺），這種藥物用久了，也容易發生子宮內膜增厚，加大發生子宮內膜癌的風險，所以這種情況也需要嚴密監測。

子宮內膜癌的危害

發生了子宮內膜癌，如果是年輕女性，最重要的是影響生育，如果直接切除子宮，患者將沒有生育的可能性，這種傷害可能是一生的傷害。當然也有解決的方法，

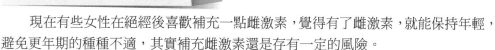

但是各方面的風險也相對會加大。

有些患者出血，沒有及時去就醫，或者本身沒有這種意識，甚至沒有條件就醫，進展到晚期以後，這個病就無法挽回了，沒有可以採取的手段，即使採取了某些方法治療，預後也不會很好。如果有遠處的轉移，比如腦的轉移，就會直接影響生命；侵犯到其他部位，痛苦也很大，治療起來也會更麻煩。

雌激素不可隨便補充

現在有些女性在絕經後喜歡補充一點雌激素，覺得有了雌激素，就能保持年輕，避免更年期的種種不適，其實補充雌激素還是存有一定的風險。

因為子宮內膜癌與雌激素有極大的關係，就是高雌激素的一種狀態，如果長期服用含有雌激素的保健品，身體就會受到雌激素的慢性刺激，子宮內膜被刺激之後就可能增生，就容易發生子宮內膜癌。

現在子宮內膜癌的發病有年輕化的趨勢，一方面是肥胖、高血壓、糖尿病發病趨於年輕化，另一方面，與很多女性喜歡長期使用保健品，特別是含有雌激素的保健品也是有關係的。

定期體檢可有效預防子宮內膜癌

定期體檢是發現癌症的有效手段。及早發現，及早治療，這與晚期發現的預後大不一樣。如果出現了某些症狀，比如發現陰道異常出血或排液，就應該趕緊去檢查。一旦發現腹部有腫塊、下腹部疼痛或者腰薦部有墜脹感等，這些表現很可能就已經是晚期了。

對於 40 多歲快到絕經的女性，如果月經老是不準或者比較紊亂，比如一次來得很多，隔十幾天、二十多天又來一次，經期持續時間很長，這種情況很可能就是子宮內膜增生引起的，建議做一次診斷性刮宮，這樣就可以及早發現疾病。因為子宮內膜增生有很多種，有單純性增生、複雜性增生、非典型增生。對於一些非典型增生，或者複雜性增生、單純性增生，現在甚至可以不做手術，用藥物治療也可以得到很好的效果。但是如果不重視上面出現的情況，不去做檢查，很可能會發展到子宮內膜癌的階段。

預防子宮內膜癌，除了定期體檢，有了症狀及時檢查，還要關注相關疾病，子宮內膜癌往往與肥胖、糖尿病、高血壓有關，所以肥胖的人要注意減肥和控制體重，有糖尿病、高血壓的更要控制。

治療要因人而異

很多人覺得得了子宮內膜癌，就一定要把子宮切除，其實也不一定，切不切除子宮，要因人而異，比如是否有生育要求，如果有生育要求，又是很早期的患者，可以不切除，而是採用其他方法治療，比如用孕酮治療。

對於病情較嚴重的，或者沒有生育要求的，以及絕經後的女性，就可以考慮手術治療，一般應將子宮切除，有的還要把卵巢切除，同時還要做一些盆腔和腹主動脈旁淋巴結的清掃。

手術後有些患者還可能會復發，所以術後還需要藥物治療。因為子宮內膜癌是與雌激素相關的疾病，所以做完手術以後，需要根據病理情況，加一些激素的治療，比如說大量孕酮的治療，這是非常重要的。對於比較肥胖的患者，還建議用一些芳香化的抑制藥，阻斷雌激素的前體轉化為雌激素。這些方法結合，對子宮內膜癌的治療效果可能更好一些。

有時放療和化療也是可採用的方法，這都需要根據情況來定。總之，對於子宮內膜癌要進行綜合治療、個體化治療，才能達到比較滿意的效果。

專家 Q & A

Q 絕經以後突然陰道出血，會不會是得子宮內膜癌？

A 絕經後又出血，要考慮幾個問題，第一就是子宮內膜癌，第二是子宮頸癌，還有一個就是卵巢生殖細胞瘤。其中發生子宮內膜癌的風險可能更大一些。所以出現這個問題，應盡快到醫院做檢查。

Q 白帶增多，月經不調，是不是意味著已經得了子宮內膜癌？

A 白帶增多的原因很多，月經不規律也各有原因，不一定是子宮內膜癌的表現。但一定要重視，尤其是未絕經的女性，如果月經不規律，陰道排液很多，就應該注意做診斷性刮宮來排除子宮內膜癌，爭取及早發現，及早治療。

Q 治療後沒復發，是不是就澈底好了？

A 臨床上對腫瘤治療的評價，是以五年存活率來衡量，如果生存超過五年，就叫「臨床治癒」。如果是很早期就發現並治療，五年存活率能達到85%，甚至95%，越到晚期的患者預後就越差。在五年以後，它的復發率是很低的，但是不能保證完全不復發。

乳癌，多數能治癒

袁　芃

中國醫學科學院腫瘤醫院
內科副主任醫師、醫學博士

　　由於生活節奏的加快、工作壓力大，現在很多女性生育時都超過了 30 歲，有的甚至選擇不生育。即使生育的女性，有很多也不能持續母乳餵養。這些都對女性健康有著很大的危害，為乳癌等疾病埋下隱患。乳癌是可以治癒的，早期發現很重要，學會自我檢查就能及時發現，發現得早甚至不用手術就能治好。

乳癌能夠早發現

　　乳癌是從細胞的惡變而形成腫瘤的，所以它的發展有一個過程。一個細胞是非常小的，十億個細胞聚合在一起，才有一公分那麼大，所以一個腫瘤，從開始發生到長成一個塊，需要一個很長的時間。所以癌症並不是一個急症，而是一個慢性病。在這種漫長的過程中，只要我們多加留意，就能發現蛛絲馬跡。及早發現就能夠達到更好的治療效果。

　　乳癌比較明顯的一個表現就是會出現硬塊，即乳房上有結節，如果摸起來感覺痛，就要注意，但是如果不痛往往就會被忽略。所以一旦出現硬塊，一定要注意。

　　另一個現象就是出現乳頭溢液，在哺乳期間，可能會有一些乳汁，但是如果不在哺乳期間，也有一些水樣的液體溢出，這就要注意了。

　　還有乳頭糜爛，這也是一個症狀。此外如果出現乳頭回縮，或者是乳房皮膚的凹陷，也要引起注意。

　　絕經以後的女性，如果乳房出現疼痛也要引起注意。有時候在絕經前，有的人可能有乳腺增生的情況，隨著月經週期的變化，它會由疼痛變得不痛，如果絕經以後，還有疼痛出現，就要及時去檢查。

　　如果乳房上有橘皮樣病變，就是像橘子皮一樣，有小針眼似的那種坑，這就是很明顯的病變，一般就是比較晚了，但是還沒有到晚期，如果能夠在這種情況出現之前及早發現，對治療是很有幫助的。

乳癌大部分能治癒

很多女性聽到乳癌，就覺得很可怕，其實乳癌在惡性腫瘤裡算是比較「善」的一種，一是它發展得比較慢，容易在初期被發現，二是治療效果比較好，通過手術或者後期的治療，大部分都能夠治癒。現在 70% 的乳癌患者是能夠治癒的，但前提還是要及早發現及早治療。即便是晚期乳癌，也有一部分人能夠長期存活。

男性也會得乳癌

乳癌不只是女性會得，男性也會得。因為男性也有乳腺，只是比較少。男性得了乳癌，自己很容易發現。女性乳房因為脂肪較厚，不太容易摸到，但是男性的乳腺後面就是肌肉，如果有異常，很容易就能摸到一個包。

但是很多人在就診的時候就有些晚了，因為有的男性會覺得不好意思。還有一些人覺得自己是男的，怎麼會得乳癌呢？所以如果男性發現自己乳頭有不正常的現象了，千萬不要因為好面子而不去檢查。

目前，男性乳癌的發病率只有女性的 1%，可能跟內分泌失常有關係，也可能跟遺傳因素有關係。

高危險人群有哪些

乳癌的高危險因素，有一些因素是我們可以改變的，有些因素是我們不能改變的。不能改變的因素，比如女性要比男性多，白種人的發病率比黃種人高。

還有家族史這個因素，我們也不能預防。比如一個女性，她的母系，也就是母親、姨，或奶奶這邊有乳癌的家族史，或者姐妹裡頭有患乳癌的，那麼這個女性就屬於高危險人群。

還有一些因素，比如說月經的情況，也與乳癌有一定的關聯。現在生活條件好了，有些女性月經來得早，一般情況下是在十一二歲，有一些可能更早，比如八九歲就來月經，或者是停經比較晚，到 60 歲或者更晚的時間才停經，這對乳癌來說，都是誘發因素。所以初潮早、絕經晚的女性要警惕。

生育年齡比較晚的女性，乳癌的風險也要高一些。超過 30 歲尤其是 35 歲以後生孩子的女性，比二十四五歲生育的女性，她們得乳癌的發病率明顯要高一些。不生育的，危險因素則更大。此外，肥胖的人也有可能引發乳癌。所以要適當運動、飲食均衡，盡量降低乳癌的風險。

補充雌激素有風險

補充雌激素一方面能減輕更年期的症狀，另一方面，是保持一個年輕的狀態。但是補充雌激素，會增加罹患乳癌的風險。

但雌激素也不是絕對不能補充的，確實有一些更年期的女性，症狀特別明顯，可以少量補充雌激素，但不能長期補充。至於要想通過補充激素而保持年輕的狀態，還是要考慮風險，或者說本身就是得不償失。

 母乳不僅是嬰兒最好的食物，對母親的健康也是非常有好處的。持續餵養母乳的女性，乳癌的發生率明顯降低。

學會自我檢查

乳房是一個體表器官，如果有一些異常的情況，能夠通過自我檢查的方法早期發現，自我檢查的方法如下。

要選擇好時間，最好是在洗澡以後，對著浴室的鏡子就可以做檢查。

第一步：雙手叉腰，觀察自己兩側的乳房或者乳頭是不是對稱，皮膚有沒有改變，比如有沒有凹陷、有沒有橘皮樣的變化等。用叉腰這個動作，就是要讓乳房更妥善地顯露出來，乳房外上方接近腋窩的部位要特別重視，如果雙手垂著，有時候會看不到這個地方。

第二步：用拇指和食指擠壓一下乳頭，看看有沒有乳頭溢液的現象，擠出的水是不是有血性、帶紅色，或者比較稠，如果有這些現象，就要注意了。

第三步：觸摸乳房，檢查左側時，用右手逆時針或者順時針繞著乳頭進行檢查，摸一摸裡面有沒有硬塊或者硬結。要注意檢查接近腋窩的部位，另外還要摸一摸腋窩裡有沒有腫塊。然後再檢查另一側。需要注意的一點就是不能遺漏，各個部位都要檢查到。

如果養成這種自我檢查的習慣，每個月都自己做檢查，一旦有異常，是很容易發現的。

治療也可以不切除

得了乳癌不一定都要把乳房切掉。這要看腫塊的大小和有沒有擴散。如果比較早發現，沒有淋巴結的擴撒，腫塊也比較小，即便手術也是可以保留乳房的。

保留乳房之後，後期的治療要稍微多一點，但是療效是一樣的。有些人想保留乳房，但腫塊比較大，就需要通過術前化療，讓腫瘤變小，然後再做手術，也是有可能保留乳房的。

能不能保留乳房，要因人而異。病情不一樣，長的位置不一樣，治療的方案也不一樣。千萬不要自作主張，一定要聽醫生的建議。

需要注意的是，手術只是治療的一部分，並不是全部，多數情況下，術後還需要接受其他治療，比如化療、放療，或者其他的口服藥的治療，這些都是一個長期的過程。有些人可能覺得做完手術就治好了，其實並不是如此，還會有復發的風險，後期治療就是為了降低這種復發的風險，所以後期治療不能忽視。

專家 Q & A

Q 乳房上有腫塊，就是乳癌嗎？

A 乳房腫塊有很多種情況，比如腺瘤、增生，還有囊腫等，炎症也可能表現為腫塊，有的還會有點痛，但並非都是惡性腫瘤，所以不要過於緊張。

有一些生理性增生，比如快來月經之前，乳房會有脹痛酸脹的感覺，可能觸摸到乳房有疙瘩，月經以後就變軟了。但是如果是已經絕經，乳房上出現了腫塊，那就要注意，因為乳癌發病的年齡高峰，是在 40 ～ 50 歲，這種情況下最好到醫院去檢查。

Q 查出有乳腺增生，是不是會轉變成乳癌？

A 乳腺增生和癌之間沒有必然的聯繫，但是乳腺增生有一小部分人可能會轉變成癌，但這種情況並不常見。如果有乳腺增生，還是要定期檢查，排除癌變的可能性。很多人檢查出乳腺增生，可能不會採取積極的治療，因為沒有特別有效的藥，但是要有警惕。如果乳腺出現增生，不隨著月經週期而變化，一直有腫塊存在，就應該定期複查。

Q 得了乳癌，子女會不會也得？

A 乳癌的致病因素，第一個就是遺傳因素，在整個乳癌患病人群中，有10～20%是與遺傳相關的。得了乳癌，子女再得乳癌的機會比正常人要高。而且患者本人一側得了乳癌，另一側再得的機會，也比正常人高十倍。直系親屬得乳癌的機會則比正常人高四倍。

Q 除了遺傳，還有哪些因素會導致乳癌？

A 首先高脂肪、高蛋白、低纖維素的飲食人群，發生乳癌的機會要高。其次是肥胖，50歲以上的女性，體重比正常女性每高十公斤，得乳癌的機會就會比正常人高60%。最後是運動因素，平時不做運動的女性比每天運動四小時以上的女性，乳癌發病率高80%。

泌尿生殖系統

11

- 子宮肌瘤，育齡女性最易得
- 卵巢囊腫，手術治療最澈底
- 婦科異常出血，是身體疾病的信號
- 月經不調也是病
- 盆底功能障礙，預防勝過治療
- 妊娠高血壓，有了水腫要警惕
- 妊娠糖尿病，寶寶深受其害
- 乳腺疾病，要重視預防
- 攝護腺肥大，出路受阻讓男人更難
- 男性不育，治療要有好心態
- 小睪丸症，整形不是根本辦法

子宮肌瘤，育齡女性最易得

翟建軍

首都醫科大學附屬北京同仁醫院
婦產科主任、主任醫師

女性到了一定的年齡，特別是 30 歲以後，婦科疾病就容易發生，特別是子宮肌瘤的發病率，近年呈明顯上升趨勢。子宮肌瘤不僅會影響到女性懷孕，嚴重甚至需要切除子宮，造成不可避免的創傷。但是只要注意管理，絕大多數不需要手術，能與子宮肌瘤「和平共處」。

子宮肌瘤不可怕

子宮肌瘤，目前在婦產科門診是最常見的疾病之一，很多人一聽到瘤，都覺得可怕，其實子宮肌瘤大多都是良性腫瘤，有數據表明，99.6% 是良性的，只有 0.4% 或者更少一點是惡性或者會發生惡變。

子宮肌瘤發生以後，不必過多地擔心，每三個月，或者半年複查一次，做好管理，一般都不會有問題。

子宮肌瘤影響最大的是貧血，有的女性月經量多，老是淋漓不盡，這樣時間一長，就會出現貧血，如果血紅素（血色素）低於 80 克／升，就稱為嚴重貧血，工作生活都會受到很大的影響，表現為面色蒼白、無精打采。

這些症狀需警惕

有一部分人，得了子宮肌瘤後沒有任何症狀，即使長得很大，也感覺不到，這種情況叫「無症狀型」。但是大部分患者，還是能夠發現一些蛛絲馬跡。

子宮肌瘤最常見的症狀就是出血，這種出血可以是月經量增多，可以是月經紊亂，也可以是月經前或月經後點滴狀出血。其他疾病如卵巢囊腫、子宮頸癌等都有出血症狀，所以出血並不是子宮肌瘤的典型特徵，但卻是最常見的症狀。

　　子宮肌瘤的第二個症狀就是疼痛，可能感覺到下腹部疼痛、腰薦部疼痛、後背痛，或者是下肢痛。另外可能會在下腹部摸到一個大腫塊，很多患者都是無意中，比如洗澡的時候，摸到肚子裡有一個硬硬的東西，到醫院查，是一個大的子宮肌瘤。

　　子宮肌瘤還有一個常見的症狀，就是尿急，老是想小便，有時可能會尿褲子，結果檢查發現，就是子宮肌瘤引起的。

子宮肌瘤偏愛育齡女性

　　與 99% 以上腫瘤一樣，子宮肌瘤的發病原因也不很清楚。但是子宮肌瘤大多數都發生在生育年齡階段，絕經以後就不再發生，在青春期之前，也很少發病，而且絕經以後，子宮肌瘤就會自然慢慢縮小。

　　曾經有專家做過實驗，小老鼠每天打一針雌性激素，發現打激素的小老鼠，很快就出現了子宮肌瘤；沒打激素的就沒有出現。所以現在一般認為雌激素在子宮肌瘤的發生發展過程中，發揮很重要的作用。但是激素絕對不是唯一的因素，其他的因素，比如社會壓力大，也都發揮相當重要的作用。

彩色超音波檢查最簡單

　　婦產科醫師通常用一雙手就能發現子宮肌瘤，正常情況下，用手就能夠摸到兩三公分大的腫瘤。

　　除了觸診之外，婦產科最常用的就是超音波，一般是腹部超音波，或者經由陰道，採用不需憋尿的彩色超音波，可以清楚把子宮肌瘤顯示到螢幕上，長在什麼位置，有多大，會不會影響正常生活，都能一目瞭然。目前確診子宮肌瘤最好最便宜的辦法，就是彩色超音波。

　　除了彩色超音波之外，CT 電腦斷層、核磁共振成像也是非常好的辦法，但是因為有放射線，會對身體造成影響，而核磁共振成像比較昂貴，所以用得最多的檢查方法，還是婦科檢查和彩色超音波。

和平共處是可能的

　　絕大多數的子宮肌瘤，並不需要手術，只要我們把它納入管理範圍，定期觀察就可以了。因為很多子宮肌瘤，在絕經以後或者是 50 多歲以後，體內的雌激素減少了，子宮肌瘤就會慢慢縮小，甚至消失。

這些情況需要手術

雖然大多數情況下注意觀察就行了，但有幾種情況還是需要手術。

（1）子宮肌瘤引起嚴重症狀，比如貧血非常嚴重，經過藥物治療也沒效果。

（2）子宮肌瘤很大，壓迫盆腔的神經，有明顯疼痛，這種情況，藥物治療效果一般都不太好。

（3）肌瘤長得非常快，一兩個月就從一兩公分長到五六公分甚至更大，這時要高度懷疑發生惡變，做手術是必要的。

（4）小便憋不住，影響正常工作生活，這種情況下，把腫瘤切掉是可以考慮的一種辦法。

（5）懷孕困難，需要手術摘除肌瘤。如果肌瘤比較小，沒什麼症狀，一般來說，可以先嘗試懷孕。如果反覆懷孕都不成功，就要把腫瘤拿掉，但手術一定要以保護好生育能力為前提。

手術多種多樣，方法也不複雜

手術不像大家想像的那麼可怕，手術有很多種，現在最常用的是腹腔鏡手術，就是在腹壁上打幾個洞，用腹腔鏡把肌瘤拿掉，或者把子宮全部拿掉。另外一種辦法，就是宮腔鏡手術，用於黏膜下子宮肌瘤手術。

除手術之外，現在運用較多的是一種介入法，因為子宮肌瘤的生長需要血液供應，只要把供應肌瘤的血管堵住，不供給它營養，子宮肌瘤就會慢慢萎縮，甚至消失。還有一種介入法，叫「彩色聚焦超音波」，用一種超音波，通過腹部把大量的能量聚焦到瘤體上，就能把子宮肌瘤消掉，這可以解決一部分子宮肌瘤的問題。

上面所說的辦法都是可以採用的，但需要根據病情合理選用。

手術之後的護理

子宮肌瘤手術後的護理，首先需要心理安慰，很多女性認為做完手術，把子宮切掉了，就不是完整的女人了，會有心理方面的負擔。其實一般情況下，手術是不會切除卵巢的，卵巢沒有切除，對於女性的性徵不會有什麼影響，所以完全沒必要顧慮，應該為切掉子宮肌瘤而感到高興才對。

手術以後，充分休息也很必要，因為盆腔的手術，把一個器官拿掉，還是會受到一定的影響，所以手術後要注意休息，恢復以後要注意鍛鍊身體。

專家 Q & A

Q 預防子宮肌瘤在飲食和生活上有沒有需要注意的地方？

A 到目前為止，還沒有發現可以預防子宮肌瘤的方法。但是如果身體健康、心理健康，持續運動鍛鍊，保持良好的工作和生活習慣，子宮肌瘤的發生率可能會低一些。

Q 六七十歲的人會得子宮肌瘤嗎？

A 子宮肌瘤主要發生在生育年齡的婦女，最常見的發生年齡是 30 ～ 50 歲，一般絕經以後，子宮肌瘤就慢慢地縮小或者消失了。但是絕經以後有一小部分患者，子宮肌瘤不見縮小反而增大，這種情況要高度警惕是不是發生惡變。即使年齡大了，也還是應該每年檢查一次。

Q 51 歲得了子宮肌瘤，想等歲數大點再做手術，還需要每年檢查嗎？

A 子宮肌瘤在絕經以後，往往會逐漸地縮小或消失，所以 51 歲是比較安全的年齡了，如果沒有其他症狀，不需要做手術。但是每半年還是有必要檢查一次。

Q 有什麼辦法可以避免或減少發病？

A 子宮肌瘤的病因，到目前為止還不太清楚，雖然高度懷疑雌激素在其中發揮很重要的作用，但並不能確定。因為卵巢功能好的時候，才會長子宮肌瘤，如果把卵巢拿掉，這種辦法是可以從根本上預防，但是這樣會加速衰老，所以是不可取的。最可行的辦法還是定期檢查。

卵巢囊腫，手術治療最澈底

孟元光
中國人民解放軍總醫院
婦產科主任醫師、教授

卵巢囊腫是很常見的女性疾病，看似小病但危害卻不可小覷，如果我們不多加注意，它很可能會演變為一種非常嚴重的病變，那就是卵巢癌。卵巢囊腫與月經週期紊亂、不注意衛生有很大的關係，一旦患病，手術治療最為澈底，但復發率很高，所以手術後也要密切觀察，定期檢查。

卵巢囊腫很常見

卵巢囊腫是女性生殖系統疾病中非常常見的一種病，卵巢囊腫就是長在卵巢裡的囊腫，有生理性囊腫、上皮性囊腫，還有非贅生性囊腫。病理類型有 20 多種。其中比較常見的就是生理性囊腫。

在育齡女性中，最常見的就是雙側卵巢的子宮內膜異位囊腫，也叫「巧克力囊腫」，雖然是一種良性疾病，但有惡變的可能，不可小視。

危害非常大

一般來說，青少年女性多發畸胎瘤，包括子宮內膜異位囊腫。如果得了畸胎瘤，劇烈活動，比如跑步或者仰臥起坐，或者其他體位的猛烈變化，就容易發生卵巢扭轉，引起急腹症，如果扭轉得非常厲害，這一側的卵巢可能保不住了，要切掉。

急腹症腹痛、噁心、嘔吐、眩暈、暈厥等表現，還會發生休克。如果出現了急腹症的表現，要急診處理，馬上手術，否則就會感染、休克，造成卵巢不可挽回的損害，進一步的損害還可能會發生癌變。

對青少年女性，在運動以後要注意，有沒有經常出現下腹痛，或者忽然疼痛，一會兒又緩解了，如果出現這種情況，就要及時檢查有沒有畸胎瘤的發生，因為扭轉了以後，還可以復位，復位就不痛了。

由於卵巢囊腫早期症狀不明顯，一般不容易被發現，最好的方法就是定期體檢，每年至少做一次體檢，才可能及早發現、及早治療。

與月經週期有關

不同囊腫有不同的發病機制，常見的子宮內膜異位囊腫多與經血逆流有關。正常情況下，女性的月經是從子宮往下流的，但是有一部分可能順著輸卵管流到腹腔裡面，到腹腔裡以後，活性的子宮內膜就有可能種植在卵巢上，逐漸地，囊液就越積越大，形成囊腫，因為囊腫含鐵血黃素比較多，顏色很像巧克力，所以也俗稱「巧克力囊腫」，實際上就是卵巢的子宮內膜異位症。

之所以叫「生理性囊腫」，主要跟月經的週期有關係，只要是排卵以後，就可能會形成黃體囊腫。建議女性在月經結束後 3 ～ 7 天做檢查，可以避免生理性囊腫的一些假象。

預防方面，最重要的就是避免經血逆流。一是要保持經期衛生，因為經期容易產生一些易感染的因素，容易發生經血逆流。二是要注意避免人為傷害，比如有的女性懷孕以後，可能不想要孩子，需要做人工流產或者藥物流產，這些情況都會人為地造成經血逆流，增加子宮內膜異位症的風險。

手術治療最澈底

如果明確發現了卵巢囊腫，多數情況下都要做開腹手術。現在的手術方法多用的腹腔鏡手術，這種手術創傷很小，只需要在腹壁上打幾個洞，用腹腔鏡就可以完成手術。有的醫院還可以通過陰道，做囊腫剝除，一般是針對生育過的女性。

手術主要是把囊腫剝除，因為囊腫長在卵巢裡，需要把卵巢的皮質切開，才能把囊皮剝出來，但對卵巢的傷害不會太大。對於尚未生育的女性來說，也不會造成生育方面的影響。有的不孕症女性可能就是子宮內膜異位囊腫造成的，去除囊腫以後，反而對她的生育會有更大的好處。

很多患者覺得囊腫還不大，不需要去做手術，或者可以借助超音波穿刺，其實這都是錯誤的。卵巢囊腫最好還是採取手術剝除，把囊皮剝下來以後，通過病理診斷，才能判斷囊腫是良性還是惡性。而且囊腫有很多類型，不同的組織類型，復發率是不一樣的，通過介入手段比如穿刺進行治療，不可能澈底。

復發很普遍

卵巢囊腫的復發率比較高。因為卵巢是雙側的，可能這次發現一側囊腫，下次又會長在另一側，而且即使是同側，囊腫消除後，也還是會再發生，復發率甚至達

30～40%，所以手術之後，還要用一些藥物延緩復發，並且要嚴密隨訪，不能掉以輕心。

對沒有生育的女性，醫生一般會建議她盡快懷孕、生育，因為懷孕和生育對子宮內膜異位囊腫本身就是一種治療，專業術語叫作「假孕療法」。

專家 Q & A

Q 哪些徵兆需要檢查卵巢囊腫？

A 卵巢囊腫早期可能沒有什麼症狀，有些囊腫在比較大的情況下，自己能摸到。有時感覺到肚子不適，或者體位有變化時，如肚子有下墜的感覺，而且有痛經，這些情況下就要去做相關的檢查。

Q 月經不規律是不是容易得卵巢囊腫？

A 囊腫與月經不調的關係不是很大，影響月經的主要是功能性腫瘤，卵巢囊腫多是生理性的。月經週期縮短或者延長，應該做一些女性內分泌的檢查，同時建議做診斷性的刮宮，排除一下子宮內膜的病變。

Q 自己買藥吃能治好嗎？

A 從西醫角度來說，吃藥治療是不可取的，不可能通過藥物將囊腫消掉。卵巢囊腫只有做手術才能解決。

Q 卵巢囊腫會癌變嗎？

A 卵巢囊腫是會癌變的。如果發現囊腫，通過診斷確定是病理性囊腫，應該及早做手術。一旦發生惡性變化，很可能就會引發卵巢癌。

絕經的女性也要特別注意，絕經以後，如果出現卵巢囊腫，會有20～25%的惡變率，不要掉以輕心。而且絕經以後出現囊腫，由於卵巢已萎縮，有時不容易查到。所以定期檢查是非常必要的。

婦科異常出血，是身體疾病的信號

史宏暉
北京協和醫院婦產科醫學博士
協和醫院教授、碩士研究生導師

陰道出血是女性特有的生理現象，正常的出血對健康沒有影響，但如果出現異常，如不在生理期出血、絕經後出血，則要高度重視，因為這極有可能是身體出現病變的信號。女性異常出血原因多種多樣，不同的原因需要不同的應對辦法。保持積極的情緒，讓激素保持平穩才能有效預防異常出血。

留心自己的生理週期

女性的生殖器官，主要是由子宮和卵巢組成，輸卵管把這兩個器官連在一起，因為受到激素影響，子宮內膜每個月都要脫落一次，所以就會來月經。整個月經過程，實際上是身體一系列變化的結果，也是一個非常複雜的過程。

一般來說，28 天是最標準的月經週期，當然也允許這個週期在一定的範圍內波動。一般 24 ～ 35 天都可以，出血時間一般是 3 ～ 7 天，出血量一般是 60 ～ 80 毫升。

一般情況下我們自己並不能準確測量出血量，但可以用一個簡單的方法來判斷，那就是每次用衛生棉的數量，日用的衛生棉一個月最好不要超過二包，一般應該在一包以內，正常使用情況下，如果使用量太多，那就說明月經量多了。

出血的時間和週期，都很好掌握，只要留心記錄一下即可。

異常出血的危害

出血多，首先會造成貧血，因為一個正常飲食的人，是不應該出現貧血的，但如果出血太多，又沒有及時為身體補充，必然會造成貧血。

貧血有很多危害，最常見的是造成頭痛、頭暈，使人注意力不集中，降低工作效率，如果在開車過程中出現頭痛、頭暈，是相當危險的。

其次，反覆出血會造成抵抗力下降。生殖道長期在一個有血的環境中，很容易感染細菌，造成盆腔炎症，對於還沒有生育的女性來說，如果盆腔有炎症，很可能會影響將來的生育。

出血原因多種多樣

月經出血是子宮內膜脫落引起的，如果出現出血異常，首先可能就是子宮出了問題，比如子宮內膜發生病變，子宮頸長瘤等，都會造成月經不正常。

出血異常，也可能是生理結構或者功能性改變引起的，比如卵巢功能出了問題，或是高級調節中樞下視丘出了問題造成激素波動。

子宮內膜病變是引起異常出血的常見原因，比如子宮內膜息肉，這種出血一般量比較多，而週期是正常的，或者出血時間長一點，隨後滴滴答答不乾淨。子宮內膜的另一種常見疾病變是子宮內膜癌，這種出血完全沒有規律，可能很長時間不來，一旦來了量又特別大，很多時候會出現血順著腿往下流的情況，而且出血時間也會比較長。

另一種引發因素是子宮肌瘤，它是一種良性腫瘤，但發病率非常高，成年女性，大概有 1/4 的人會有這種病，但是並不是所有的肌瘤都會造成異常出血，只有特殊部位的肌瘤才會造成不正常出血，出血的特點是量特別大，止不住，而且時間很長。

子宮肌腺症的出血也是一種不正常出血，子宮肌腺症的出血有一個重要的特點，就是在出血的時候肚子非常痛，有時需要用配西汀來止痛。

子宮頸癌和子宮頸癌前病變的出血，主要是接觸性出血，就是在性生活的時候有出血，運動劇烈的時候也可能會出血，出血量一般不會很大，平時都是滴滴答答的，只有到了晚期才會有大量出血。

功能性的改變，主要是下視丘出現問題，比如情緒波動太大，身體狀態不好，影響了卵巢的調節功能，造成出血。這種出血一般也是沒有規律的。

原因不同，治療方法不同

對於功能性改變引起的異常出血，主要是要調節功能。中醫用中藥來調節，西醫會用激素，主要是以孕酮為主進行調節，比如月經不來，可以吃點孕酮，每個月吃一次，就會每個月來月經。更年期的女性，如果月經一直不規律，滴滴答答出血，就要先把血止住，然後使用一些激素，讓每個月都能正常來月經，這樣就能達到改變異常出血的目的。

如果是生殖器官的結構出現問題，就要糾正結構的異常，這樣才能達到真正治癒的目的。比如子宮內膜息肉，如果病變不去除，只使用藥物，可能沒有效果，治療方法就是手術。一般子宮內膜息肉手術，相對比較簡單，只要把息肉拿掉就可以了，而子宮肌瘤現在一般使用腹腔鏡手術就可以治癒。

子宮內膜的癌前病變，手術前要考慮患者情況，是否保留生育功能，採用的辦法是不同的。只要不是惡性腫瘤，一般來說都應設法保留子宮，如果是惡性腫瘤，保住的機率就不太大了，而且卵巢也要同時切除。

對於子宮頸癌，如果是癌前病變，是可以考慮保留子宮的，一旦變成了真正的子宮頸癌，對絕大多數女性來說，都要把子宮拿掉的，但如果是早期的，卵巢就可以保留。卵巢保留，對於身體狀態和生活品質影響就不會很大。

管好情緒最重要

預防異常出血，首先要維持激素平穩，我們只有管理好自己的情緒、生活規律、心態平和，才能夠確保激素的正常分泌和發揮作用。

對於結構性改變引起的陰道異常出血，是沒有什麼預防的好辦法，唯一能做的就是每年一次體檢，及時發現異常情況，進行相應的處理。

發現身體異常後，正確對待也很重要。有的人大刺刺的，有病也不當回事，等到覺得有了問題再檢查時，可能問題就比較嚴重了。還有一種人，小心謹慎，太關注自己，很容易出現焦慮、緊張，比如正常應該是 28 天來一次月經，那麼這次 26 天來了，就覺得不對了，要看醫生了，過分的緊張焦慮反而會影響激素的分泌和發揮，打亂正常的生理週期。

專家 Q & A

Q 月經週期總是不正常，怎麼區分是月經還是其他原因的出血？

A 正常的月經週期在 24 ～ 35 天，出血時間是 3 ～ 7 天，量也正常。假如超出這個範圍，比如 20 天甚至更短就來一次，或者 45 天才來一次，就是不正常了。這種情況要進行相應的檢查。如果是從月經初潮開始就有自己的規律，那麼即使是 40 天一次也可以，如果這次 20 天，下次 50 天，這可能是卵巢的功能有問題，應該針對卵巢功能進行調節和治療。

Q 懷孕了有出血，是黑色的，有什麼問題嗎？

A 在懷孕早期，大概有 10 ~ 20% 的人會有一些出血，量很少，色很深，大多數是沒有問題的，因為受精卵要鑽到子宮內膜裡面，在植入的過程中，會有一些血管的侵入，所以會有一些出血。如果出血時間很短，不超過 7 天就結束了，是沒有問題的，但如果持續時間較長、鮮紅、量多，或者整個孕早期一直在出血就有問題了。這時要考慮是不是胚胎有問題，一定要到醫院檢查，決定妊娠能不能維持。

月經不調也是病

許　昕
首都醫科大學附屬北京中醫醫院
婦科主任醫師、教授

有規律的月經是女性身心健康的標誌之一，所以一定要維護好自己的月經，讓它細水長流，維持到更年期到來。但月經不調有時也是不可避免的，月經出現問題，不要緊張，你可以像對待感冒一樣找醫生診治，大部分的月經疾病都是可以治癒的。平時生活要注意調理，保持規律的生活、健康的飲食、積極的情緒，並注意保暖，這些都能有效預防月經不調的發生。

瞭解自己的生理週期

月經不調是一種通俗的說法，並不是一個疾病的診斷。

正常月經每月一次，這是一種生物節奏，只要是正常女性，都會遵循這個規律。女性一定要有週期的概念，有的人甚至意外懷孕了，自己都不知道，可見對自己的生理週期很不在意。

此外，每次月經的量也要注意，一般在 30 ～ 80 毫升為正常。可以通過使用衛生棉的量來獲知。一般衛生棉都是十條一包，每個月使用量在 1 ～ 2 包，就是正常的。

月經的天數應該是 3 ～ 7 天，不要超過一週，如果淅淅瀝瀝總是不淨，就不正常了，中醫叫「崩漏」，西醫叫「功能失調性子宮出血」，這是很嚴重的。或者只來一兩天，量也很少，這也是不正常的。如果月經稀少，甚至閉經，也是很嚴重的。

總之，月經病包括很多方面，這裡所提到的週期改變，月經提前或者錯後，或者完全沒有規律，還有血量的改變，包括月經過少或過多，還有一些像排卵期出血等等，都是月經不調的表現。

痛經也是月經不調

有的女性在經期及其前後，出現小腹或腰部疼痛，這種症狀叫作「痛經」。這種疼痛隨月經週期而發，嚴重者可伴隨噁心嘔吐、冷汗淋漓、手足厥冷，甚至昏厥，

給工作及生活帶來影響。

痛經一般在未婚的青春期女性中較為常見，隨著內分泌功能的逐漸成熟，痛經會逐漸減弱，直到消失。誘因可能與受冷，或者飲食過於生冷有關，情緒不好、工作壓力太大、過於緊張也會引起。

除了月經規律失常和痛經，還有一種表現就是來月經的時候頭痛、浮腫、脾氣暴躁，或者有腹瀉，甚至發熱、患蕁麻疹，月經過去自然就好了，這種現象醫學上叫「經前期症候群」。

月經不調是多種原因造成的

導致月經不調的因素很多，常見的就是感受了寒邪，比如受了風寒導致痛經，或受了熱邪，比如辣椒吃多了，引起月經過多。濫用補藥、吃溫熱補品，也會引起月經失調。這些是外來因素，中醫叫「感受外邪」。

內因方面，可能臟腑功能出了問題，比如有其他疾病的影響，或者吃藥不當，或是體質不好導致氣血陰陽失衡，自然就會發生月經病。

還有一種因素就是「情志」。中醫叫「七情致病」，暴怒、憂鬱等，凡是非常不愉快的情緒，都可能誘發月經病。其他如工作節奏的加快、生活環境的改變，都可能在月經方面有所反映。

量多量少都不好

月經量過多或過少對身體都是不利的，多了首先會引起貧血，因為月經出血也是一種失血，剛開始的時候，出血量多，可能不會有明顯不舒服的感覺，如果一直失血，整個人體組織、器官都會缺血。最明顯的表現就是面色蒼白，處於亞健康的狀態，長期下去，身體必然會受到較大的影響。

月經過多，可能反映出一些器質性的病變，比如黏膜下肌瘤、多發性子宮肌瘤，以及其他宮腺疾病，這些疾病最常見的表現就是出血量多，不檢查是不容易發現疾病的。而且發現晚了，也會給治療帶來較大的困難。

月經持續過少，很可能會使女性過早絕經。一般女性大概在 49 歲絕經，如果提前絕經就會加速人體衰老，出現骨質疏鬆症，心血管疾病的發病率會增加，還會出現阿茲海默症，如果發現自己絕經才想到看病，就晚了。

引起月經過少的原因，一是垂體功能減退，導致卵巢雌激素分泌不足，使子宮內膜增生不夠；二是子宮本身的病變，比如子宮內膜發育不良、子宮內膜結核，以

及粗暴刮宮損傷了子宮內膜等。此外，個體差異也會存在量過少的情況，生理性經量較少沒有危害，但如果過少，需要到醫院做詳細檢查。

及時補血防貧血

正常月經失血量不大，一般不需要額外補充，身體會有一種調節機制，幫你恢復這種平衡。對於月經來了以後非常難受，可以適當吃點紅棗或桂圓，一是紅棗和桂圓有生血的功效，二是可以暖宮止痛，緩解經期不適。

如果已經貧血，要注意補血，一般服用鐵劑來補充。也可以在生活中注意食用一些具有補血作用的食物，比如烏骨雞、桂圓、桑葚、黑芝麻、紅糖、雞蛋、黑木耳、菠菜等。

預防月經不調

預防首先就是飲食要有規律，而且不要過飽或過飢。很多女性因為怕胖，經常只吃菜和水果，不吃主食，中醫講五穀雜糧是營養五臟的，食物吸收以後化作營養，可以不斷補充精血，不吃主食，營養就會缺失，精血就會不足，月經自然也會受影響。

其次是要調整自己的心態，注意休息。精神緊張、工作累、壓力大是造成月經不調的外部原因之一，保持良好的心態也是非常必要的。

盡量使生活有規律，熬夜、過度勞累、生活不規律都會導致月經不調。

還要防止受寒，特別是經期不要冒雨涉水，無論何時都要避免小腹受寒，天氣寒冷時，可以用熱水袋給腹部取暖。

專家 **Q** & **A**

Q 月經之前吃點益母丸、益母膏可以嗎？

A 益母丸、益母膏都是比較平和的藥，包括顆粒、沖劑、糖漿，都可以吃。但要了解吃這些藥只是為了調節，使月經通順，如果經期有點不舒服，吃兩三天沒問題，但不能提前吃、一直吃，如果有問題，最好還是去看病。

Q 月經不調，可以吃黃體酮嗎？

A 黃體酮就是孕酮，一般用於月經過期的患者，黃體酮停了以後就會出血，但不是卵巢排卵以後來的正常月經，偶爾用一次可以。黃體酮還可以幫助甄別是不是懷孕，有一些月經過期是因為懷孕，這時用了黃體酮，若停藥後也不來月經，就該想到可能懷孕了。黃體酮的第二個作用是保胎，用於懷孕後有先兆流產的情況下，因為黃體酮可以提高孕酮水平，但黃體酮絕不能常用，否則會使卵巢拒絕工作。

Q 月經不調與職業有關嗎？

A 有一些關係，比如長期涉水作業的女性，受寒的機會多，痛經發生的機會就多。長期住地下室的女性，痛經也比較常見。

Q 剛結婚的女孩月經不調，還能懷孕嗎？

A 月經不調有不同的種類，如果已經月經不調，首先應該治病，讓內分泌的狀態恢復正常，調節好以後就可以懷孕。

Q 年齡大了月經量會減少嗎？

A 月經量不會隨著年齡的增長逐漸減少，月經量一般是恆定的。如果減少，一定是有原因的，比如經常意外懷孕，反覆做藥物流產或者人工流產，對身體造成損傷，就會減少。

但是相對來說，40歲可能會比20歲的時候少，因為中醫認為，女性最寶貴的是陰血，生育、哺乳以及每月一次的月經，都會失血，所以到了40歲的時候會有陰血減少的過程，但是週期不會亂。整體而言，如果出現減少，還是應該去看醫生。

Q 剛來月經時食慾不好，應該怎麼調理飲食？

A 這期間的飲食原則是想吃什麼吃什麼，且要容易消化又有營養。少吃沒關係，可以多餐，通過點心來補充。

盆底功能障礙，預防勝過治療

馬　樂

首都醫科大學附屬北京婦產醫院
男科主任醫師

有一種婦科疾病，知道的人非常少，有些人甚至連它的名字都沒有聽說過，那就是「盆底疾病」。其實這種病的發病率並不低，在中年婦女中，發病率甚至達到1/3以上，正是由於人們對它的不瞭解，很多人往往會耽誤治療，從而帶來很多的後患。盆底出現問題，一般會比較麻煩，所以積極預防是最重要的，注意休息和適當鍛鍊也是預防的最好方法。

盆底功能障礙普遍存在

盆底，其實就是骨盆的底部，主要由肌肉、筋膜等軟組織構成的。如果它出現問題，發生功能障礙，就叫作「盆底功能障礙疾病」。這種疾病雖然聽起來好像並不常見，但是在實際生活中卻經常存在，特別是中老年女性，有些很常見的症狀就是盆底功能障礙疾病，只是沒有注意罷了。

常見症狀如咳嗽時，或者在做跳繩等劇烈運動的過程中，尿液流出來了，也就是尿失禁，就是由於盆底功能障礙造成的，發病率很高。成年女性有相關盆底功能障礙疾病的一些症狀比例超過了1/3。另外，有時候排尿有點困難，或者尿不淨，這些問題也可能與盆底功能障礙有關，比如膀胱脫垂。有時候尿頻、尿急，但並不是尿路感染，這種情況也是盆腔臟器脫垂造成的。此外，比較常聽到的子宮脫垂也是盆底功能障礙疾病的一種。另外，大便失禁，排便有困難，這些問題有時與盆底功能障礙也有一定的關係。

盆底的不可承受之重

骨盆在身體結構中是比較結實的，裡面有子宮、卵巢等生殖器官，還有膀胱、尿道、直腸等。我們站立的時候，因為這些臟器自身有重量，尤其是膀胱儲存尿液的時候，或是直腸儲存了糞便的時候，就會形成一個向下的力量。另外腹腔臟器在站立時也有一個重力。其他如咳嗽會使胸腔壓力增大，會通過膈肌影響到腹腔。

以上這些壓力最後都會集中到盆底，對盆底組織形成很大的衝擊，而且這種衝擊是持續性的，只要不是躺著，盆底就需要持續承受這些壓力。人年齡大了、衰老了以後，盆底內的各種組織必然會減弱原來的支撐力，當向上支托的力量不足時，就會出現各種器官下垂的症狀，引發一系列的疾病。

引起女性盆底功能障礙疾病的另外一個重要原因，就是妊娠分娩。妊娠分娩會對盆底產生很大的影響。因為女性要生育，盆底中間有個最薄弱的環節，就是陰道。當胎兒經過陰道分娩的時候，頭顱和整個身體是從這裡娩出的。分娩過程中，會對盆底組織造成一定的損傷。有的女性生育以後就有明顯的疾病症狀出現，據調查，陰道分娩的女性，發生尿失禁的比例將近 1/5。

預防勝過治療

隨著年齡的增加、衰老進程的加快，盆底相關的損傷也會逐漸加重，所以年齡越大，病情越久，症狀會越來越重。早期若能採取一些預防措施，就能避免病情進一步發展，否則治療起來會麻煩，比如子宮脫垂，如果到了三度脫垂，就只能手術了。所以早期預防，早期控制，延緩或阻止病情的發展，是最好的辦法。

非手術治療一般都能見效

盆底功能障礙疾病，治療主要有兩類，一類是非手術治療，另一類是手術治療。一般來說，只要病情不是太嚴重，持續做非手術治療，都能達到一定的效果。

非手術治療最好的方法，就是做盆底的康復治療。規律地訓練盆底肌肉，增強或恢復盆底肌肉的強度，使它重新具有支托的力量，保持支撐內部重量的功能，或抵消上面下垂的力量，保持上下內外的平衡。

另外一種非手術治療，就是使用電極刺激。通過一些電極，放在外陰或陰道等部位，去刺激盆底肌的收縮。因為從生理學角度來說，給肌肉通上電流，肌肉就會收縮，就能讓盆底肌進行一個被動的訓練，增強肌肉的支托力量，從而糾正盆底功能異常。

另外，對於老年患者，因為絕經以後，體內的雌激素水平下降，在進行非手術治療的過程中，可以適當補充雌激素，增加肌肉的敏感性和肌肉的營養，增強肌肉訓練的效果。

對於有尿頻、尿急症狀的，可以使用一些對症性的藥物，如抑制膀胱收縮的藥物等，進行一些輔助治療。

手術是最後的選擇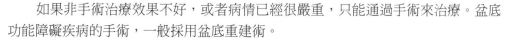

如果非手術治療效果不好，或者病情已經很嚴重，只能通過手術來治療。盆底功能障礙疾病的手術，一般採用盆底重建術。

重建就是要人工修復盆底，就像我們的房子，支柱壞了，房子就不結實，想要恢復牢固狀態，就必須補充或增加一些房梁或鋼筋。對於盆底重建，要使用一些人工合成的修復材料，比如聚丙烯，也就是尼龍材料，因為尼龍材料在體內是不會被身體吸收的。手術過程就是通過陰道，或者在其他部位打開切口，然後把這些材料送到盆底，對盆底進行適當的修復，來恢復盆底的正常結構，或改善盆底的功能。一般來說，大多數情況下都不會做盆底重建，重建只是最後的辦法。

手術以後的護理很重要，因為放進去的材料與組織之間存在一個癒合的過程，一般在術後三個月內，不要做重體力活，因為修復材料與人體本身的組織沒有長結實的時候，一用力產生了腹壓之後，很可能就會使材料錯位，或者掉下來，手術效果就會受影響，但輕微的日常活動是沒有問題的。

修復材料畢竟是異物，在癒合過程中，可能會有人體產生排異的反應，所以一旦有異常，要及時與醫生進行溝通，並定期隨診。另外，手術後短時間內，傷口沒有癒合的情況下，要暫時避免夫妻生活。

休息與鍛鍊是最好的預防方法

預防盆底功能障礙疾病，最重要的是要持續做盆底訓練，目的就是增強盆底肌肉或組織的力量。在家自己做，或者上醫院通過機器輔助也可以。特別是妊娠期間和分娩以後，是盆底功能訓練的最好時機。因為在胚胎逐漸發育的過程中，子宮、胚胎、羊水等會對盆底形成巨大的壓力，會對盆底形成一個慢性損傷，而分娩的過程，又會對盆底造成急性損傷，這些損傷是盆底功能障礙發病最重要的原因。

分娩以後，最重要的就是要休息好。產後身體需要有一個生理性的修復過程，坐月子，少活動，多臥床休息，對於促進盆底和各種器官的恢復都是有好處的。如果這個時候，再人為地對盆底進行訓練，強化盆底的康復，效果會更好。

平時生活中，也需要適當注意保護盆底。最重要的是不要長時間站立。過去紡織女工子宮脫垂的發病率比較高，就與長期站立有關，現在有些職業也需要長時間站立，要格外注意，有機會就要坐下來休息。

專家 Q & A

Q 不手術，吃中藥可以嗎？

A 如果脫垂已經很嚴重了，必須手術，用非手術方法復位是很困難的。補中益氣的中藥對預防和治療確實有一定的效果，但作用畢竟很慢，效果不是很理想。相比於吃藥，我們更推崇透過盆底康復的肌肉訓練，來增加盆底組織的張力。

Q 治癒以後還會復發嗎？

A 還有可能會復發，在新的盆底重建手術以前，主要是做一些切除和修復，為了減少復發，現在手術用了強度更高的材料，但還是可能復發，所以手術後還是要做康復治療。康復治療成本低，而且沒有任何損害，隨時隨地都能進行，只要養成習慣持續做下去，就能有效預防復發。

妊娠高血壓，有了水腫要警惕

王　琪
首都醫科大學附屬北京婦產醫院
產科主任醫師

　　孕育生命當媽媽，可以說是每一個女性最幸福的事，可是在孕育寶寶的過程中，也會有一些麻煩不期而至，甚至會給媽媽和寶寶帶來極大的危險。妊娠高血壓就是一種常見而嚴重的疾病，孕婦年齡越大危險性越大。按時進行孕期檢查是及早發現妊娠高血壓的最重要手段，水腫是很重要的信號，有水腫就要及時就醫檢查。

妊娠高血壓很危險

　　妊娠期高血壓是孕期特有的一種疾病，往往就是在懷孕 20 週以後，出現了以高血壓、水腫、蛋白尿等一系列症狀為主的疾病。這個疾病對母嬰的危害很大，因為妊娠高血壓會使胎盤發生病變，胎盤病變又會導致胎兒在宮內發育受限，甚至在分娩前，胎盤就和子宮分離，我們把它叫做「胎盤早剝」，這種情況下早產率或者圍生兒的死亡率會很高。

年齡越大越危險

　　通過大量的臨床觀察，我們發現 35 歲以上的高齡產婦，妊娠高血壓的發生率明顯增高。所以我們建議育齡婦女，應該選擇最恰當的懷孕年齡，而不是等到高齡以後再選擇懷孕。因為除了妊娠高血壓，高齡產婦可能還會有一些循環系統的病變，比如腎臟疾病、慢性高血壓，或者免疫系統疾病等。

延誤治療，媽媽寶寶都受害

　　因為病因不清楚，有針對性地進行篩查或者檢查的手段比較少，只有通過系統的孕期檢查，才能及早發現。因為孕婦往往到了出現明顯水腫，才會主動就醫。

📝 對媽媽的傷害

如果延誤治療，後果相當嚴重。比如發生子癇，出現嚴重抽搐，牙關緊閉，全身的骨骼肌強制性收縮，短時間的抽搐以後，孕婦就會陷入一種昏迷狀態。在這種情況的發生過程中，往往可能會出現腦血管意外或者心功能衰竭。

還有其他一些嚴重情況，也會嚴重危害孕婦的生命。通過大量的病例分析，妊娠高血壓的死亡發生率，是所有孕產婦死亡的第二位病因，應該引起高度重視。

📝 對寶寶的害

不及時治療，對胎兒的危害也是極大的。因為妊娠高血壓主要的病理變化發生在胎盤，使胎兒的宮內生長環境惡化，處於缺血缺氧的狀態，營養物質的交換發生障礙，出現宮內發育受限，也就是說，這樣的孩子出生後體重會低於同孕齡的孩子。

另外，也容易早產，早產的孩子出生以後非常容易出現呼吸窘迫症候群，因為肺發育不好，不能自主呼吸，就要送到胎兒重症監護室，甚至要用呼吸機輔助呼吸。還會發生各種代謝障礙，如低血糖、低血鈣等。

由於宮內缺血，寶寶還會出現缺血缺氧性腦病，嚴重者會影響孩子中樞神經系統的發育。在低出生體重的孩子裡，我們發現，他們很容易發生神經運動障礙，也就是我們常聽到或見到的腦癱。

> 子癇是指孕婦在妊娠高血壓的基礎上，發生眩暈頭痛、手足抽搐、全身僵直，甚至昏迷不醒的疾病。抽搐可以發生在孕期各個階段，也可能發生在分娩期，就是在媽媽分娩的過程中，在產後也可能會發生。一旦發生這種情況，對媽媽的危害會很大。

按時產檢早發現

系統的產檢是發現疾病最有效的手段。

首先，在準備懷孕之前，就應該到醫院進行系統的身體檢查，包括血壓、體重、血糖的水平，肝腎功能等檢查，這樣就能及時發現孕前是否存在高血壓、腎臟病或者免疫系統疾病，如果這些檢查結果都很正常，懷孕以後，還要參加系統的產檢。

在系統的產檢中，每次檢查必查血壓，及時發現是否出現血壓增高。還得警惕出現蛋白尿，一般情況下，在懷孕 28 週之前，我們都建議做一次尿常規檢查，就是看尿液裡面有沒有出現蛋白質，另外在 28 週以後，還應該每二週進行一次檢查。

除了系統的孕檢，自己在生活中也可留意身體的變化。一旦發現自己有水腫，或體重明顯增加，比如自己的戒指脫不下來，手鐲拿不下來，鞋穿不進去，體重一週之內迅速增加，尤其到懷孕中晚期，每週增加超過 0.5 公斤，就應該及時地到醫院去檢查。

有的孕婦沒參加過系統的身體檢查，可能存在原發性高血壓或腎臟病，甚至有些孕婦還會有紅斑性狼瘡等免疫系統疾病，以前沒有發現，到了孕期才表現出來。這樣的孕婦，在產後 42 天以內，一定要及時到醫院檢查。另外在終止妊娠三個月以後，也要進一步檢查。如果是原發性高血壓，產後三個月血壓都沒有恢復正常，就應該及時轉入內科治療；如果產後三個月尿蛋白還沒有恢復正常，也應該去泌尿科進一步檢查，因為很可能有腎病症候群。

治療分不同情況

一旦發生了妊娠高血壓，醫生一般會進行分類。如果是普通的妊娠高血壓，就會縮短孕檢的週期，比如隔三天或者一週，就要檢查，看看血壓的變化。醫生會建議臥床休息，以左側臥位為主，還會建議調節飲食營養，注意適當增加蛋白質的攝入量，含鹽量高的食物要適當控制。

如果發現血壓還在持續升高，甚至出現了影響其他重要臟器功能的情況，比如出現頭暈、頭痛、視物模糊，甚至有上腹部不適，這些都是子癇的危險信號，就應該迅速到醫院進行治療。醫生會開一些藥物，比如硫酸鎂，用來預防子癇的發生。如果孕婦的血壓很高，比如 160/100 公釐汞柱以上，就很容易發生腦血管意外，這時我們就會建議孕婦用一些降壓的藥物。

多方面預防

因為妊娠高血壓的病因不清楚，所以要針對性地預防確實存在一定的難度，但是通過適當的飲食和生活調節，對於預防妊娠高血壓是有幫助的。

首先要做好孕前檢查，如患有糖尿病，要先把疾病控制住；有肥胖的，應該妥善控制體重，把體重降下來以後，再考慮懷孕。

　　另外就是一定要選擇最佳的生育年齡，不要等到 35 歲以後才生育，這樣可以在很大程度上避免妊娠意外。

　　現在由於人工助孕技術的發展，很多人想要懷雙胞胎，但相對來說，風險也很大。胎兒過多，或者是胎兒的體重過大，都會使妊娠高血壓發生的機率增加，所以還是自然受孕生育最好。

　　飲食方面，在整個孕期要注意營養平衡，不是說吃得越多越好，要適當控制孕婦和胎兒的體重，才能度過一個安全的孕期。現在妊娠期糖尿病和妊娠高血壓的發生率越來越高，有很多營養科的醫生也逐漸介入產科管理，對於營養師的建議，孕媽媽一定要盡可能做到。

　　一般來說，肥胖的孕婦，孕期增加的體重，應該是 7 公斤左右；正常標準體重的孕婦，整個孕期的體重增加應該控制在 12.5 公斤左右；身材矮小消瘦的孕婦，體重增加要稍微多一點。總之，不同情況的孕婦要根據自己的情況合理安排膳食。

水腫，自己就能發現

　　孕期檢查都要測量體重，尤其到了懷孕中晚期，也就是懷孕 28 週以後，如果在 1 週之內，體重增加大於 0.5 公斤，那就表示，她有隱性水腫。孕婦也可以通過自我檢查發現，比如可以自己按壓自己的小腿前側，如果發現有明顯的凹陷，就說明發生了水腫。

　　水腫還分為生理性水腫和病理性水腫，生理性水腫就是白天長時間站立或者坐著，那麼到了晚上，就會出現雙側踝部的水腫，但是通過休息第二天水腫就能夠消失，這種水腫是正常的。如果雙側踝部有明顯水腫，並蔓延到膝關節以上，甚至雙眼都出現水腫，那麼這就是非常危險的信號了，所以一旦發現自己有明顯的水腫，應該及時到醫院檢查。

運動要把握度

　　適當運動對於孕婦是必要的，運動既能增強體質，又能控制體重，對妊娠高血壓也有一定的預防作用。

如果懷孕前就持續適量的運動，如每天都慢跑、做操，或者每天都游泳，懷孕以後，在沒有流產跡象或其他嚴重合併症和併發症的情況下，也可以繼續運動。

但是孕期運動一定要把握好限度，比如有的孕婦喜歡散步，但每天散步三四個小時，顯然時間太長了，雙腿很容易水腫。其他運動也是一樣，適度就好。

此外，運動還要因人而異，根據每個人的具體情況來選擇，不可強求。

專家 **Q** & **A**

Q 有高血壓的人，一懷孕了就去檢查有必要嗎？

A 因為妊娠高血壓的發病原因還不是非常清楚，只有通過規律的產檢，才能及時發現。我們建議，每一位孕婦都要進行規律的系統產檢。

Q 懷孕以後是不是什麼藥都不能吃了？

A 懷孕以後，吃藥確實需要非常謹慎，但也不是完全不能吃。在我們臨床工作中，一旦發現準媽媽有妊娠高血壓，醫生都會建議她用一些解痙、降壓藥物。很多準媽媽什麼藥都不敢用，這是非常危險的，只有在醫生的指導下合理用藥，才能解除病情，安心懷孕，否則會帶來更大的危險。

妊娠糖尿病，寶寶深受其害

王 琪
首都醫科大學附屬北京婦產醫院
產科主任醫師

現在女性一旦懷孕，各種營養品就會補個不停。孕婦確實需要更多的營養，但營養過剩也會帶來大問題，最常見的就是會造成妊娠糖尿病，這不僅對孕婦健康是一種極大的威脅，生下來的寶寶很可能就會是個「小胖子」。預防妊娠糖尿病最重要的就是注意飲食、控制體重，嚴密監測胎兒情況，有時也要適當用藥。

認識妊娠糖尿病

妊娠糖尿病是孕期特有的一種疾病，這種疾病的發生與胎盤有密切的關係。在孕期，由於胎盤分泌雌激素、孕酮，會促使身體分泌更多的胰島素來保證正常的糖代謝，但不是每一個孕婦的胰島都有很好的代償能力，隨著懷孕週數的增加，胰島素分泌越來越多，所以一些孕婦就會出現糖代謝異常，發生妊娠糖尿病。

妊娠糖尿病的症狀主要除了「三多一少」，即吃得多，喝得多，尿得多和體重減輕以外，還可能發生嘔吐甚至劇吐。

疲乏無力也是常見的表現，這是因為吃進的葡萄糖不能被充分利用而且分解代謝增快，體力得不到補充的緣故。雖然吃了很多營養豐富的食物，但是由於體內胰島素缺乏，食物中葡萄糖未被充分利用即被排泄掉了，而由脂肪供應熱量，蛋白質轉化為葡萄糖的速度也大大加快，於是體內糖類、蛋白質及脂肪均大量消耗，致使患者體質差、體重輕。

妊娠糖尿病的發病因素

高齡孕婦，也就是35歲以上的孕婦，罹患妊娠糖尿病的機率比較大。肥胖的孕婦，還有既往有過一些代謝性疾病的孕婦，比如在懷孕前，就有多囊性卵巢症候群、有糖耐量減低，或有其他的代謝性疾病如甲狀腺功能減退、甲狀腺機能亢進等，發生妊娠糖尿病的機率就會增加。

　　如果孕婦的父親和母親都是糖尿病患者，那麼患上妊娠糖尿病的機率也會大大增加。對有這種情況的孕婦，在懷孕早期，就要對她進行監測。

　　孕婦在既往的妊娠過程中，有過多次自然流產、有過胎死宮內，或者異常分娩史，都可能是高危險因素。這種情況也需要進行血糖值的篩檢和監測。

胖寶寶帶來大問題

　　孕婦血糖值增高，胎兒的血糖值也會異常增高，就會刺激胎兒體內的胰島素分泌，如果胎兒的體重控制得不好，就會形成一個巨大胎兒。

　　我們在媒體上經常會看到這樣的報導，某某醫院分娩了一個五千克以上，甚至是 6.5 千克的嬰兒，這實際上是非常危險的。首先非常容易出現難產，或者容易出現產傷，往往需要做剖腹產手術，產後容易出血，甚至出現產褥感染。

　　另外，這樣的孩子出生以後，也非常容易發生低血糖，因為他脫離了這種高血糖的環境後，體內發生明顯變化，常處於低血糖狀態，可能會引起新生兒的猝死。這種低血糖狀態，也會嚴重地損傷新生兒的中樞神經系統，還非常容易出現紅血球增多症、低血鈣等併發症，甚至會誘發嚴重的黃疸。

　　所以，並不是孩子出生體重越大越好，孩子出生體重在三千克左右是比較合適的，大於 3.5 千克就不是很好了。

治療不要懼怕藥物

　　孕婦在孕早期如果出現高血糖，會嚴重影響孩子中樞神經系統或循環系統的發育，尤其容易出現先天性心臟病。所以要對她進行嚴密檢查，必要的時候，還要進行嚴格的血糖控制。如果到了孕中晚期，發現有妊娠糖尿病，首先就要根據她的具體情況，在營養師的指導下，給她開一個個體化的營養處方，把她每天的熱量攝入控制在一個標準值。

　　一個普通身高、正常體重的孕婦，孕期每日熱量的攝入，應該在 1,800 ～ 2,000卡（7,534 ～ 8,371 焦）。通過熱量的計算，再給她分為脂肪的攝入、蛋白質的攝入、糖類的攝入，通過這個配比，大概糖類的攝入就會在 250 克左右，也就是主食的部分。然後再進行分餐，孕婦應該一日六餐或者七餐，少量多餐，早、中、晚三餐整體的食物攝入，應該是平常三餐的 70 ～ 80%，在正餐中間，適當加餐，使血糖處於一個穩定值。

同時還要嚴密監測胎兒的生長速度和羊水量的變化。如果通過營養指導，仍不能改善高血糖，就要採取藥物治療了，主要是胰島素。如果僅有妊娠糖尿病，通過這些治療就可以了，但是有的孕婦還會發生妊娠高血壓、子癇初期，這就比較嚴重了，可能需要住院治療。

幾乎所有孕婦對於藥物治療總有一種顧慮，尤其對胰島素治療有很多擔心，認為現在用了，一輩子都要使用。其實並沒有那麼嚴重，現在胰島素代謝有問題，是由於胎盤分泌的各種激素造成，等分娩以後，基本上就不用胰島素了，僅僅通過飲食調節，或者是口服的降糖藥，就可以了，不必懼怕或擔心。

> 孕期一定要合理膳食，傳統上認為孕婦應該要吃兩個人的份量，實際上根本不需要那麼多，過量飲食只會對身體造成傷害。
>
> 此外，如果在沒有嚴重合併症和併發症的情況下，沒有胎盤位置異常、子宮畸形，或者其他需要保胎或者臥床治療的情況下，懷孕可以正常工作、適當運動，不要一味地臥床養胎，這樣不利於自身和胎兒的健康。

有糖尿病也可以懷孕

有的人想要懷孕，但是患有糖尿病，所以很苦惱，到底能不能懷孕？有沒有危險？遇到這種情況，建議最好在醫生的指導下來做決定。

糖尿病分為兩種，其中一種是第一型糖尿病，它常發生在兒童期或者青少年期，這類患者，往往都會伴有一些其他的器官的損害，到了生育年齡，一定要經過醫生進行全面的綜合評估以後，再決定是否可以懷孕。

如果在沒有懷孕前，僅僅是用飲食控制，或者是靠降糖藥來維持血糖值，不伴有腎臟損害，沒有高血壓，沒有眼底病變，那麼基本上是可以懷孕的，只是需要停用降糖藥，在懷孕前三個月到半年，用胰島素來控制血糖值。因為在懷孕早期，出現高血糖容易發生流產，或者胎兒出生缺陷，這個控制一定要在醫生的嚴密指導下進行。可以通過檢測糖化血紅素的數值，來評價控制的效果和數值，通過這些措施的監測以後，就可以生育一個正常的嬰兒。

專家 Q & A

Q 孕期營養越多越好嗎？

A 　這其實是個誤解，現在很多女性一懷孕，全家都圍著她轉，一個人吃兩個人的份量，而且工作也停止了，運動也減少了，慢慢就出現營養過剩、妊娠糖尿病。後果就是孩子體重過重，也就是巨大胎兒。這樣的孩子在分娩過程中，難產率就會增加，產傷的機率也會增加，會給產婦帶來很大的危害。

Q 孕期得了糖尿病，多吃豆製品有沒有好處？

A 　因為豆製品是屬於植物類蛋白，在整個孕期內我們建議均衡營養，食物一定要多樣化，所以醫生會根據孕婦的不同的孕週、孩子發育的不同階段和孕婦的基礎情況，比如是肥胖、中等身材，還是比較消瘦的，給她設計一個科學的營養配方。豆製品雖然是很好的植物蛋白，也不要在懷孕期間攝入過多，一般來說，每天正常蛋白質攝入量在 100 克或者是 150 克左右，有一半左右是植物蛋白就可以了，也可以攝入一些動物蛋白，比如雞蛋、禽類或者是魚類、海鮮等。

Q 懷孕的時候得了糖尿病，生完以後還會有嗎？

A 　妊娠糖尿病的女性，有 60% 的可能會變為第二型糖尿病，她的孩子將來是肥胖兒或糖尿病患者的機率也會明顯增加。

Q 得了妊娠糖尿病，會不會遺傳給孩子？

A 　糖尿病本身就是一個遺傳性很強的疾病，如果母親本身就帶有糖尿病基因，那麼她的孩子是很有可能出現糖尿病的，父母都有糖尿病的，子代發生糖尿病的機率會大大增加。但是糖尿病也是生活方式帶來的一種疾病，養成良好的生活方式，比如均衡營養、不過多飲酒、不過多攝入高熱量的食物，是可以有效預防的。只要生活方式和生活狀態良好，即使發生糖尿病，發病的年齡也會大大後延。

乳腺疾病，要重視預防

孫　強

北京協和醫院乳腺外科主任醫師、
協和醫科大學碩士研究生導師

乳腺疾病是危害女性身心健康的主要疾病，分為乳腺炎、乳腺增生、乳腺纖維瘤、乳腺囊腫、乳癌五大類，其致病因素比較複雜，如果治療不及時或治療不當，就可能出現嚴重後果，隨時導致生命危險。對於有癌變傾向的，要及時手術治療。積極愉快的情緒、適當的體育鍛鍊、自然的生育和哺乳會大大降低乳腺疾病的發生。

乳腺疾病的症狀

乳腺疾病可以分為良性和惡性兩大類型。良性疾病，包括乳腺炎、乳腺增生、乳腺纖維瘤、乳腺囊腫等。惡性疾病，就是通常所說的乳癌。

乳腺疾病的症狀主要有腫塊、疼痛、乳頭流水。良性的腫瘤大多是光滑、活動的，有硬的，也有軟的，有的壓上去有些疼痛。惡性腫塊大多都是硬的，不活動、不光滑的，有時還跟皮膚和胸壁黏連。

惡性疾病的疼痛早期比較少見，發生疼痛都是比較晚期。良性疾病反而疼痛更多一些，這種疼痛往往與月經週期相關，有的與情緒相關，有的還與勞累等相關。

乳腺疾病還有一個比較重要的症狀，就是乳頭出水。如果是雙側多孔出水，出水顏色是水樣的，或者是像乳汁一樣，多是因為餵奶以後導管復舊不全，或者服用如抗高血壓、抗癲癇藥物引起的。垂體瘤也會導致閉經溢乳症候群，出現乳頭出水。

還有一種乳頭出水是與乳房本身相關的，大多數是一個孔出，有時是單側，有時是雙側，顏色有的像醬油，有的是血性的，主要原因是早期的導管內癌，或者是導管內的乳頭狀瘤，很容易癌變。

不管是哪一種疾病引起的乳頭出水，都應該及時診斷處理，以防疾病惡變。

自我檢查早發現

惡性腫瘤，發現得早和發現得晚，後果差別非常大。早期的乳腺癌病人，經過合理治療，95% 以上一輩子都不會有問題，甚至可以保留乳房。晚發現不但醫治困難，痛苦也很大，還要失去乳房，所以及早發現意義非常大。

早發現要做到兩點。一是自我檢查，二是定期到醫院做檢查。自我檢查是非常重要的，有百分之七八十乳腺腫塊都是自己發現的。

自我檢查每月進行

自我檢查要選對時間，對於絕經前的婦女，應該在月經以後的一週左右進行，因為這時乳房比較軟，月經前乳房會很脹，不好查。絕經後的女性，可以定一個時間，每個月到這個時間，做一次檢查。

自我檢查一是看，二是摸，三是擠。

看，就是對著鏡子看，比如洗澡的時候，看看乳房是不是對稱，有沒有腫塊從乳房上鼓出來，看乳頭是不是有分泌物，是不是凹進去。

摸，是用食指、中指和無名指的指腹進行。摸的時候，可以站著摸，也可以躺著摸。可以左手摸右邊乳房，右手摸左邊乳房。有人習慣從裡摸到外，有人習慣從外摸到裡，有人習慣從上摸到下，都沒有關係，重要的是，要把整個乳房都檢查到，不要漏掉任何一部分。

擠，就是在檢查的時候，擠一下乳頭，看有沒有出水，如果出水，還要看看出水的顏色，如果發現出水像醬油一樣，或者是血性的，就必須到醫院做檢查。

很多時候，單純的摸，感覺上可能不太明顯，有一種簡單的方法，就是這次摸的和上次摸的是不是有變化，如果有變化，那可能就有問題了。這個時候如果判斷不了，就應該到醫院去檢查。

自我檢查一定要堅持每個月進行。

專業檢查每年一次

到醫院做體檢，50 歲以上的女性，建議是每年做一次超音波檢查，然後根據乳房的狀況決定是否再做 X 光檢查。

乳腺增生，受情緒影響

乳腺增生大部分是生理性的改變，不能稱之為疾病，多是因為體內的激素變化，刺激乳腺，而使局部增厚，有分泌物，出現疼痛、腫塊，只要月經週期一過，激素水平下降，就會變小。

除了生理因素，乳腺增生還與情緒因素有關。勞累、情緒波動，這些都會影響乳房。所以，要消除和預防乳腺增生，首先要控制好情緒，遇到事情不能過於著急、過於緊張，勞累之後要注意休息。此外，還要調整好生活節奏。

藥物只能緩解一些症狀，不能澈底治癒，因為增生本身就是週期性、可復性、變化的，及時用藥後症狀消失了，過一段時間，一生氣、一緊張，月經週期的變化又會出現了。所以寄希望於藥物來消除和預防乳腺增生是不可能達到目的的。

預防關鍵在心理

乳癌的預防，一種是在還沒有發現乳癌的時候，使它不發生，這是對於病因的預防，叫「一級預防」。還有一種是已經得了乳癌，要早發現，這叫「二級預防」。

對於一級預防，要根據病因來進行，有些病因是可掌控的，有些病因是不可掌控的，比如遺傳因素、年齡因素、種族因素，這些都是先天性的，是沒法預防的。但對一些其他因素，比如飲食因素、環境因素、自我檢查，這些是我們是可以控制的，如果做相應預防，還是有效的。

此外，積極向上的生活態度，輕鬆愉快的心情，適當的體育鍛鍊，自然生育和哺乳，都可以減少乳癌的發生。

二級預防就是已經得了乳癌，怎麼及早發現、及早治療的問題。及早發現的具體方法參照上面所說的自我檢查。

及早治療，首先是要重視疾病。有些患者，知道自己得了乳癌以後，特別相信所謂的偏方，往往就耽誤了治療。又有些患者，發現腫塊以後，覺得不太重要，不著急，或者是因為工作忙，其他事情耽擱了，等到治療的時候，腫瘤長大了，已經到了晚期。還有不少人確診了之後，自己非常緊張，覺得已經得了癌症，治療無用，去了醫院不僅治不好，而且乳房也可能沒了，寧願不去看也要保住乳房。這些想法都是極其錯誤的，事實上及早發現乳癌，是可以保住乳房的，花費也不用太大，而且可以長期生存。

有癌變傾向才做手術

　　要不要做手術，首先要看會不會癌變，如果有癌變的可能性，就必須手術。在臨床上，醫生會做出判斷，比如超音波定期檢查，如果是個纖維瘤，它本身是包膜完整、光滑、回聲均勻、沒有血流的。但是如果發現邊界變得不光滑、回聲不均勻、有血流就有變癌的可能性。再如乳腺囊腫，囊腫實際上是乳房的一個導管擴張，裡面是一包水，形成了一個囊，通過超音波檢查，如果發現這個囊壁增厚了，或者囊裡有了腫瘤，或者囊周圍的血流變豐富了，那麼它癌變的機會就大了。像這種就必須做手術。當然也有一些乳腺的纖維瘤很大，把乳房都頂起來了，影響了它的外形，這也需要手術。

　　對於那些暫時沒有癌變傾向的，可以不用做手術。良性腫瘤如果因為手術導致乳房瘢痕，外形發生改變，是得不償失的。如果患者有顧慮，也有其他辦法可解決，比如在乳房淺色與深色（乳暈）交界處做一個切口，打一條皮下隧道過去把腫瘤完整地切出來，這樣乳房外形不受影響，又能拿掉腫瘤。

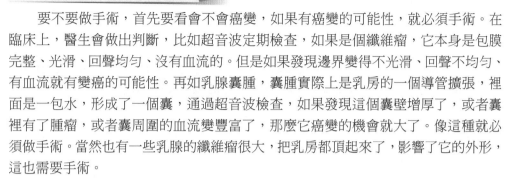

專家 Q & A

Q 乳腺增生為什麼有時大有時小呢？

A　　乳腺是由導管和腺泡組成，這兩個不同的結構，在體內受到不同激素的支配，一個由性激素支配，一個由雌激素支配。在一個月經週期中，激素水平不斷在變化，在月經快來的時候，雌激素水平很高，它刺激乳房的導管，使它進一步增厚，出現一些分泌物，使乳房的腫塊好像變大，過了月經期，激素水平下降，這時候腫塊也會變小，有時候也會跟情緒有關。

Q 歲數大了，乳腺增生也沒什麼感覺，需要治療嗎？

A　　乳腺增生如果是一種生理現象，就不需要治療。如果腫塊的變化跟月經週期不相關，就需要注意，可能就不是增生，而且可能有腫塊了。年齡比較大的，或者已經絕經的女性，有增生要到醫院去做檢查，確定這個腫塊是什麼性質。

攝護腺肥大，出路受阻讓男人更難

馬　樂
首都醫科大學附屬北京婦產醫院
男科主任醫師

很多老年男性，會發現自己夜間上廁所越來越頻繁，而每次的尿量卻又很少，排尿也越來越費力，這時就要警惕攝護腺肥大。攝護腺肥大早期用藥物治療即可，如果是嚴重的會尿路堵塞，必須手術治療，不可拖延，否則會帶來大問題。

夜尿頻要警惕

攝護腺肥大是老年男性常見疾病，因為攝護腺逐漸增大會對尿道及膀胱出口產生壓迫，所以常見的表現就是尿頻、尿急。尤其是夜間尿次增加，並且排尿費力。

一般來說，如果原來夜間沒有起身如廁，現在一夜之間起來兩三次，這種情況就是夜尿頻繁，而且每次尿液比較少。病情發展以後，白天也會出現尿頻、排尿困難、滴瀝不淨、排尿分叉等情況。嚴重可能會出現尿瀦留，也就是尿不出來。

尿瀦留能導致泌尿系統感染、膀胱結石和血尿等併發症，對老年男性的生活品質產生嚴重影響，需要積極治療，部分患者甚至需要手術治療。

所以，如果發現自己有排尿異常，特別是夜尿頻繁，排尿有困難，表示有早期攝護腺肥大，一定要及時檢查。

攝護腺肥大專愛老年人

攝護腺肥大屬於老年病，男性從 50 歲開始，攝護腺一般都會逐漸增生，60 歲左右一般開始有症狀，隨著年齡增長，發病率會越來越高。

攝護腺肥大，不一定有症狀。因為攝護腺分五個葉，如果是中央葉增生，症狀會很明顯，如果是兩側葉增生，就不會有太多症狀，因為它對尿道沒有形成壓迫，不影響排尿。

老年人基本上都有一定程度的攝護腺肥大，只是有的沒表現出來罷了。

攝護腺肥大的原因目前還不清楚，可能與老年後器官退變，或者體內激素的改變有關，但都還沒有確切的科學依據。

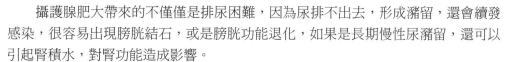

排尿困難帶來大麻煩

攝護腺肥大帶來的不僅僅是排尿困難，因為尿排不出去，形成瀦留，還會續發感染，很容易出現膀胱結石，或是膀胱功能退化，如果是長期慢性尿瀦留，還可以引起腎積水，對腎功能造成影響。

出現尿瀦留後，尤其是慢性尿瀦留，每次只能排出少量尿液，膀胱始終處於一種充盈狀態，就會造成膀胱壓力升高，引起尿液回流，流回輸尿管，引起輸尿管的壓力增高，進而引起腎盂的壓力增高，造成雙側腎積水，最後會出現無尿可尿的情況，到了這一步，就屬於尿毒症了，如果不進行處理，病情進展、惡化，就會出現腎功能衰竭。

體檢的內容

因為攝護腺肥大在老年人群是一種普遍的疾病，老年人一定要重視體檢，及早發現，及早治療。男性到了 50 歲，就要格外關心攝護腺方面的檢查。

攝護腺體檢，一般都要做肛門指診，如果想要檢查更深入一點，可以做 PSA 檢查。它是一種腫瘤標記物，可以預示攝護腺癌，PSA 值高者，罹患攝護腺癌的機率就大，所以 PSA 檢查是篩檢攝護腺癌的好方法。

肛門指診就是醫生通過肛門用手指觸摸攝護腺，看看攝護腺的大小。正常人或年輕人，攝護腺大概相當於一個栗子的大小，如果有增大、中央溝變平、中央溝突出，或者攝護腺有結節等其他情況，都表示攝護腺肥大。

做完肛門指檢，接下來還要看看排尿的情況，有沒有殘餘尿。主要是通過膀胱超音波檢查，看看膀胱裡有多少殘餘尿，並觀察排尿情況，做一些尿流動力學檢查，以判斷有沒有尿路梗阻等其他異常情況。

手術並不痛苦

攝護腺肥大，早期一般都是採取非手術療法。現在有很多藥物可以運用，第一類藥是 α 阻斷劑，主要是讓括約肌鬆弛下來，促進排尿；第二類藥是 5α 還原抑制劑，這類藥主要是促進攝護腺萎縮；第三類藥是一些植物藥，也就是中成藥，中成藥有的效果也很不錯，主要也是促進攝護腺萎縮，緩解排尿困難，延緩病情的發展。

　　如果再出現病情加重，可能就需要手術治療了。比較常用的方法，是經由尿道的內視鏡電刀刮除術。電刀刮除聽起來可能會讓人感到害怕，其實並不恐怖。手術是在麻醉狀態下進行的，不會很痛苦。電刀刮除避免了開放手術，經過尿道，通過膀胱鏡，就能把增生的攝護腺組織用電刀刮下來，不會造成創面。

　　如果是特別大的攝護腺，比如大於 80 克的，就需要做開放手術了，這種手術創傷比較大。

　　另外現在還有雷射手術、雷射汽化等治療方法，這些手術造成的創傷越來越小，很適合較高年齡的患者和手術耐受能力比較差的患者，至於到底要選用什麼樣的手術方式，要看具體的病情。

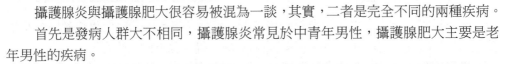

不要和攝護腺炎混淆

　　攝護腺炎與攝護腺肥大很容易被混為一談，其實，二者是完全不同的兩種疾病。

　　首先是發病人群大不相同，攝護腺炎常見於中青年男性，攝護腺肥大主要是老年男性的疾病。

　　其次，二者之間也沒有什麼關係，目前沒有科學證據證實兩者之間存在什麼關係，就是說年輕時得攝護腺炎，與老年時期得攝護腺肥大，是沒有必然聯繫的。但是攝護腺肥大如果出現尿瀦留，或者是排尿困難後，可以激發感染，這時可能會引發攝護腺炎症，膀胱也會有炎症，這時的炎症還是攝護腺肥大引起的，所以治療也是以攝護腺肥大為主。

　　此外，攝護腺肥大有時還可能會與尿路結石相混，因為尿路結石也表現為排尿困難，有的結石患者，也會併發攝護腺肥大，區別二者還是需要做超音波檢查。

　　有的攝護腺肥大的患者，有時也會表現為血尿，而膀胱腫瘤或者尿路腫瘤也常表現為血尿，所以這二者之間也很容易混淆，需要仔細鑑別。

　　老年人有腦血管疾病或脊髓疾病的，膀胱的神經支配可能會出現問題，也會表現為排尿困難，這時候也需要鑑別。

　　所以到醫院看病的時候，一定要把病情敘述清楚，醫生會根據情況做相應的檢查進行鑑別。

拖延會出大問題

攝護腺肥大，開始有症狀的時候，要及時找專業醫生幫助解決。現實生活中，有很多老年人排尿費勁，卻沒當回事，病情就被拖延了，直到病情重了才引起重視。尤其是年齡大了，很可能還有一些心血管疾病或者糖尿病等其他內科疾病，對手術的耐受能力就會比較差，到那時再做手術就比較困難。

還有很大一部分人由於不好意思提起病情，也就慢慢耽擱了。老年人生病以後，因為本身行動遲緩，有些疾病症狀表現出來也不容易被發現，而自己又不願意說，所以作為子女或者家屬的一定要主動陪患者上醫院去看醫生，及早治療可能就可以免去手術之苦。

專家 Q & A

Q 老年人得了攝護腺肥大如何選藥？

A 選藥首先要根據病情，比如 α 阻斷劑有輕微的降壓作用，要考慮是否會與血壓有衝突，如果服用了，很可能會出現低血壓，家人就要特別關心。其他植物類的藥，比如賜護康膜衣錠則沒有太多需要注意的問題，這兩類藥一起用效果可能會更理想一點。總之，還是要按照醫生推薦的方案進行治療，不可自己選藥。

Q 前列腺增生和攝護腺肥大是同一種病嗎？

A 前列腺增生和攝護腺肥大兩種表達意思是一樣的。

Q 攝護腺肥大，多喝白開水有用嗎？

A 多喝水要看在什麼時候，如果出現尿瀦留，再喝水就會加重病情，如果攝護腺肥大激發了下尿路感染，能排尿的情況下，多喝點水就有利於緩解炎症。

Q 攝護腺肥大的患者在飲食、生活上有什麼禁忌？

A 　首先是要注意飲食，第一，不要吃刺激性食物，第二，不要喝酒，因為酒精有刺激作用，容易使攝護腺充血，體積增大。另外要注意保暖，天氣突然降溫，會刺激人體產生刺激反應，會對攝護腺局部造成充血，加重症狀，比較嚴重的可能會出現尿瀦留。

Q 攝護腺肥大有沒有可能導致攝護腺癌？

A 　目前二者之間的關係並不是很明確，但一般來說，有攝護腺肥大的要提前篩檢，排除腫瘤，因為兩種病單從症狀上是不容易區別的，所以一定要做專業的檢查鑑別。

男性不育，治療要有好心態

馬　樂
首都醫科大學附屬北京婦產醫院
男科主任醫師

　　不育症正困擾著不少家庭，但不育不僅是女性的責任，男性同樣也可能患有不育症。不育症的原因很多且複雜。男性不育除了積極接受治療之外，調整心態、改掉不良的生活習慣等，都對改善病情有著直接的作用。

生育，男人責任也不小

　　生兒育女是家庭的大事，傳統上都認為女性的責任要大一些，其實男性也發揮著重要的作用。男性的生育功能是否正常，是能否正常生育的關鍵因素。一般來說，夫妻沒有避孕，有正常性生活，超過一年以上沒有懷孕，就叫「不孕不育」，這其中由男方造成的叫「男性不育」。

　　對於男性不育，有兩種情況，一種不育是原發不育，就是由於男性身體的原因，從未孕育過孩子；一種是續發不育，就是原來曾經孕育過孩子，但是現在出現了問題，這兩種情況之間是有區別的。

檢查涉及多方面

　　對男性不育的診斷，第一是要瞭解夫妻雙方整個孕育的歷史，比如說以前懷孕出現過什麼異常情況，如流產、畸形、缺陷等，還要瞭解有沒有其他的內科病史，因為有些內科疾病，比如肝炎、慢性肝炎，或者腎炎等其他的病，對生育能力也有一定的影響。

　　此外，還要瞭解他的工作環境、生活環境、生活習慣等情況。

　　接下來要檢查泌尿生殖系統，看泌尿生殖系統有沒有影響生育的有關疾病存在。

　　最後，還要做專門的檢查，最基本的就是檢查精液，看看精液裡面精子的情況，比如精子的數量、精子的活動程度、精液的品質、精子畸形的情況等，通過這些來瞭解基本的生育狀況和生育能力。如果檢查出一些情況，比如沒有精子，或者精子

特別少，可能還要相應地檢查其他內分泌、免疫等方面的情況，甚至更複雜的，可能還去做一些深層次的輔助檢查，比如造影、睪丸病理檢查等。

某些疾病是不育的禍首

人的生育，有一個重要的控制系統，就是下視丘 - 腦下垂體 - 性腺軸，它掌控著我們什麼時間進入生育狀態，什麼時間生育能力逐漸下降。男性的性腺就是睪丸，睪丸產生精子，如果睪丸本身有問題，產生不了精子，生育就會受到影響。

常見影響生育的因素就是疾病，影響精子產生的疾病，有精索靜脈曲張，就是在睪丸的血液循環中，血液回流出現障礙，靜脈回流不好，所以睪丸的局部溫度就容易升高，因為回流不好，血在裡面有淤積以後，可能會造成一種免疫性的不育，這些因素，都會影響到生育。精索靜脈曲張是年輕人中比較常見的一種疾病。不過這屬於原發病，可以採取一些治療措施。

另外還有些原因，比如攝護腺炎，也是年輕人很常見的疾病。攝護腺有兩個重要的生理功能，一是在精子的輸送過程中，發揮重要的橋樑作用，因為射精管是通過攝護腺進入尿道的，正常的精液裡面，有 50% 是由攝護腺分泌的攝護腺液，攝護腺分泌的這些液體在精子輸送過程中，發揮營養精子、維持精子活性的作用。另外攝護腺還分泌液化，促進精液液化，所以攝護腺有問題、出現病理狀況，不僅會影響到精子的輸送，也會影響到精子的品質和精液的凝固與液化，導致生育方面出現問題。

治療要有好心態

男性疾病治療以後，女方也不一定馬上就能懷孕。因為不同的病情，治癒後受孕的機率是不同的。治療的目標當然是要正常懷孕，但在這個過程中需要耐心。持續治療效果才會好。我們經常見到有些患者，今天在這個醫院看一下，這個月沒有懷上，就認為這個治療沒有效果，再換一家醫院，再治療一次，結果還是沒有懷孕，接著又到下一家醫院，就這樣老治不好，這本身心態上就有問題。

如果是原發病，要積極治病，治療以後，觀察效果，然後我們可以提供一些其他的治療方法，以提高生育能力。然後夫妻可能也需要適當增加一點夫妻生活，來創造懷孕的機會。總之，心態要平和，不能急於求成。

有一部分男性不育患者是絕對的不育，這部分患者應該果斷地放棄治療，四處求醫只會浪費時間和金錢。如果女方正常，可以用精子庫的精子，做人工授精來幫助他解決生育的問題。

健康的生活有助於生育

健康的生活方式對於生育是有一定的正面影響。

飲食方面，首先要注意營養素的均衡，至於說吃什麼好，只要均衡攝入營養的食物，就是比較科學的。因為營養素來源於不同的食物，多方面攝取才可能平衡。另外就是少吃不健康的食物，盡量避免菸、酒。

另外就是要養成良好的生活習慣，晝夜顛倒、作息時間不規律、睡眠不足、衛生習慣較差等都會影響生育功能。

現在很多人喜歡去三溫暖，對於想要生育的人來說要小心，因為三溫暖的溫度高了，對睪丸有負面影響。另外，也不要在溫度較高的水中泡澡。

專家 Q & A

Q 內分泌紊亂對生育會有影響嗎？

A 我們的下丘腦－垂體－性腺軸其實就是內分泌，它控制著男性的成長發育，也影響著生育能力，所以內分泌一紊亂，必然會影響到睪丸的精子生成。內分泌紊亂要看它到底是出在哪個環節，才能有針對性地去治療，這種情況是可以治好的。

Q 男性不育與遺傳有關係嗎？

A 其實很多病與遺傳都有關係，不孕不育也存在遺傳，比如染色體有問題，或是基因存在缺陷，對生育能力都是有影響的。隨著科技的進步，現在發現越來越多的生育缺陷都是存在一定的遺傳性的。

Q 經常用電腦對生育會有影響嗎？

A 　　長時間使用電腦，影響最大的就是輻射，如果是液晶顯示器，相對來說，輻射會小一些。另外一個影響是長時間坐著，會對生殖系統造成局部的壓迫，血液循環不好，對生育能力也是有影響的。所以在使用電腦的過程中，應該適當起來活動活動，換換體位，對整個身體都有好處，一般來說，使用 40 分鐘或一小時就應該休息一下。

Q 吃中藥對男性不育有效果嗎？

A 　　傳統醫藥對不孕不育有獨到的效果，這方面的中藥，多是補腎的，它對生育能力會發揮促進作用。因為下視丘 - 腦下垂體 - 性腺軸其實類似於中醫所說的腎，腎虛就是這個系統功能減退，所以補腎是有效果的。

　　另外有些不孕不育可能是生殖免疫上出了問題，一些中藥對免疫的調解也是有好處的。但是吃什麼中藥還是需要根據具體病情，切不可聽信偏方。

小睪丸症，整形不是根本辦法

史俊平
中國中醫科學院
中西醫結合男科博士後、瀋陽博仕男科醫院院長

睪丸是男性生殖系統的重要器官，如果出現問題，不僅生育困難，也會給整個身體的發育帶來不良影響，還會對人的心理造成極大的打擊。患小睪丸症的孩子在身體各方面都會有一些特徵表現，所以家長要細心觀察，及時治療。肥胖的孩子患病的機率更大，更需要家長關注。整形不能解決根本問題，只有正確治療，恢復睪丸功能才能真正還孩子「男兒之身」。

什麼是小睪丸症

小睪丸症不是一個單一的疾病，它是多種疾病臨床綜合症狀的表現。它的特點以外生殖器小尤其是睪丸小為顯著特徵。睪丸直徑小於 2.5 公分，就是比蠶豆還要小。

除了睪丸和外生殖器小之外，小睪丸症還有一些綜合的體徵，比如肥胖、男性乳房女性化、沒有喉結、體毛少（尤其是鬍鬚少）、聲音尖細。同時有的人會出現個子瘦高、細長，還有一部分患者，頭髮、面色無光澤等。從走路形態上看，也給人一種不健康的感覺，而且他很難和大家進行溝通和交往，往往是不合群的。

發病的原因

小睪丸症的發病率較高，而且越來越高，目前發病率大概在 1‰。

小睪丸症主要有三個方面的發病原因，第一是原發性因素，主要是以睪丸損害為主，這種患者典型的表現就是嗅覺喪失，有時味覺也會喪失，比如看到別人吃飯吃得很香，自己吃就是沒有味道；第二種是續發性因素，男孩一般到 12 歲左右應該出現第二性徵，與女孩有明顯差別，在外觀上，應該有喉結、鬍鬚，身體增高，而小睪丸症患者，到青春期的時候，不會出現第二性徵；第三是特發性青春期發育延遲造成的，就是到青春期發育的時候，他沒有發育，但是隨著時間的推移，他可能還會有發育的機會和可能，這一類患者往往有明顯的家族史。

發現孩子的祕密

臨床上，小睪丸症的診斷，是一個既困難又容易的事情。

容易是從外觀上一眼就能看得出來。首先是面色沒有光澤，這是非常典型的症狀，看起來沒有血色，其次是他的體態、聲音像女孩，沒有喉結、聲音尖、男性女乳。

另外一個比較明顯的表現是不合群，不和別的男孩子在一起玩，反而喜歡跟女孩子在一起，或者是自己一個人默默的，不參加任何群體活動。這樣的孩子，往往還沒有體力，一運動起來就會大汗淋漓。

還有一部分孩子，特別自卑，思想壓力非常大，他不喜歡任何人瞭解他的這種小祕密，包括父母。

說本病診斷困難，首先是這樣的孩子往往不會來就診，甚至家長本身就沒發現，其次是診斷對醫生的技術或者實驗室的設備要求很高。因為常常有患者到醫院之後，也很難給予明確診斷，就更不用談治療了。

所以家長對孩子還是要多加注意。到了一定年齡，要注意觀察孩子的發育情況，瞭解外生殖器是否正常發育，其他男性特徵有沒有異常，嗅覺是否正常，平時精力是否集中，學習成績好不好，是不是多汗，有沒有遺精等等。其實細心的家長，應該能看得到的。

整形不是解決之道

很多家長發現孩子睪丸小，常常是會帶孩子去醫院要求整形，認為外生殖器發育不好，做個手術就行了，這完全沒有認識到根本的原因。孩子的外生殖器，包括他的第二性徵，是決定成年男人的重要標準。一個男人，應該有以下幾個特徵：第一，男性功能正常，有組建家庭的能力。第二，有生殖生育能力，能夠傳宗接代。

睪丸的功能，一是產生精子，二是產生雄激素，維持男性的外觀和功能。睪丸發育不好，生殖生育的能力就會低下，男性的外在特徵也表現不出來，即使做了整形手術，器官外形正常也沒有意義。所以解決問題的根本方法是恢復睪丸的功能，而不是簡單的整形。

心裡痛苦甚於身體缺陷

患有小睪丸症的孩子，如不及時治療，會帶來一系列的心理問題。

第一是孩子由於激素水平低，他很少去跟大家進行溝通，很多患病的孩子性格

特別內向，有的甚至有憂鬱症。

第二是孩子精力不集中，不能夠正確面對學習和生活，往往會學習不好，但其實他的智商正常。體力很差，別人有活動他參加不了，會變得不合群。

第三是疾病會導致心理壓力，心理方面的疾病帶給他的痛苦往往會大於身體方面的疾病。

整體來看，任何一個小睪丸症患者，除非他 12 ～ 14 歲這個階段，及時有效地進行了治療，否則往往都會在心理上留下陰影。尤其是那些必須終身吃藥的患者，他的心理壓力更大，這樣的孩子往往對生活沒有信心。

肥胖的孩子更要注意

小睪丸症患者的首發症狀就是肥胖和男性女乳，其中肥胖的發生機率非常高，而女乳則是很多孩子大乳房。因為肥胖的孩子，他的下視丘腦垂體出現了問題，使得這種生理性肥胖加重，生理性肥胖之後，性腺軸的調節能力下降，又導致性腺發育不好，睪丸就小。

睪丸還有一項功能，就是要對糖和脂肪進行代謝分解，代謝分解能力好的話，肥胖很容易控制，而小睪丸症的患者，他的雄激素分泌少，對糖和脂肪代謝分解能力就差，這種肥胖的孩子，往往就會出現代謝症候群，比如高血糖、高血脂、高血壓、雄性激素低，這是一種惡循環，就是說肥胖導致性腺發育不好，性腺發育不好，反過來又加重肥胖。

當然，並不是說瘦的孩子，就不會患小睪丸症，有一部分小睪丸症患者，恰恰表現出來就是以瘦高為主，而且是非常難以治癒的。

專家 Q & A

Q 患有小睪丸症，已經成年了還能治療嗎？

A 最佳治療時間在 12 ～ 14 歲，這樣的孩子治療之後，很容易恢復男性的外觀和功能。一旦到了二十四五歲甚至年齡再大一點，治療後即便身體特徵恢復了，再實現生育能力的機率也很小，當然也不排除一些例外。所以一旦過了最佳治療時機，治療效果是截然不同的。

Q 小睪丸症會遺傳嗎？

A 理論上小睪丸症遺傳的機率非常小，因為它的發病病因不清楚，但是有小部分小睪丸症是遺傳的。

Q 能生育就可以不治療嗎？

A 能生育並不代表已經治好了，療效還需要觀測。與正常男孩子還是有一些區別的，因為他的激素水平並沒有達到正常男孩子的水準，這時如果由於心理或經濟等方面的原因，放棄治療是非常可惜的。

治療的目的固然是要讓小睪丸症的患者具備男性功能，能夠有個家庭，更重要的是要讓他成為一個正常人，有正常的身體和心理。這才是最終的治療目的。

12

風濕免疫科

- 骨質疏鬆症，不可忽視的寂靜殺手
- 腰背痛別大意，小心僵直性脊椎炎
- 骨關節炎，要想治癒有點難
- 類風濕性關節炎，不只破壞關節
- 痛風，要特別關注飲食
- 長紅斑，要提防紅斑性狼瘡

骨質疏鬆症，不可忽視的寂靜殺手

黃彥弘

北京積水潭醫院風濕免疫科主任醫師

人到老年，很多人都會出現駝背，甚至變矮，這往往被認為是正常現象，其實不是，而是骨質疏鬆症在作怪。骨質疏鬆是一個緩慢的過程，如同一個無形的殺手，無時無刻不在索取著我們身體裡的骨質，直到有一天，我們的骨骼不再能撐起整個身軀。骨質疏鬆症是身體衰老的必然結果，積極預防才能延緩發生，補鈣健骨絕不能等到出現問題時才進行，應該當成一生的習慣。

身高變矮，都是骨質疏鬆症惹的禍

人到老年後身高似乎在變矮，主要是由骨質疏鬆、骨質流失所造成。骨質疏鬆有三大主要表現，一是疼痛，二是身高變矮，還有一個是骨折。

疼痛我們很容易感覺到，身高變矮，時間長了也是很容易察覺出來，而骨折就不那麼容易察覺了，因為骨質疏鬆的骨折不像常見的外傷骨折那樣明顯，它是脆性骨折，也叫「非暴力性骨折」，是由於骨質疏鬆時間長了，骨骼裡面的骨質變得越來越稀疏，而出現窟窿，但是從表面上看不到，常見的表現就是出現駝背，所以駝背實際上就是一種骨折，醫學上管它叫「壓縮性骨折」。

骨折可以說是骨質疏鬆症帶來的最主要危害，這種椎體的骨折，比如胸椎和腰椎的骨折，表現出來就是駝背，駝背一般是逐漸發生的，不痛也不癢，大家就覺得它沒有什麼危害，實際上危害是潛在的，因為椎體壓縮性骨折以後，人的胸廓就會變小，自然就會影響到呼吸系統，我們看到很多駝背的人，他的呼吸很艱難，就是這個原因。

有些老年人，腰板還是直直的，也並不代表他沒有骨質疏鬆的情況，人上了年紀如果不注意補鈣，都會出現骨質疏鬆，只是還沒有表現出來，還沒形成壓縮性骨折，骨頭外形是正常的，但是裡面很可能已經出現了結構變化，到一定階段就會發生質變。所以無論是否有骨質疏鬆的症狀，預防都很重要。

老年人大多有骨質疏鬆

骨質疏鬆症其實是骨骼老化的一個過程，人在年輕的時候，很少會出現骨質疏鬆，隨著年齡的增長，患病的機率越來越大，據統計，50 歲以上的老年人發病率最高，而女性發病又高於男性，一般來說，50 歲以上的女性三人，就有兩個會得骨質疏鬆症，男性五個裡面會有三個發生。所以除了衰老，骨質疏鬆症的另一個致病原因，就與賀爾蒙的值有關係，女性在絕經期以後，由於雌激素減少，會造成骨量的大量減少，所以容易產生骨質疏鬆。

發現骨質疏鬆的信號

當我們發現症狀的時候，實際上骨質疏鬆症已經進行到了一定的程度。有些信號或者因素可以幫我們判斷自己是不是容易患上骨質疏鬆或者很快就會患上，從而進行積極的預防。

 容易患病的因素

（1）遺傳因素。父母任何一方曾經診斷有過骨質疏鬆症，或者曾經有輕微撞擊、跌倒後骨折的，子女得骨質疏鬆症的機率就會大很多。

（2）自己曾經有過輕微撞擊或者跌倒後就出現了骨折。

（3）曾經用過糖皮質激素（超過三個月），患病的機率也會大大上升。

（4）經常飲酒，且飲酒量大於安全劑量。

（5）吸菸，特別是每天吸菸一包以上。

（6）經常腹瀉，會影響到腸道的吸收功能，身體處於長期缺鈣的狀態，骨質疏鬆自然不足為奇。

（7）女性絕經早，特別是在 45 歲之前絕經的，男性有性慾減低等情況。

準確檢查

現在一般用骨質密度檢查來確定骨質疏鬆症，常用的檢查方法是雙能 X 光骨質密度檢查，這個檢查，由於機器比較大，一般要在醫院裡進行。另外一種方法是超音波骨質密度篩檢，一般在體檢的時候都可以做，檢查上肢和下肢這兩個部位比較多，但這只是一個初步篩檢，如果經過初步篩檢，懷疑骨量減少，還是建議到醫院，進行雙能 X 光骨質密度檢查。

香菇釀蝦皮豆腐

■ 原料

豬肉餡 200 克，豆腐 200 克，蝦皮 20 克，鮮香菇 8 朵，雞蛋 1 顆，蔥花、薑末、鹽、太白粉各適量。

■ 做法

（1）把肉餡放入盆中，加入豆腐、蝦皮、蔥花，加少許鹽，倒入薑末水，用手抓一抓，充分攪拌入味。

（2）香菇洗淨去蒂，雞蛋打散，在香菇內面蘸上蛋液，將肉餡放在香菇內面，按緊。

（3）將做好的香菇肉餡上鍋蒸，蒸 10 ～ 15 分鐘。

（4）太白粉加水做成芡汁，鍋熱後倒入，稍做攪動，變稠後澆在蒸好的香菇上即可。

■ 功效

豆腐和蝦皮都含有豐富的鈣，尤其是蝦皮，每 100 克蝦皮中含鈣量高達 991 毫克，香菇則含有豐富的維他命 D，有助於鈣的吸收。所以這道菜有補鈣、預防骨質疏鬆症的作用。

預防是根本

骨質疏鬆症是伴隨人類衰老的一個自然過程，從理論上來講，是不能治癒的。人體就像一輛汽車，想要讓零件不老化，是不可能的，我們能做的就是想辦法延緩老化，只要能讓我們的骨骼妥善為我們的身體服務一輩子就可以了。

很多人出現了骨質疏鬆症，或者到了老年，才開始重視補鈣，其實這個時候已經晚了，預防要從年輕的時候，甚至從小開始。

補鈣並不僅僅就是吃點補鈣產品，更重要的是要合理安排飲食和運動，因為骨骼生長是緩慢進行的，要想一下子改變是不實際的。

合理的膳食不僅對骨質疏鬆有好處，對於其他的疾病，也可以發揮預防作用。

合理膳食，就是重點強調鈣的攝入，牛奶，豆類及其製品，海鮮產品如蝦皮、海魚等，這些都是含鈣比較多的食品，此外，有些堅果類對於骨骼的生長也有很好的作用，比如核桃、榛果、杏仁等，平時都可適當多吃一點。

補鈣不但要補，還要防治那些會影響鈣吸收或者促使骨質流失的因素。一些會影響鈣吸收的食物也要盡可能少吃或不吃。比如經常喝咖啡或濃茶，都會影響鈣的吸收，碳酸飲料則會加速骨質流失。

運動方面最重要的是適當，主要是增加肌力，減少骨量的減少。一般來說，散步和慢跑是比較好的運動項目。

維他命 D 可通過促進腸道內鈣的吸收，來提升高血漿中鈣的值，以促進骨頭的鈣化。它可以促進腸細胞對鈣的轉運，並能改變腸道黏膜的通透性，使鈣更容易、更快速被吸收進入血液。此外，維他命 D 可以促進腎小管對鈣的重吸收，從而減少尿液中鈣的流失。因此在補鈣的同時，注意維他命 D 的攝入是很重要的。

維他命 D 一般通過晒太陽自身就能生成，若是需要補充，可以到醫院去買，不要長期補充魚肝油，因為魚肝油裡不是單純的維他命 D，往往還含有維他命 A，多吃對身體不一定有好處。

專家 Q & A

Q 50 多歲的人腿經常抽筋，是不是骨質疏鬆了呢？

A 經常抽筋，最常見的原因是缺鈣，缺鈣跟骨質疏鬆有一定的關係，但抽筋不一定就是骨質疏鬆，有經常抽筋的情況，還是應該到醫院去做檢查。

Q 補鈣會不會導致尿石症？

A 鈣補充多了以後，是有可能的，但是發生機率不高，之所以能夠形成結石，並不是鈣這種單一因素造成的，而是很多因素共同造成的，補鈣也需要得到醫生的建議，盲目補鈣有可能發揮不了作用，或者適得其反。

Q 服用鈣片對防治骨質疏鬆有效果嗎？

A 補鈣可能發揮一定的作用，但它不能發揮決定性的作用，因為如果鈣不能沉積到骨頭上，就達不到防治的目的。

腰背痛別大意，
小心僵直性脊椎炎

伍滬生

北京積水潭醫院風濕免疫科主任醫師

生活中，我們經常會出現腰背痛，尤其是勞累之後，很多人覺得休息一下就能緩解，但有一種疾病引發的腰背痛，卻是你怎麼休息也不能擺脫的，甚至越休息疼痛越明顯，如果出現這種情況，那你很可能患上了僵直性脊椎炎。治療僵直性脊椎炎相當困難，適當運動是最有效的治療方法，藥物治療也是一個長期的過程。

什麼是僵直性脊椎炎

僵直性脊椎炎是一組累及中軸關節為主的炎性關節病。中軸骨包括骨盆、薦髂關節、腰椎、胸椎、頸椎等。一般我們理解僵直性脊椎炎是不是就是這個脊椎不能動了，其實並沒有這麼嚴重，到了晚期才會出現這種情況。所以這個病的輕重、後果、功能損傷，是有很大的差異，大概有 1/3 左右的患者，會影響工作和生活。

僵直性脊椎炎實際上是一大組病裡面的一個代表，這一大組病叫作「脊柱關節炎」。過去叫作「脊柱關節病」。這個脊柱關節炎包括六七類的疾病。首先是僵直性脊椎炎，還有反應性關節炎、銀屑病關節炎、炎性腸病關節炎，以及一些未分化的關節炎。這裡講的僵直性脊椎炎是這組病的代表。

僵直性脊椎炎在世界各地區、各種族的患病率不一樣。它遺傳的危險性比較大，這個通過外周血可以檢查到，這項化驗叫作「B27 型人類白血球抗原檢查」，在不同的人群裡，陽性率不一樣，但並不是說呈陽性就一定會得病。

一般得關節炎的人群多為體力勞動者，但是僵直性脊椎炎與職業相關性不強，有些損傷可能是誘發的原因之一，歸根到底，還是遺傳的因素發揮重要作用。此外，有些感染的因素，特別是腸道、泌尿系統的感染，也可能誘發這個病，但具體的發病原因，目前並不十分清楚。

腰背痛是個重要信號

僅直性脊椎炎發病緩慢，非常隱祕，在早期一般人都不太在意，不會想到是得了這個病，因為脊柱方面的症狀可能是許多疾病的反應。一旦得了這種病，最主要的表現就是，下腰、臀部出現酸脹、疼痛。早期痛得非常輕微，而且是間歇性的，比如臀部兩邊交替性痠痛。這種病引起的腰背痛與一般性的腰背痛有很大的區別，醫學上叫「炎性腰背痛」，其特點就是和別的機械性腰背痛正好相反，一般我們常見的腰椎間盤突出、腰肌勞損這些病，只要歇著感覺就會好很多；而這個病是越安靜、越歇著，症狀越明顯，比如沒有活動，休息著卻出現疼痛、發僵、不適，往往在夜裡痛醒。

另外，這個病也可以影響外周關節，比如造成髖關節、膝關節、踝關節的疼痛和腫脹，甚至足趾、上肢，都可以有關節疼痛和腫脹。

所以一旦出現腰腿痛，或者是關節不舒服，千萬不要自己隨便用止痛藥，一定要去醫院做詳細檢查，因為診斷是治療的前提。

發病隱密也能診斷

對這個病的診斷，世界各國都逐漸規定了很多的分類標準，比較通用的是美國的分類標準，這個標準強調幾個特點，一是下腰背痛，就是上面說的炎性疼痛，比如持續三個月，腰的活動受限；二是胸廓活動度受限，正常人呼吸的時候有節奏，而僵直性脊椎炎由於胸椎受到影響，肋骨的活動度下降，就會出現呼吸的改變。

放射診斷標準強調薦髂關節的炎症，薦髂關節就是薦骨和髂骨交界的地方，這個地方是一個微動關節，不太動，不像胳膊、腿很容易動。薦髂關節的作用就是把上身的重量傳到腿上去，雖然薦髂關節不重要，但卻是診斷僵直性脊椎炎的標誌。通過 X 光片或者核磁共振成像，就能發現薦髂關節炎。

吃藥和運動，一個都不能少

僵直性脊椎炎是比較難治的一種疾病，所以非常強調早期診斷之後，進行非藥物治療。

非藥物治療首先是要指導患者進行適當的運動，主張做頸部或者腰椎屈伸的活動，經常活動，關節之間就不容易僵直，所以活動也是一個最基本的治療措施。另

外，僵直性脊椎炎有相當一部分會造成駝背，所以，患者要保持正確的坐姿，避免發生駝背。

藥物治療也是一個長期的治療，其目的，一是緩解症狀，提高生活品質，這是最基礎的，可選的藥物主要是非類固醇消炎藥，比如布洛芬（芬必得）、雙氯芬酸（扶他林）；二是控制病情進展，遺憾的是，這方面的藥物很少，很多情況下是用治療類風濕的藥，比如柳氮磺啶、甲氨蝶呤、來氟米特等，療效不是特別滿意。近年又研發了一些生物製劑，可以進行標靶治療，但是非常昂貴，臨床使用受到了限制。

與類風濕還是有區別的

很多情況下，人們會把僵直性脊椎炎的某些症狀誤認為是類風濕性關節炎，對於兩者，一般人確實不好區別，但區別實際上還挺大的。

首先是發病的人群不一樣，類風濕的高發人群是中年女性，女性與男性比例是3：1。僵直性脊椎炎一般男性患病較多，發病高峰年齡多在 20 歲左右，也有很小就發生的。

其次是症狀表現不同，僵直性脊椎炎受累的關節，以中軸骨為主，也可以影響外周關節，特別是下肢；類風濕以外周小關節為主，特別是上肢，比如腕關節、掌指關節、近端指間關節，也包括肘和足，少數影響到脊柱，特別是頸椎，大多數都是外周。

兩者的化驗結果也不同，類風濕性關節炎一般要檢查環瓜氨酸，這是診斷類風濕的一項化驗，若是類風濕，陽性率就比較高，而僵直性脊椎炎都是陰性的。

不可小視的併發症

僵直性脊椎炎隨著病期延長，也會發生肌肉骨骼系統之外的併發症，如皮膚的改變，眼色素膜炎，甚至引起失明，跟腱炎還會造成跟骨頭的破壞。對於內臟系統，首當其衝的是肺，可以引發肺炎，比如 1/3 可以纖維化，對肺功能會有一定的影響。另外，對心血管系統也有影響，會造成心律失常。此外，還可以影響神經系統，比如頸部和腰部的韌帶增生硬化，有可能壓迫外周神經，造成根性神經痛，也可以壓迫脊髓等。所以僵直性脊椎炎也是多系統的疾病。

專家 Q & A

Q 多長時間能治癒僵直性脊椎炎？對生活、學習有沒有影響？

A 僵直性脊椎炎是終身疾病，不能治癒，但是治和不治結果截然不同。治療的目的，一是緩解症狀，二是控制病情。綜合來說，治療就是誘導緩解，並且維持緩解。不能因為不能治癒就放棄治療。

一般如果持續治療，對生活學習影響不大，但做有些動作的時候要注意小心。

Q 在運動方面有什麼要求和需要注意的嗎？

A 運動主要看髖關節、膝關節有沒有受影響。因為有 1/3 以上的人，外周關節受影響，特別是下肢、髖關節，如果髖關節受了影響，運動就會受些限制，不要負重，否則會對髖關節造成撞擊，如果沒有髖骨、膝的運動，一般的體育鍛鍊都可以進行。此外，疾病是以累及中軸骨為主，所以主張多做屈背、旋轉方面的活動，比如做操、游泳都很好。

Q 得了僵直性脊椎炎，日常生活中要注意哪些細節？

A 首先是注意姿勢，僵直性脊椎炎有可能造成駝背，所以睡覺的時候最好是能仰臥或者俯臥。枕頭要盡量低一些，床墊選擇硬一點的，這樣能對脊柱發揮保護作用。坐姿要正確，由於患病者多是青少年，讀書坐著的時間較長，可以用駝背矯正衣之類的工具來矯正姿勢。適當做一些戶外運動是有好處的，還要注意背包的時候要背雙肩包。

骨關節炎，要想治癒有點難

伍滬生

北京積水潭醫院
風濕免疫科主任醫師

有些上了年紀的人，有時候會感覺膝關節和手指關節有些疼痛，並有慢慢加重的趨勢，甚至發生腫脹，這很有可能就是得了骨關節炎。骨關節炎是骨關節自然老化的結果，沒有什麼好的預防方法，值得注意的是，肥胖也是引發此病的重要原因之一。

認識骨關節炎

骨關節炎也叫「骨關節病」，它本質上是關節軟骨的損壞，會續發骨贅形成，就是我們平常說的「骨刺」，關節周圍的一些結構也會有病變，並引起關節功能損失，就叫作「骨關節病」。

要明白骨關節病是怎麼發生的，首先我們需要瞭解一下骨關節的構造。

骨關節炎與關節構造有關

關節的意思就是兩塊骨頭之間的連接，人體的關節有不動關節、微動關節和可動關節。可動關節一般是滑膜連接的，滑膜下面有軟骨，填充在兩個骨面之間，類似於海綿，能夠發揮緩衝、減壓的作用，在關節運動或者受到衝壓的時候，能夠發揮保護作用。如果關節軟骨受到損傷，關節上下的骨頭和骨頭之間就會直接碰撞，從而發生一些病變。

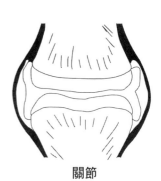

關節

頸椎病和腰椎間盤突出也是骨關節炎，應該屬於廣義的骨關節炎，因為這些關節都是承重關節，是身體的支架並且有運動。胸椎較少發生骨關節炎，它活動度比較小，頸椎和腰椎活動度都比較大，所以常發生骨關節炎，椎體、椎間盤和椎體後面有個骨突關節，都會有增生。

骨關節炎的信號

骨關節炎最主要的症狀是疼痛，但是發病非常隱蔽，剛開始不知不覺，偶爾有輕度關節疼痛，間隔時間非常長，疼痛時間非常短。隨著病程進展，疼痛的程度加重，疼痛持續不緩解，可以發現關節腫脹，這一般是輕微滑膜炎的表現。

 關節響不一定就是骨關節炎

有時我們走路或者抬腿的時候，會聽到關節響聲，關節響不一定就是關節炎的表現。關節響分幾種情況，健康人的關節軟骨，在運動的時候也會有些摩擦，比如有些人喜歡掰手指頭響，如果是很清脆的一聲兩聲，就是正常的情況；但若是瑣碎的那種吡吡啦啦的響聲，比較粗糙，就可能提示關節軟骨受到損害了。

 要想治癒有點難

骨關節炎是慢性終身疾病，是一個老化性疾病，不可能阻止老化，所以完全治癒是不實際的，但是不能根治不等於不能治，進行積極的治療是必要的，它可以緩解關節的症狀，延緩關節的破壞，避免一些更嚴重的後果。

相對於其他的一些骨科疾病，比如僵直性脊椎炎、類風濕性關節炎等，骨關節炎的預後是比較好的，大約只有 10% 左右的患者關節會失去功能，大多都可以正常工作和生活。所以一定要積極治療。

治療方法有多種

治療骨關節炎之前首先要明確診斷，一般來說，如果經常承重或運動的關節發生疼痛，抑或功能不太好，感覺活動範圍縮小了，就應該去檢查一下。檢查骨關節炎最主要的是 X 光片，大多數都可以得到明確診斷。化驗一般不用做，懷疑有滑膜炎的時候可以做一下，會顯示血蛋白稍微高一點，但綜合來說，只靠 X 光片就能診斷了。

 非藥物治療是基礎

治療骨關節炎是個綜合性治療，首先由於它的病因是多種多樣的，所以非藥物治療是最基礎的，國際上有一個治療骨關節炎的「金字塔」，作為金字塔底座的就是非藥物治療。

非藥物治療包括很多種，比如運動療法，通過運動鍛鍊可增強關節周圍軟組織

的韌性，增強軟骨和軟骨細胞對機械應力的敏感性。對於肥胖的人來說，運動也是很好的預防方法。輔助器械，如手杖、護膝和矯形鞋等，可以減輕患肢的負重，保持肌力和關節活動度。中醫針灸、按摩，以及其他的物理療法都能很好地緩解病情，幫助肌腱得到伸展，肌肉得以放鬆。

手術要慎重

雖然手術是非常有效的治療手段，但還是有創傷，應該嚴格掌握適應症，一個是症狀很嚴重，久久無法緩解，再一個是功能受限，確實動不了或者關節活動範圍明顯縮小了，而且通過X光片看，不可挽回的損害非常嚴重，才可以考慮關節置換。同時還要考慮年齡、身體以及經濟承負擔的問題。

年齡和職業是重要發病因素

從年齡上來說，骨關節炎好發於中年以後，一般40歲以前得骨關節炎的，大概只有3～5%，60歲以後大概有50%都會得骨關節炎，到了75歲以上大概80%都有骨關節炎。當然，現在由於職業多元化，發病年齡也有提早，有年輕化的的趨勢，可能與工作節奏快、活動量大有關係。

從職業上來看，重體力勞動，如搬運工人或者單調、機械性重複的手工工作者，運動員尤其是舉重、籃球運動員好發此病。因為這類人群的腕關節、肘關節，以及其他多處關節經常會受到損傷。

運動創傷很容易導致骨關節炎。因為創傷以後，骨骼受力的力線改變了，原來體重壓在關節面上是比較平均的，受傷以後可能變歪，這樣壓力就會改變，激發骨關節炎。舉重運動員的腰椎、肩關節，籃球運動員的膝關節最容易受傷發生骨關節炎。

肥胖也是致病因素

體重會對關節造成壓力，加重關節軟骨的損傷。肥胖除了直接的壓力增加以外，還會引發代謝問題，比如血脂、血糖、血壓，這些問題都會影響到血管的供血，同樣也會加重軟骨損害，所以體重和骨關節炎的嚴重程度是相關的。

不好預防也得防

骨關節炎現在還沒有什麼特別好的預防辦法，尤其是一些原發性的關節炎，由

於不知道發病原因，基本上是不可預防的。但應注意以下這幾個方面，可能對預防有一定的幫助。

✏️ 避免誘發因素

對於續發性的骨關節炎，首先要避免引發疾病的因素發生，比如體重不要太重，肥胖要適當減重。如果經常從事特別繁重的勞動，或者是運動量特別大的工作，一旦出現關節炎症狀，最好更換這些工作。

✏️ 營養要均衡

因為骨關節炎的發生主要限於局部關節，跟全身的代謝沒有太直接的關係，所以對於飲食一般沒有特別要求。平常生活中確保蛋白質、脂肪、碳水化合物、維他命、礦物質和水分這六大營養充分和均衡就行了。中老年人要注意低脂、低糖、低鹽飲食，多吃蔬菜、水果等維他命含量豐富的食物，這樣能夠減緩骨關節炎的症狀。

✏️ 運動要合理

因為骨關節炎主要是蛻變和老化造成的，適當運動可以增加肢體肌肉的力量，能夠保持關節的活動度。但是鍛鍊要得法，過度活動反而會加重骨關節炎的發展。比如有髕骨關節炎，上下樓都疼的話，就不要去登山了，可以適當游游泳，騎騎自行車等，這些運動對關節的損傷會小一些。總之，運動方式要根據自身的情況靈活選擇。

專家 Q & A

Q 膝蓋已經變形，通過治療能變直嗎？

A 骨關節炎是一種慢性的終生疾病，腿伸不直是功能受到影響，應該分兩種情況，一種是因為腫脹、發僵，有炎症，這是可以逆轉的；另一種是結構有了改變，憑藥物或者物理治療是不可挽回的，如果有適應症，可以通過做手術矯正。

Q 手術是不是置換關節？

A 　　手術有很多方式，比如微創手術、關節鏡等，這些都能保留關節。如果關節炎很嚴重，變成 O 型腿或者膝外翻，這種情況需要做截骨術使它變直，這個手術關節也還是可以保留，所以關節炎手術不一定就是人工關節置換。

Q 關節鏡能夠經常做嗎？

A 　　關節鏡不建議經常做，雖然相對於手術來說，它對關節創傷比較小，但是經常刺激它，有時候會加重關節的病變或者關節組織的黏連，是否需要要看症狀，有適應症才能做。

Q 關節置換需要換什麼樣的，是進口的還是國產的好，什麼價格？

A 　　如要做關節置換的話，大多數是使用進口的材料，因為植入人體的假體要求是非常高的，首先人體不能對它有排異反應，此外，它還要經久使用。價格上進口的人工關節偏貴。

Q 生薑和蘿蔔對關節炎能發揮防治作用嗎？

A 　　蘿蔔的維他命含量很豐富，如維他命 A、維他命 C 能抗氧化，對軟骨有保護作用；生薑辛辣，有一定的活血作用，含有生物鹼，也能緩解關節炎。所以，這兩種食物對關節炎是有好處的。

Q 常洗熱水澡能減輕骨關節炎疼痛嗎？

A 　　骨關節炎跟外界氣候有關係，外界的氣壓、溫度、濕度都會影響到關節，所以洗熱水澡可以增加關節的溫度，使疼痛得到緩解。

類風濕性關節炎，不只破壞關節

張奉春

北京協和醫院風濕免疫科
主任、主任醫師、教授

類風濕性關節炎是風濕病中比較常見的一種，發病比較緩慢，早期很難察覺，若不及時治療，就會出現關節腫痛甚至變形。由於很難治癒，所以長期用藥非常重要，只要控制得好，可以長期正常生活。有時候治療需要用激素，但也不必過於擔心，小劑量的激素並不會對身體造成影響。

類風濕性關節炎的表現

既然叫「類風濕性關節炎」，當然是以關節受影響為主要表現的疾病。最突出的表現就是關節疼痛、腫脹，如果進一步發展，就會出現畸形和功能障礙。

不同程度的關節炎，表現是不一樣的。第一期的患者，基本上能夠完全照顧自己，並從事社會活動，X光檢查可能有骨質疏鬆或者還算正常。到了第二期，有一些關節的囊性改變和破壞，關節活動就會受到一些影響。到了第三期，破壞明顯，不能從事社會活動，只能自己照顧自己。到了第四期，關節就僵直了，是最嚴重的程度，生活不能自理了，吃飯、走路都需要照顧。

關節為什麼會變形

關節炎到了後期，會出現嚴重的關節變形。因為關節結構比較複雜，關節上面有滑膜、軟骨，軟骨下面才是骨頭。類風濕性關節炎就是這些組織的病變，表現為組織增生變得很大，把軟骨和骨頭都破壞掉，破壞以後又增殖。有破壞就有修復，不斷地破壞和修復，最後就把關節間隙占滿，而僵直不能動了。由於破壞後長得不均勻，就可能變形了。

類風濕性關節炎的發病原因

類風濕性關節炎的發病原因，首先是遺傳因素，其次是與後天感染性疾病有關，再次可能與某種環境有關，還有免疫方面的因素，所以發病是綜合因素。

從發病的特點來講，類風濕性關節炎的發展非常緩慢，多數患者是得了或者在生活中的某個階段開始出現症狀，起初為關節疼痛，一年多以後關節腫了，檢查才發現得了類風濕性關節炎。

類風濕性關節炎是一種以關節受損為主的全身性疾病，因此患者都有小關節疼痛。雖然類風濕疾病沒有很明顯的易得病群體，從幼兒一直到老人都可以得病，但是新發病人群主要集中在 40 ～ 50 歲的女性。這可能與雌激素水平改變有關，但具體原因現在並不是很清楚。

小心併發症

類風濕性關節炎可以影響到內臟，最常見的是肺，可能有 30 ～ 40% 的患者出現肺間質纖維化，X 光片可發現肺全是條紋，呼吸也變差。

類風濕性關節炎還會出現類風濕結節，很硬的皮下結節，可大可小，也可以長在肺裡，常常被診斷為腫瘤、結核等。

類風濕性關節炎還可以影響到腎，出現尿蛋白。也可以影響到心臟，但和一般說的風濕性心臟病不一樣。風濕性心臟病影響到二尖瓣，類風濕性關節炎影響到主動脈瓣，所以比較好鑑別。肝臟、胃腸道等器官也都可以受到影響，甚至可以影響到眼睛，導致鞏膜穿孔，有的還會出現下肢或者上肢的大片壞死。

及早治療效果好

一旦確定為類風濕性關節炎，一定要及早治療。最近十年，國際上明確提出類風濕性關節炎的早期診斷和早期治療會改變預後狀況。

所謂早期，指的是病程不超過二年，就是從有關節症狀到就診，不超過二年，X 光片顯示關節沒有被破壞，這時候治療效果非常好，一旦出現關節破壞，不管病程多長，都不叫早期了，因為骨組織一旦遭受破壞是不可挽回的，一定會出現關節畸形。總之是越早診斷、越早開始治療，效果越好。

風濕病要找對醫院

類風濕性關節炎治療起來是比較麻煩的，所以一定要找對醫院。如果是類風濕性關節炎，初次治療和最初的診斷還是應該到大醫院。

找對了醫院，還得找對科室，如果這個醫院有風濕科，要首選風濕科，如果沒有風濕科可以找骨科或普通內科，由內科大夫做大概的鑑別。

由於病情不好控制，很多人往往寄希望於偏方、祕方，但偏方、祕方被證明有效的資料太少，有時很可能會誤了病情，錯過了最佳的治療時期。當然，在得到很好的診斷和治療時，配合一些中藥或者民間的治療方法，也是可以的。

還有一點要注意，檢查和治療的資料一定要保留好，醫生在分析病情的時候就要從頭看它的進程和變化，這樣才能夠做出更好的診斷和治療方案。

不要排斥激素

治療類風濕性關節炎，有時會用到激素，很多人擔心會有副作用。其實對於多數類風濕性關節炎，是可以不用激素的，但是已經影響到內臟，肺出現纖維化了，或者尿裡出現了蛋白，就一定得用激素。如果沒有這些合併症，通常不用激素。如果常規的治療方法效果不好，也要用激素。

激素的副作用，只有大量長期使用才容易出現，小劑量短期使用，相對於療效，其副作用微乎其微。比如已經出現關節破壞，使用一點激素迅速控制住，是值得的。所以一定不要排斥激素，而是要合理、正確地使用，這是用激素治療類風濕性關節炎的原則。

長期用藥才能更好地控制

類風濕性關節炎是不容易治癒的，只能在臨床上緩解，也就是說若干年，或者十幾年以後還可能發作。15 ～ 20% 的患者早期發現治療以後可能終身不再犯了，還有 15 ～ 20% 用傳統的方法治療不能阻止它最終畸形，70% 的治了以後會變得比較好，但總會留下一點症狀。

要想長期緩解，持續服用藥物是很重要的。如果覺得各方面都非常好，在醫生的指導下可以停藥。但如果停藥一次復發一次，再停一次藥又復發，要做好終身吃藥的準備。這個在國際會議上做過調查，大多數醫生認為，類風濕性關節炎要終身吃藥。因為現在並不能把它的病因去掉，所以我們並不能叫「治癒」，既然不能治癒，就很可能復發。每一次復發，都會變得嚴重一點。

如果能在醫院治療，控制、維持得很好，在很長時間內可以和正常人一樣，看不出有任何問題。但如果不持續，很可能就喪失了最好的治療時機。

專家 Q & A

Q 關節疼痛，是不是得了類風濕性關節炎？

A 關節疼痛的原因很多，類風濕性關節炎只是引起關節疼痛的一種疾病。要確定類風濕性關節炎，通常要有關節腫大，如果沒有，基本上不能診斷為類風濕性關節炎。

另外，類風濕性關節炎最容易影響小關節，而且是對稱性，所以有對稱性的關節腫痛時，就要高度懷疑是否為類風濕性關節炎。當然這是典型的，有的人剛開始沒有關節腫，只是關節痛，持續一段時間才慢慢出現關節腫，這種早期病例需要通過血清檢查來確認它是不是這類疾病。

Q 得了類風濕性關節炎，在生活中最忌諱什麼？

A 得了類風濕性關節炎，要看在哪個階段，是輕度還是重度，是活動的還是已經穩定了，如果是比較重度，過度的體能運動會過度運動關節，對關節修復不利。如果關節沒有變形，而且被控制住了，是早期的就沒有需要特別注意。

有的人腰腿痛或者陰天一著涼關節會痛，類風濕性關節炎雖然不是寒冷引起的，但是受到寒冷或者潮濕影響的時候疼痛會加重，所以應該注意保暖。此外，如果經過治療控制住了，要主動對這個已經受影響的關節做一些鍛鍊，促使關節功能更好地恢復。

Q 關節已經變形了，還能不能恢復？

A 關節變形要看它是骨頭結構的變形，還是由於腫造成的變形，照了 X 光片後，如果骨質沒有破壞變形，經過治療以後，腫消失了就能恢復。如果骨頭變形，關節間隙改變，或者發生偏移，這是不能恢復的，要恢復只有做外科手術矯形，或者是做關節置換才能恢復。所以類風濕性關節炎，不能等到關節變形了再去治，那就喪失了治療的機會，早發現、早治療對緩解控制病情是非常好的。

Q 類風濕性關節炎有沒有物理療法？

A 物理療法，比如磁療、水療、熱療等，對關節的康復都有好處。特別是在關節炎活動期，做一些物理治療有助於關節康復。

痛風，要特別關注飲食

伍滬生

北京積水潭醫院
風濕免疫科主任醫師

有些中老年男性，在身體看起來非常健康的狀況下，卻突然發生關節紅腫疼痛，甚至是睡前沒問題，到了下半夜就突然被劇烈的疼痛驚醒，這就是痛風。治療痛風，關鍵是要控制誘因，這其中控制肥胖和注意飲食最重要。痛風的遺傳風險比較高，所以有家族史的人群，尤其要注意避免誘因。

血尿酸高導致痛風

痛風就是血液中尿酸過高，尿酸會以鈉鹽的形式沉積在關節上，或在關節周圍、腎臟等組織，引起急性或慢性炎症。

正常情況下，人體內都有一定量的尿酸，尿酸是人體代謝的一種廢物。尿酸主要由體內代謝生成，還有一部分從外界攝入，食物也會形成一部分尿酸。尿酸經過轉換之後，一小部分從腸道分解、排泄出去，大部分則從腎臟排泄出去。排泄的過程始終在進行，如果尿酸的生成和排泄能在一定的範圍內維持平衡，就不會引起疾病，如果尿酸生成過多或排泄受阻，在體內積蓄達到一定濃度的時候，它就會沉積下來，形成痛風。

> 痛風和高尿酸血症有密切的關係，血液中的尿酸濃度升高，叫「高尿酸血症」，發生率比較高，所以說高尿酸血症是痛風的基礎，但是高尿酸血症不一定都是痛風。

飲食不當是主要原因

痛風的發病原因，大致可以分為兩種，一種是遺傳因素，一種是環境因素。遺傳因素導致的痛風，大概占 40%。多數情況下還是環境因素。

其中最重要的是飲食因素，若長期進食含有過多嘌呤成分的食物，而在新陳代謝過程中，身體未能將嘌呤進一步代謝成為可以從腎臟經尿液排出的排泄物，就會造成血液中尿酸濃度過高，引發痛風。

含有高嘌呤成分的食物有以下幾類。

（1）動物內臟，如腦、肝、腎、心、肚，和顏色深的肉類，如海產類、鵝肉、野生動物等。

（2）硬殼果類如花生、腰果。

（3）植物的幼芽部分、菜花類、豆苗、筍類等一般所含嘌呤也相對較多。

另外，天氣變化如溫度、氣壓突變，以及外傷、過多飲酒等也是引發痛風的因素。特別是飲酒，因為酒精在肝組織代謝時，會大量吸收水分，使血濃度增加，使得原來已經接近飽和的尿酸加速進入組織形成結晶，導致身體免疫系統過度反應而造成炎症。痛風古稱「王者之疾」，就是好發在達官貴人身上，這與飲酒大有關係，如元世祖忽必烈晚年就因飲酒過量而飽受痛風之苦。

男性容易得痛風

因為尿酸的代謝會隨著年齡的增長而變慢，所以中老年人得痛風的機率大一些。小孩的血液尿酸值很低，比如約為 3 毫克 / 分升，青年期以後就會升高，達到 5 ～ 6 毫克 / 分升。女孩子基本上不會變，但是女性在更年期以後，因為體內激素值的變化，尿酸值就會升高，基本上達到男性的水平。所以，綜合來看，痛風發病偏愛男性，臨床上，大概95% 以上的痛風患者都是男性，高峰年齡在 40 歲以後。女性得痛風基本上都在更年期之後，發病率是很低的。

當然，有一些年輕人，甚至小孩也可能患痛風，不過大多與遺傳有關。

肥胖既是痛風發病的危險因素，也是痛風發展的促進因素。因為肥胖者的血液尿酸值通常高於正常人，另外攝入的也比較多，給尿酸代謝造成負擔。

關節疼痛是典型症狀

痛風發生一般都很突然，甚至是在身體看起來非常健康的狀況下。典型發作以急性關節炎為首要表現，而且通常是在下半夜，突然被疼痛驚醒。

疼痛一般發生在單關節，好發生在踝關節、趾關節、腕關節、指關節。疼痛還會伴有腫脹、發紅，疼痛很劇烈。關節炎一般在一兩天內達到高峰，過幾天就能慢慢消退，而且消退以後完好如初。

非典型發作比較少見，一般疼痛比較輕微，可能會有好幾個關節同時疼痛，如果出現這種情況，要及時就診。

控制誘因是關鍵

治療痛風首先要準確診斷，診斷要非常仔細，因為它的表現與多種關節傷病相似，如磕碰導致的骨折、損傷，以及風濕性的疾病等，這些都要認真排除。一經診斷，就要擬訂一個長期的治療策略。

非藥物治療是治療痛風的基礎，不管以後用不用藥物，非藥物治療都很重要，配合得好，即使用藥，所用的藥量也會減少，藥物的不良影響也會減少。

所謂非藥物治療，主要就是控制誘因，因為痛風偏愛中年以上的男性，而肥胖者又占一大半。所以，第一就是控制體重。最簡單的是身高值（公分）減去 105 得標準體重值，再用實際體重值減去標準體重值，再除以標準體重值，如果超重 20% 即偏胖，比如 170 公分減去 105，標準體重應該是 65 公斤，如果實際體重已經達到 80 公斤，那顯然就是肥胖，應該控制體重。還有一個簡單的方法，就是量腹圍，男性不要超過 90 公分，女性不要超過 80 公分，如果超過了也算是肥胖。

肥胖首先應該控制飲食，飲食強調低熱量、低脂肪，因為脂肪也會產生很多的熱量，容易積蓄下來，增加體重。第二就是要持續運動，特別是中年人，運動是最重要的，主要是有氧運動，游泳、騎自行車、慢跑等，都是很好的運動方式，最少是隔天一次，每次 30 分鐘，是非常有效的減肥方法。

除了控制體重，飲食也很重要。痛風的人飲食應該低嘌呤，嘌呤最後轉變為尿酸。嘌呤廣泛存在於食物裡，不管動物性食物還是植物性食物都含有嘌呤，因為它是在細胞核裡的一種物質。但是不同食物所含的嘌呤量不一樣，比如一些海鮮，特別是帶殼的，以及無鱗魚，還有動物的內臟如肝、腎、腦等，嘌呤含量都非常高的。另外，比較濃的肉湯所含嘌呤也非常多，因為嘌呤是可以溶於水的，尤其是涮涮鍋，湯裡的嘌呤物質非常高。另外有些食物雖然含嘌呤，但不像上面說的那些食物那樣多，比如魚肉，只要別吃太多就沒有問題。蔬菜、水果等一般是低嘌呤食物，而且多屬於鹼性食物，能鹼化體液，對於高尿酸血症是有幫助的。另外，要嚴格戒酒，因為酒類不但會讓尿酸產生過多，而且會讓尿酸排泄減少，尤其是啤酒。

多喝水也是很好的預防方法。尿酸主要是從腎臟排泄，多喝水就可以讓尿酸更容易溶解，經腎臟大量排出體外，從而有效預防痛風發生。

藥物治療分階段

如果痛風比較嚴重，就需要藥物治療。藥物治療要分階段，在急性期，就是突然發生的時候，因為它有自限性，過幾天就沒事了。

急性期之後，會有一個很漫長的間歇期，之後就是慢性期，可能會出現痛風石，痛風石一般出現在關節或耳廓的皮下，為白色的結節，可能會潰爛。關節骨頭也會受侵蝕，還可以影響到腎臟，比如尿酸鹽性腎病，或者腎結石。

急性期非常痛苦，應該盡快解決疼痛問題，可以用秋水仙素，或者布洛芬（芬必得）、雙氯芬酸（扶他林）這一類的非類固醇消炎藥控制和緩解疼痛，也可以用少量激素。等到慢性期時就要定好計劃，看看到底值不值得降尿酸，如果經過飲食控制，尿酸控制得還可以，就不一定要降尿酸，因為降尿酸的藥物，一旦使用就需要長期用，甚至終身服用。所以一定要權衡各方面的情況，再決定用不用。

預防痛風，調理生活是基礎

痛風是一種代謝性疾病，維持代謝正常很重要，不管是營養攝取，還是活動，都要盡可能平穩，使日常的作息、飲食，維持一個平衡的狀態，確保規律性。因為生活不規律，大起大落，體內的一些物質也在劇烈波動。

此外，情緒激動、非常勞累，或者受涼、受潮等，也會影響體內環境，使尿酸值產生波動，所以強調情緒穩定很重要。在此基礎上，要注意食物的選擇，持續適量的運動，保持合理的體重。

痛風有 20 ～ 30% 有家族史，對於這些人群，預防上也要避免誘因，加強生活管理，包括飲食合理、生活規律、控制體重等。

痛風也容易與高血壓、糖尿病、高脂血症等病一起發生，所以這些病也需要積極治療。

專家 Q & A

Q 聽說痛風不能吃豆腐，是真的嗎？

A 能不能吃，主要看食物中含不含嘌呤。一般測食物裡面的嘌呤都是用生的食材，比如豆類，把水分都去掉之後，測量出來的嘌呤不算低。但事實上我們吃的豆腐含有很多水分，所以豆製品對於痛風是沒有影響的，特別是再加上煎、炒、烹、煮，嘌呤就可以忽略不計了。

Q 痛風治好了以後會復發嗎？

A 痛風是個復發性疾病，但有一小部分人得過一次之後就永不再犯，大多數過一段時間還會復發。一般第一次和第二次之間，會隔一兩年，第三次、第四次以後，每次復發就離得越來越近了，甚至每個月都會犯，而且受累的關節也越來越多。

Q 痛風患者可以運動嗎？

A 運動需要根據不同階段來做，急性期過後運動不受限制，甚至踢足球、長跑，都沒有問題。但是如果反覆發作，那麼在發作的時候就不能運動。

長紅斑，要提防紅斑性狼瘡

曾小峰

北京協和醫院

風濕免疫科主任醫師、教授

紅斑性狼瘡，聽起來好像是長斑長瘡，其實在風濕病中是病情最複雜、最嚴重的一種疾病，曾經被人們認為是一種頑疾、絕症。但是隨著醫學發展，這種疾病已經得到很好的控制，只要早期診斷，及時治療，持續用藥，就能像正常人一樣生活。

什麼叫紅斑性狼瘡

紅斑性狼瘡是一種系統性的自身免疫疾病，所謂系統性，就是全身各個臟器都會受到影響。這種疾病早期有一部分患者會出現紅斑，有點類似被狼咬過的痕跡，所以在以前叫作「狼瘡」。

在 20 世紀 50 年代，這種病的病死率非常高，五年生存率不到 40%，現在 10 年或者 20 年的生存率大概是 90% 以上，也就是說很多人都可以很正常地生活。但前提是要持續在醫生的指導下治療。

紅斑性狼瘡不是皮膚病

紅斑性狼瘡患者到了醫院常常是去看皮膚科，其實，應該是去看免疫科。因為皮膚變化只是這種疾病最明顯的一種症狀。紅斑性狼瘡是系統性的，所以會影響到腎臟，也會影響到血液系統，還會影響到神經系統，只不過在皮膚上顯而易見罷了，其實它有很多表現是在體內，是我們看不見的。

當然，皮膚沒問題也並不表明就沒有得病，這種疾病，每個人的表現可能不一樣，個體差異別非常大，比如有些人發病可能只表現在腎臟，有些人只有造血系統有問題，還有些人會在肺或者神經系統出現問題，當然有些嚴重的病例可能多個系統同時出現症狀。

免疫系統出了問題

紅斑性狼瘡是一種自身免疫疾病，所以是自身免疫系統出了問題。我們知道免疫系統一般是針對外來的細菌、病毒產生一種抵抗力，一旦免疫出現紊亂，免疫系統很可能就會針對自身組織產生抵抗，這些抗體可以導致自身組織破壞，產生全身的一些問題。

國際上都在研究是什麼原因導致了紅斑性狼瘡，但現在還沒有一個確切的結論。目前只知道紅斑性狼瘡至少跟幾個方面有關，第一跟遺傳有關，第二跟環境有關，第三跟感染有關，一些細菌或病毒感染導致了免疫異常，第四還有一些可能跟激素水平有關，因為患這種病的大部分都是年輕的女性，年齡在 20 ～ 40 歲。

警惕危險因素

現在還不能肯定患什麼病能夠引發紅斑性狼瘡，但是如果有家族史，那麼他得這種病的機率就要比其他人高得多，這些人要特別注意避免誘發因素。比如有一些人有光過敏，去海邊玩以後，或者日光浴以後，就出現光過敏，再加上本身就是危險人群，可能就會引發紅斑性狼瘡。

另外，一些病毒感染，比如胃腸道感染、尿路感染等跟這個病也有一些關係，因為感染可能誘發免疫異常。但實際上除了感染以外，還有一些環境因素，包括化學物，比如有一些紋眉的人，她的發病率也比較高。

出現皮疹要當心

之所以說這個病是系統性，就是說它非常複雜，各種症狀都可能出現，但是它也有特徵性，最明顯的症狀就是皮疹，比如蝶形紅斑，絕大部分都是紅斑性狼瘡。

如果出現不明原因的發熱，突然出現蛋白尿，還有白血球減少，這些都是可能的症狀。很多患者都是因為白血球、血小板減少來看病，最後查出罹患紅斑性狼瘡。

到醫院要看風濕免疫科

因為紅斑狼瘡症狀表現的部位有的在皮膚，有的在腎臟，或者是呼吸系統，所以到醫院很難決定去看哪個科。實際上它是一種系統性疾病，屬於風濕病的範疇，同時也是一種自身免疫性疾病，所以應該到風濕免疫性專科去看病，這個科的醫生受過專門訓練，可以給患者提供正確的治療方法和建議。

早期診斷非常重要

　　紅斑性狼瘡早期診斷非常重要，如果是皮疹還好一點，因為它不是重要臟器，如果影響到神經系統，或者腎臟、心血管系統等重要器官，那就非常嚴重了，如果沒有診斷出來，沒有及時治療，而是按照一般的腎炎去治療，有可能使腎臟病越來越嚴重，甚至可以導致死亡。所以說早期診治、監測是非常重要的。

控制好就能正常地生活

　　紅斑性狼瘡是慢性病，絕大部分是不能治癒的，但是如果得到很好的控制，只要按著醫生的治療方法持續治療，可以抑制發展，重要的臟器也不會出現問題，除了要經常吃藥以外，跟正常人一樣。

　　有一部分人經過 3 ～ 5 年的治療，一直處於平穩狀態，也可以停掉藥物，但是定期檢查、化驗是必不可少的，一旦有什麼問題要立即去看醫生，以便及時用藥控制。

　　還有一些人，可能會不斷復發，如果不治療，同樣會導致不可挽回的結果，所以一旦有不好的症狀一定要及時去找醫生檢查，一旦病情有活動，就要用藥誘導緩解，這是非常重要的。

　　生活方面，要避免紫外線照射，因為有些人會光過敏，紫外線照射以後會導致體內免疫異常，使病情復發。飲食方面如果沒有嚴重的腎臟損傷，正常飲食即可。

專家 Q & A

Q 身上起紅點，持續不退，會不會是紅斑狼瘡？

A　　因為紅斑性狼瘡非常複雜，身上出紅點可能是紅斑性狼瘡的表現，但不是說一出現紅點就是，因為除了紅斑性狼瘡以外，能夠引起紅點的疾病還很多。畢竟紅斑性狼瘡不像感冒那麼常見，發病率比較低，所以不要因為出一點問題就考慮是紅斑性狼瘡，但是如果持續出現紅點不退，還伴隨其他問題出現，比如腎臟也不好、血液系統也有問題，那就應該去查查有沒有自身免疫性疾病，因為所有疾病的症狀，在紅斑性狼瘡裡都可能出現。

Q 紅斑性狼瘡會傳染嗎？

A 很多患者都會提出這個問題，因為他臉上出現了很可怕的斑，總覺得可能會傳染，可以明確告訴大家，這種病不是傳染病，不會傳染。

Q 怎樣才能避免感染？

A 因為紅斑性狼瘡是自身免疫性疾病，患者本身就是免疫功能低下的人群，就更容易出現感染，而且紅斑性狼瘡的患者如果吃了一些激素製劑，也會使他身體的免疫功能受到抑制，進而出現續發感染，所以說感染是狼瘡經常要面對的問題。要避免出現續發感染，就要少到人多的地方去，注意通風，平時出門要戴口罩，避免傳染上感染性疾病。

Q 怎麼避免復發？

A 復發有幾個部分，有一些是因為受到其他因素影響而復發，比如被感染出現肺炎，就很容易導致病情復發。很多患者的病情是波浪式的，有時醫生也沒法預測到什麼時候可能會復發，因為可能是某一個不確切的因素突然導致復發，比如感染、勞累、大劑量紫外線照射，都可能導致復發。只要覺得病情加重或者全身不舒服，又不是感冒等其他的疾病，就一定要及時到醫院去做相關的檢查。

13

神經系統

- 擺脫黑夜的失眠夢魘
- 憂鬱症，有可能導致自殺
- 帕金森氏症，不只是手抖
- 多汗症，與交感神經有關

擺脫黑夜的失眠夢魘

張　捷

首都醫科大學附屬北京中醫醫院
針灸科主任醫師

人的一生有 1/3 的時間是在睡眠中度過，生命對於黑夜的饋贈是多麼的慷慨啊！可對於這生命最重要的時段，很多人卻不能盡情享受。伴隨著生活節奏的加快，越來越多的人正陷入黑夜的夢魘——失眠的困擾。失眠不僅會擾亂我們的情緒，還會給健康帶來大問題。但是失眠也並非那麼可怕，只要我們在生活中注意調理，再學會一些簡單的按摩，就能重新回到一覺睡到天亮的狀態。

看看你是否失眠了

失眠就是我們在相當長的一段時間裡，對睡眠的品質覺得不滿意，一般而言都要持續一段時間。我們每個人都會有夜晚睡不著或睡不好覺的經歷，一般都是一兩天，這並不是失眠症。

失眠的表現主要有以下幾種：

（1）躺在床上以後輾轉反側一兩小時還不能入睡。

（2）即使入睡，到半夜就醒了，很難再入睡。

（3）早醒，一般比平常醒的時間提前了 30 分鐘以上。

（4）睡眠中常常會有惡夢，而且有時在夢中驚醒以後，會覺得心慌，肌肉直跳，甚至出一身汗。

（5）夜晚睡著了，但是始終處於淺睡狀態，早晨起來就像一夜沒睡一樣，渾身疲憊，頭暈腦沉。

失眠帶來大問題

失眠會讓人覺得非常痛苦，我們每天晚上通過睡眠可以緩解一天的疲勞，而長期失眠的人，由於得不到必要的休息，會給身體上和心理上帶來極大的危害。

✍ 失眠危害身體

失眠最常見的危害就是身體感到非常疲乏，渾身無力，以至於不能正常工作，或是工作效率不高。

長期失眠還會危害心血管系統，讓人覺得胸悶，憋氣甚至心慌氣短等。

此外，腸胃系統也會因為長期失眠而受影響，吃飯以後就覺得腹脹、氣滿，還出現大小便的改變，有的時候病人也變得消瘦。

✍ 失眠擾亂情緒

失眠也會帶來情緒變化，長期失眠的人特別容易生氣，容易發脾氣，甚至有的人會出現焦躁不安、心煩意亂，甚至出現生不如死的想法。

✍ 失眠加速衰老

長時間失眠的人會明顯感到記憶力減退、丟三落四，反應和思維能力也會明顯下降。

長期睡不好，會讓身體不斷透支，體力消耗過快，無論精神狀態，還是身體狀態，都會顯得衰老。

你為什麼失眠

引起失眠的原因很多，只有找對原因，才能解除失眠的煩惱。常見的失眠原因主要有以下幾類。

✍ 環境因素

環境的改變是導致失眠最常見的原因。比如說你居住的環境過熱、過冷，或者有噪音，就會引起生物節律的改變，導致失眠。對於這種情況，要根據原因做相應的環境調整。

✍ 時差因素

比如出差、長途旅行等，由於各個地方的時差不一樣，也會影響睡眠。遇到這類情況，首先要提前調整睡眠時間，比如向東方旅行，出發前一週可適當提前就寢；向西方旅行，則相反。其次要選擇適當航班，盡可能選擇晚上到的航班，然後在當地時間晚上 10 點以後就寢。此外，若是晚上到達目的地，則要避免過飽飲食，更要遠離酒精和咖啡等刺激性飲料。

情緒因素

情緒也是很重要的因素,比如明天有一個重要的約會或者有一場考試,還是有一件讓你著急的事,如果你過於在意和緊張,就會影響到睡眠品質。避免失眠的辦法就是要穩定心情,比如聽聽音樂、看看書等。

 疾病因素

身體的某些疾病,比如高血壓病、糖尿病、甲狀腺疾病、腦中風、偏癱、腫瘤,以及一些慢性疼痛,都會影響睡眠。對於這類原因造成的失眠,最根本的辦法就是消除相關疾病。

失眠究竟怎麼治

如果剛剛出現失眠,只是幾天或者偶爾,可以試著用數數的方法讓自己放鬆下來,轉移注意力,不要過度去想睡眠這件事。

少量喝點酒或牛奶、泡泡腳,有益於短暫、偶爾出現的失眠。

對於偶爾出現的輕度失眠,對白天生活影響並不大,就可以用一些飲食調節的方法,或者做按摩、聽音樂來緩解。

若是中重度的失眠,則要運用藥物,再加上一些理療方法,甚至心理調適,進行綜合治療。

如失眠已經超過一個月,甚至超過半年、一年,就屬於慢性失眠了,首先應去諮詢醫生,看看失眠到底是什麼原因造成的,而後才能對症治療。

預防失眠很簡單

要預防失眠,在日常生活當中要從以下幾個方面調整。

 調整心態

要保持良好的心態,因為壓力、勞累、緊張可能都是失眠的原因,如果暫時還不能擺脫這些因素,那就需要自己調整好情緒。

 生活規律

要想保持良好的睡眠,就要生活有規律。中醫講子午覺,就是每天晚上 12 點之前,最好放下所有工作進入睡眠,中午覺也非常重要,休息 20 ～ 40 分鐘,有助於恢復體力和精力。

適當運動

適當的瑜伽、體操、散步等都可以緩解失眠，但是睡覺之前做過多劇烈運動則是不合適的，因為過於興奮的活動，反倒會影響睡眠。

正確飲食

吃一些對睡眠有幫助的食物，比如牛奶、小米、百合、桂圓等。根據不同體質，可以吃不同食物。身體虛弱，如產後或者老年人，就可以用桂圓、山藥、白米、紅棗一起煮粥喝；如果屬於脾虛的人，工作壓力大，思慮較多，食慾不好，有時候拉肚子，可以煮一些小米粥，加上百合，能夠幫助睡眠。此外，一定要避免濃茶、咖啡、酒精。

經穴按摩改善睡眠

對於非疾病引起的失眠，適當的經穴按摩可有效改善睡眠，緩解症狀，下面介紹幾種常用的穴位和經絡按摩方法。

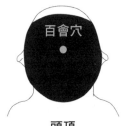

頭頂

百會穴

在兩耳角直上連線的中點即為百會穴。將雙手拇指放在耳朵裡，掌心向內，指尖向上，雙手中指指尖所在位置即是。用中指指腹按揉穴位，會有酸脹的感覺，每次按 60 ～ 80 下即可。

印堂穴

印堂穴位於兩眉的中點。用中指或食指的指腹按摩，也可以用手掌的掌根輕輕地揉。

面部正面

內關穴

位於腕掌側橫紋上二寸（三個手指併攏的寬度）兩筋之間的中點處。用四指托住手臂，用拇指指腹按揉 60 ～ 80 下，然後換到對側再進行按摩。

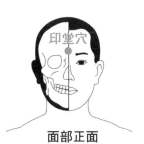

手掌

☑ 膀胱經

在背部督脈（腰背部正中線）的兩旁 1.5 寸（食指與中指併攏的寬度）處。用手從上到下進行推拿按摩，按摩到局部有些發熱、潮紅，感到舒適、放鬆即可。

☑ 膻中穴

位於雙側乳頭連線的中點處。女性則應略向上一點。用中指指腹按揉 60 ～ 80 下。這個穴位不僅可以幫助安神，也能除煩，對於胸悶、憋氣、心慌都有緩解作用。

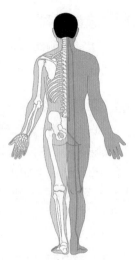

經絡圖

梳子也是一種非常方便的自我保健工具，選用齒不尖銳的木質梳或牛角梳，從頭部正中線往後梳，每次 300 ～ 500 下，可以有效緩解失眠帶來的頭暈、頭痛、頭漲等不適。

專家 Q & A

Q 坐著很容易就睡著，躺著卻又沒睡意，是失眠嗎？

A 這也是失眠的一種，隨著年齡的增長，有的時候會出現躺著不睡坐著睡的現象，即使好不容易睡著了，但稍微有些干擾就醒了，這說明你始終處於一種淺睡眠狀態，所以也是一種睡眠的障礙。

Q 夜晚很難入睡，白天睏的時候在哪都可以睡著，算不算失眠？

A 這種情況也屬於失眠的一種，白天雖然睡過了，但基本上都屬於打盹的情況，都是處於淺睡眠的階段，對人體的恢復遠遠不夠，所以也是失眠的一種。

Q 音樂有助眠、導眠的作用嗎？

A 　音樂確實是一種輔助治療的方法，它可以幫助調整情緒，讓身體和精神放鬆下來，因為很多患者失眠與精神緊張、焦慮有關係。

Q 催眠真的可以治療失眠嗎？

A 　催眠一般適用於焦慮、憂鬱的患者，或者是身體疾病帶來心理壓力造成的睡眠障礙。在催眠過程中，情緒得到釋放，不安和恐懼得到調整。一般需要專業的心理治療師、催眠師幫助才能完成。

Q 治療失眠的藥物有副作用嗎？

A 　多數人使用的藥物都是苯二氮平類（安定類）藥物，這些藥物確實能夠讓人很快入睡，但是它容易成癮，越吃越多，越吃越不管用了，一旦停下來，就又睡不著了，所以最好在醫生的指導下正確用藥。

憂鬱症，有可能導致自殺

劉華清

北京回龍觀醫院
心理科主任醫師

憂鬱症患者如果得不到及時的治療，有的人可能最終會選擇自殺。憂鬱與憂鬱症的高發病率和高危害性已經遠遠超出了我們認知和關注的範疇。老人、孕婦、兒童，甚至青年人都會產生憂鬱，但不同的人群產生憂鬱的原因不一樣，只有找到產生憂鬱的源頭，才能從根本上解決問題。

什麼是憂鬱症

憂鬱是一種心理疾病，主要表現為情緒低落。憂鬱較輕者外表如常，內心有痛苦體驗。稍微嚴重的可表現為情緒低落、愁眉苦臉、唉聲嘆氣、自卑等，有些患者常常伴有神經官能症症狀，如注意力不集中、記憶力減退、反應遲緩、失眠多夢等症狀。重度憂鬱症患者會出現悲觀厭世、絕望、自責、幻覺、妄想、食慾缺乏、體重銳減、功能減退，並伴有嚴重的自殺企圖，甚至自殺行為。

一般來說，最常見的表現就是情緒低落，高興不起來，做什麼事情都沒有興趣，對原來感興趣的事情，都不再感興趣了。

按照年齡來分，有兒童憂鬱症、產後憂鬱症、更年期憂鬱症、老年憂鬱症。

身體不適源於心理

憂鬱的人，往往比較沒自信，不願意與人交談，羞恥心也比較強。表現在身體上可能經常會覺得頭痛胃痛，心臟不舒服，肩背痛，或者膝關節痛。但是這些症狀往往在內科是查不出原因的，所以很容易漏診、誤診，做核磁共振成像、CT 電腦斷層掃瞄、心電圖，檢查結果都是陰性，沒有發現器質性的軀體疾病。所以這樣的情況叫「隱匿性憂鬱症」，就是以軀體症狀不舒服來表現憂鬱。

這種情況，當我們與他長時間談話時，就會發現他並非軀體上的不舒服，慢慢他自己就會說是心情不舒服。具有以上這些特點的，我們判斷他可能就得了憂鬱症。

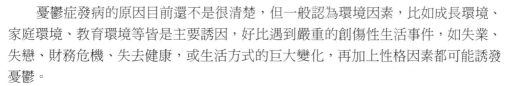

憂鬱症的病因

憂鬱症發病的原因目前還不是很清楚，但一般認為環境因素，比如成長環境、家庭環境、教育環境等皆是主要誘因，好比遇到嚴重的創傷性生活事件，如失業、失戀、財務危機、失去健康，或生活方式的巨大變化，再加上性格因素都可能誘發憂鬱。

憂鬱症與家族病史也有密切的關係，研究顯示，父母其中一人患憂鬱症，子女患病機率為 25%；若雙親都是憂鬱症患者，子女患病率會提高到 50 ～ 75%。

對一些人而言，長期使用某些藥物（如抗高血壓藥、治療關節炎或帕金森氏症的藥）也可能會造成憂鬱症狀。

患慢性疾病如心臟病、腦中風、糖尿病、癌症與阿茲海默症（老年痴呆），得憂鬱症的機率也較高。甲狀腺功能亢進，即使是輕微的情況，也會患上憂鬱症。憂鬱症也可能是嚴重疾病的前兆，如胰腺癌、腦瘤、帕金森氏症、阿茲海默症等。

治療方法

抗憂鬱藥物和心理治療都可以治療憂鬱症。對有些患者來說，抗憂鬱藥物更有效；而對另外一些患者來說，心理治療更為有效；而對大多數患者來說，兩者一起使用可能最有效。特別是對重度憂鬱症患者，藥物可以相對迅速地減輕憂鬱症狀，而心理治療則教會患者如何減少自己的憂鬱症狀、如何避免或處理那些生活中經常引發憂鬱症狀的問題。

抗憂鬱的藥有多種，而且安全性也比較高，沒有必要擔心藥物的安全問題。

兒童憂鬱多是缺少關注

造成兒童憂鬱的原因是多方面的，但缺少關注是造成兒童憂鬱症比較重要的原因。在門診經常可以看到這樣的現象，七到十幾歲的孩子，學習成績非常好，突然就不願意上學了，說自己笨，老師同學不喜歡，不快樂，不想活了。追問他的成長經歷，發現孩子因為家長忙碌，是奶奶撫養長大的，在孩子的內心世界裡，可能會覺得媽媽不要我了，心理上就會發生問題。

家長教育的方法不對也是造成孩子憂鬱的一個因素，父母要求非常嚴格，甚至非打即罵，或者經常負面評價孩子，當孩子成人以後，特別是在青春期，甚至在學齡期，都會有憂鬱的表現。

此外，性格比較偏激、負面思考比較多、喜歡鑽牛角尖的孩子，也很容易有憂鬱的問題。實際上，性格比較偏激或者經常負面思考，也與家長的教育或家庭環境有關。

父母的愛能幫助孩子走出憂鬱

父母應該多花時間去瞭解孩子的內心，理解孩子，尊重孩子，多與孩子交流。因為目前小孩大多是獨生子女，在家庭中沒有與同齡人交往，內心很孤單，只能每天和電視、遊戲機、網絡為伍。所以父母要適時放下手邊的工作，盡可能多陪伴孩子，和孩子一起成長，不要打罵孩子，也要避免給孩子負面的評價和否定。

兒童憂鬱症，比較典型的表現有兩種，一是食慾不好，噁心嘔吐，有時甚至會腹瀉；二是容易傷心流淚，不愛說話，不合群，性格和以前大不相同。有時候憂鬱還會通過另外的方式表現出來，比如不聽話、調皮、網絡成癮，甚至發脾氣。這些可能都是兒童憂鬱的信號，要加以重視。

如果發現孩子有這些憂鬱症狀，再去預防就已經晚了，此刻再想跟孩子多溝通、多接觸，很可能都會遭到拒絕。這個時候就要及時去看兒童心理或精神科門診。

同時父母自己也要反思，看看有哪些需要調整和改進的地方。很多父母教育孩子的方法，都是從他的父母那裡學來的，往往是簡單、粗暴、打罵、否定，這樣的方法必須摒棄。相反地，應該注意聆聽，聽孩子講，有目光交流，理解孩子的需要，盡量滿足孩子的合理要求，允許孩子有不同的意見，平等對待孩子。只要用心去愛孩子，孩子從你的言語行為裡都能感受到。

產後憂鬱症的病因

產後憂鬱症和普通的憂鬱症表現相似，突出的特點就是生孩子以後，六週以內，表現為情緒不好、緊張、憂鬱，擔心孩子的發育問題，擔心自己的身體能不能復原，恐懼、睡不好覺，飲食差，心情不好，這都是產後憂鬱症的基本表現。

除了擔心養育不好孩子，家庭關係也是造成產後憂鬱的重要因素。比如有些人為了工作不願生孩子，但迫於父母壓力，生了之後就會影響到工作，感到不愉快。又如婆媳關係不好，或者是在照顧孩子的方式上產生了分歧或矛盾，慢慢地就會沮喪、憂鬱，見了孩子就心煩，總是掉眼淚，睡不好覺，孩子一哭心更煩，孩子哭鬧哄不住，就感覺到自己是一個失敗的媽媽。睡眠不好，內分泌就會發生一些變化，憂鬱症狀隨之出現。

產後缺乏交流，也會讓新媽媽心情憂鬱。傳統上是要坐月子的，一個月不出門，限制了社交活動，這對產婦情緒是極為不利的。

產後憂鬱症會對孩子造成不良影響

產後憂鬱症要高度重視，因為它不僅對媽媽，而且對孩子也會產生嚴重的影響。

首先，生孩子以後，如果情緒不好，整天愁眉苦臉，沒有精力和心情來照看孩子，孩子在這樣的環境下發育成長會受影響。而且心情不好，也會影響奶水分泌。

如果兒童、青少年有心理問題，追問成長的經歷，就會發現，有一部分人的媽媽在生下他後有憂鬱症的情況。所以，產後憂鬱症影響還是比較深遠的。

怎樣避免產後憂鬱症

避免產後憂鬱症，首先是要做一個堅強的媽媽，懷孕前就要對懷孕後的生活有一個預測，做好充分的心理準備。同時家人、朋友也要給孕婦更多的關懷和支持。這個支持可以是物質方面的，也可以是心理方面的，最好要有固定的人照顧孕婦的生活，解除她內心的困惑，給她陪伴。總之，要讓孕婦感到安心、溫暖。

當然，最重要的是要有丈夫的陪伴，要給妻子正面鼓勵與良好的情緒影響。父親的情緒不僅會感染妻子，也會傳染給孩子，對孩子未來的發展有一定的影響。所以年輕的父母一定要加以重視。

在產後坐月子期間，產婦一般與外界交流很少，心情不會很好，這時家人朋友一定要注意與她多交流，最好是能與別的產婦有交流，可以聊聊怎麼養育孩子，怎麼克服養育孩子的困難，有共同的語言交流會讓她感到舒服一些。

產後憂鬱症比較嚴重的需要治療，要及時到專科醫院與醫生進行面對面的交流和評估，診斷病情，並進行相應的治療。

老年憂鬱症表現

老年人憂鬱症最突出的表現就是情緒低落，還有身體症狀，比如心口痛、胸悶、失眠、早醒、食慾減退。此外，還會表現出記憶力、注意力下降，思考活動受抑，思考內容貧乏、遲緩，精神方面性格孤僻，意志消沉，沉默寡言，動作遲緩，不願活動，步幅變小，甚至覺得活著沒意思，產生自殺的念頭。

有的老年人失眠，喜歡吃安眠藥來緩解。如果是偶爾的失眠，是可以的。但是如果是長期失眠，吃安眠藥也改善不了睡眠或者情緒，就要想到可能是老年憂鬱症，要及時到精神科門診去看病。

情感的撫慰最重要

老年人患憂鬱症，除了疾病因素，很多情況下都是因為孤獨。老年人很少外出，接觸外面世界的機會比較少，久而久之，心情就會憂鬱。所以，作為兒女應當常常回家，給老人講講外面世界的新鮮事，父母受到兒女的尊重、孝敬，會感到很幸福，心情自然就會好，患病的風險就會降低。所以常回家看看，給老人捶捶背，洗洗碗，陪老人聊聊天，這是兩代人之間情感的傳遞，對於排解老年人的孤獨、撫慰情感，是非常有意義的。

此外，做一些按摩對於預防或者緩解憂鬱也是有幫助的。比如夫妻之間，或者親人之間，可以互相捶捶背，敲敲打打，同時詢問對方舒服不舒服，調整拍打的部位和力度，既能發揮疏通經絡的作用，又能增進相互的情感交流，帶來一種愉悅感。

預防老年憂鬱症要靠自己

老年人一般行動比較遲緩，即使發生憂鬱，也不容易被察覺，所以老年人自己要多想辦法讓自己愉快起來，避免發生憂鬱。

運動是一種很好的方式，每天和同事或朋友一塊打打球，做做活動，既能促進身體代謝，讓人自然快樂，又可以通過與人接觸、交流，滿足感情的需要。

如果感到心情不好，最好找人交流溝通，說說你內心的煩悶，別人有快樂的事與你分享，也會讓你感到快樂。生活中至少要有一個知心的好友，能讓你傾訴衷腸，這比吃藥更管用。

規律的生活也很重要的，按時休息，各項生活規律，不要太緊張，生活節奏慢一點，可以讓我們更好地享受生活。

此外，培養一項或幾項自己的興趣和愛好也會讓自己的生活變得豐富多彩，憂鬱自然就不會找上門來。

專家 Q & A

Q 經常坐著發呆，有時候還心情非常不好，算不算憂鬱症？

A 　判斷是不是憂鬱症，主要有三個特點。第一是情緒低落，第二是思考問題慢了，第三是什麼也不想做，比如原來感興趣的事情，現在都不願意做了。同時還要具備兩個標準，第一是情緒低落到揮之不去，天天如此，嚴重影響正常生活，第二是上面的情況持續二週以上。如果只是偶爾情緒不好，就不能簡單認為是患了憂鬱症。

Q 孩子得了憂鬱症，能根治嗎？

A 　患了憂鬱症，按時吃藥，經過長期的規範治療，是可以根治的。這期間父母的教育方式也很重要，給予孩子關懷和溫暖，比如一起遊戲等，這種心理治療，再加上藥物的幫助，就能幫助孩子改善情緒，恢復正常的社交和學習生活。

Q 生完孩子以後，脾氣變得非常大，還經常鬧情緒，是患了產後憂鬱症嗎？

A 　產後脾氣可能有變化，這是自然的，至於是不是憂鬱症，這要看持續的時間和嚴重的程度。如果是經常鬧脾氣，情緒低落，睡眠不好，胃口差，興趣低，有無力感、無助感，思考問題也慢了，這些情況又持續二週以上，就有可能是憂鬱症。如果只是偶爾發脾氣，時間又短，不是很嚴重，能正常養育孩子，與人交流也沒有問題，就不能算憂鬱症。

Q 黃昏戀是不是能夠解決孤獨病？

A 　對於喪偶的老人，黃昏戀是一種很好的情感撫慰，可以幫助他排解孤獨，得到身心的滿足，這樣患憂鬱症的可能性就會減少。

Q 長期服用抗憂鬱藥物會導致藥物依賴嗎？

A 　很多人認為長期服用抗憂鬱藥物會把腦子吃壞，並形成依賴。過去的抗憂鬱藥物，比如三環類抗憂鬱藥物，確實副作用很多。現在新型的抗憂鬱藥物安全性比較高，一般很少有副作用，不必過於擔心。

帕金森氏症，不只是手抖

王振福

中國人民解放軍總醫院
神經內科主任醫師、教授

中老年人中，有一種疾病的患病人數，每年都有上升的趨勢，同時大家對它的瞭解並不多，有些人甚至根本不知道這種病的存在，它就是「帕金森氏症」。因為帕金森氏症患者多為老年人，初期症狀又不明顯，有時比較難發現，所以更需要我們進一步來認識。

帕金森氏症的表現

帕金森氏症往往是慢性發病，患者可能不知道具體哪一天開始，但得病之後就逐漸進展。經常是從一側肢體發病，常見的表現，一是肢體抖動，二是活動慢、活動少、活動困難，三是肢體的肌肉僵硬。

帕金森氏症從姿勢上看也比較明顯，特別是到中晚期，通常是佝僂著腰，軀幹向前，走路出現障礙，一旦走起來，就是小碎步，叫作「慌張步態」。想要停下來或者想轉彎也很困難，坐下之後，再站起來，可能要嘗試兩三次，這個叫作「起立困難」。到晚期會出現平衡障礙，平衡調節不好，就容易摔跤。

從表情上來看，也會發現表情比較少，眨眼次數也比較少，呈現面具臉，就像戴著面具一樣沒有表情。

晚期有少部分患者還會出現記憶力、智力方面的問題，叫作「帕金森氏症合併痴呆」。另外，還可能會有肩膀疼痛。

發現早期的疾病信號

帕金森氏症雖然發病較慢，但也可以透過一些信號反映出來，生活中要多加留心，中老年人，如果手腳靜止不動的時候，出現不由自主的抖動現象，有可能就是帕金森氏症。

如果近期活動變慢、變少，也需要關注，這個最容易被忽略，因為年齡大了，活動慢往往被認為是正常現象，其實很可能就是疾病的徵兆。

還有一些表現也不容忽視，比如便祕、情緒憂鬱、焦慮、容易發脾氣、做事情不能聚精會神、聞不到飯菜的味道、夜裡睡覺斷斷續續、白天容易打瞌睡等等，出現這些情況，患帕金森氏症的可能性就會高一些。

另外還要關注的是這個疾病早期容易漏診，因為早期單側有症狀，並且比較輕的時候，就容易被誤診為腦血管疾病，有時也容易被歸結為頸椎病。所以發現症狀之後千萬不要大意，尤其是年齡較長者，要想到有帕金森氏症的可能。

 手抖不一定是帕金森氏症

有些人對帕金森氏症有一定的瞭解，一旦覺得自己手抖動，就懷疑是得了帕金森氏症。其實中老年人有手抖，不一定是得了帕金森氏症。

帕金森氏症的手抖特點是靜止性的，比如放在腿上不動的時候，會出現抖動，我們叫作「靜止性顫抖」，而當手活動起來之後，這種顫抖就會減輕或者消失。有一種疾病，也是中老年人比較常見的，叫作「單純性顫抖」，如果年齡大了，就叫作「老年性顫抖」，如果父母或者子女也有同樣的表現，那麼就叫作「家族性顫抖」。它的抖動特點是在放鬆情況下不抖，動起來的時候就會抖，比如日常生活中，拿筷子夾花生就會抖得很厲害，放下不動的時候又不抖了。而且這種抖，發病經常是雙手同時，也比較常見於頭的抖動。帕金森氏症，往往是由一側發病。

當然還有一些情況，比如生氣的時候或緊張的時候，很多人也會發抖，那就根本不是疾病了。

 傷害危及生命

帕金森氏症到了晚期，對健康的影響相當大，甚至會威脅生命。因為帕金森氏症患者胳膊腿活動是緩慢的，嚴重的甚至不能動，吞嚥、咳嗽、排痰等功能也會迅速下降。身體整個和運動有關的功能都面臨退化。

患者在飲水或進食的時候，容易造成誤吸，誤吸之後，正常人可以通過咳嗽反射把異物咳出來，但是帕金森氏症患者的這種功能減退，容易發生吸入性肺炎。帕金森氏症本身不會影響壽命，但晚期這種吸入性肺炎確實很可能會危及生命。

 發病的原因

現在雖然還沒有找到帕金森氏症的明確病因，但是有幾個方面的因素是需要考慮或注意的。

一是年齡，年齡越大越容易得帕金森氏症。二是遺傳，與基因有關。三是與環境有關係，環境中有一些物質，比如農藥、殺蟲劑、重金屬錳，接觸多了，也容易造成帕金森氏症。因為我們的腦中有一個叫作「中腦」的部位，有一團黑色的細胞，叫「黑質細胞」，它會產生多巴胺，多巴胺可以控制活動，而帕金森氏症就是因為黑質細胞減少，影響了多巴胺的產生，所以才發病，人體只要接觸過多農藥等有毒物質就會殺死這些細胞。

治療用藥要逐漸增加

帕金森氏症是神經科變性病中治療效果最好的疾病。通過合理的科學治療，患者可以完全恢復到正常的活動狀態，過正常的生活，壽命也完全不受影響。

在得病早期，症狀很輕的時候，短期內可以不進行藥物治療，通過強化活動，或者服用營養神經的藥物，比如維他命 E、輔 Q10、單胺氧化 B 的抑制藥等，改善早期症狀，但藥量一定要小。

帕金森氏症用藥很講究方法，開始時應該小量，然後逐漸增加用量，才能達到比較滿意的效果。

帕金森氏症除了首選的藥物治療，還有手術治療。不論哪一種治療方法，貫穿始終的還是活動康復，所以關鍵在於持續功能訓練，說到底還是要靠自己去恢復。所以從開始得病，就要持續努力去活動。當然，活動中一定要注意安全，千萬不要摔倒、碰傷。

避免幾個誤解

對於帕金森氏症的治療，有幾個普遍存在的誤解需要加以注意。

第一種是不用藥，怕有副作用。其實一味地強調副作用，拖延治療，很可能就錯過了最佳治療期，後面再治療，效果就不會這麼好了。所以還是應該在適當的時機，用合適的藥來進行治療。不要走極端。

與上面情況相反，還有一部分患者喜歡亂吃藥，大量吃藥，不聽醫生的囑咐。帕金森氏症藥物治療效果很好，有的患者，吃了半片藥，感覺改善很明顯，於是自己又加了 1/4，又有改善，就加到一片。這種方法是不對的，因為帕金森氏症是慢性病，需要長期用藥，用藥不僅要考慮當前治療的利，還要考慮將來的弊，所以必須控制在一個合適的量，而不是一味地追求短期效果。有的患者吃藥怕麻煩，於是就減少次數，集中起來一起吃，這也是不對的。

　　還有一種普遍存在的情況就是相信虛假的廣告，說花多少錢就能夠治癒。其實帕金森氏症沒有什麼一用就可以治癒的靈丹妙藥，只能用合適的藥物進行很好的控制，改善症狀，使活動自如，工作生活完全正常，所以千萬不要相信這樣的廣告。

護理保健

　　帕金森氏症患者最好穿寬鬆的純棉衣，不要有很多小鈕扣，可以用拉鏈或者魔鬼氈代替鈕扣，而鞋子要舒適、平底防滑的。

　　飲食方面，因為帕金森氏症患者經常會便祕，所以應該多吃富含纖維素或有潤腸作用的食物。帕金森氏症患者能量消耗大，胃腸吸收也會差一些，所以還要加強營養，多食用牛奶等含蛋白質多的食物。

　　飲食方面需要特別注意的是，飲食當中的蛋白質會影響抗帕金森氏症的藥物的療效，比如美道普錠，所以服用美道普錠時應與飲食錯開。飯前一小時吃藥最好，等到吃飯的時候吞嚥就會很痛快，活動也舒暢。

　　起居方面，地面要防滑，沙發和床都稍微高一點，床頭燈開關要很方便，所有家具要盡量少稜角。活動時要格外注意安全。屋裡燈光要稍微亮一些，避免狹窄的走道，走道要盡可能裝上扶手。

　　精神方面的支持也很重要，家人或陪伴者要瞭解這個疾病的相關知識，才能在精神上和生活方面給予更好的支持。

專家 Q & A

Q 年輕人會得帕金森氏症嗎？

A 　帕金森氏症絕大部分見於中老年人，但有 5 ～ 10% 可能來自遺傳，遺傳的少部分患者就會是年齡比較小的。有一些不是遺傳的帕金森患者，年齡可以是二三十歲，但是很少。這種我們叫作「青少年型帕金森氏症」。當然年輕人出現帕金森氏症症狀不一定就是帕金森氏症，需要做一系列的相關檢查來診斷。

Q 帕金森氏症候群和帕金森氏症是同一回事嗎？

A 不是，帕金森氏症是帕金森氏症候群的一種，帕金森氏症候群還包括另外三種，一種是續發性帕金森氏症候群，指外傷、中毒、藥物、腦血管病、腫瘤、腦炎等原因造成的帕金森氏症候群，一種是遺傳變性型帕金森氏症候群，還有一種是帕金森疊加症候群，其症狀類似帕金森氏症，但症狀和病變的範圍都要比帕金森氏症廣。

Q 抗帕金森氏症的藥物有什麼副作用？如何避免？

A 抗帕金森氏症的藥物可能有一些副作用，主要是消化道方面的症狀，比如有一些刺激症狀、噁心、胃部不適等，另外還有頭暈的症狀，有的藥物可能對血壓有一些影響，使血壓降低。這些主要是吃藥初期的反應。長期吃藥後，會有一種運動併發症，它是一種你控制不住、不自主的多動。

為了避免副作用發生，剛開始服藥的劑量要小，再逐漸加量，在加藥的過程中，要注意血壓，特別是老年人，同時服用降壓藥者，降壓藥就要減一點，在加藥過程當中也不要開車。

多汗症，與交感神經有關

朱彥君

中國人民解放軍空軍總醫院
胸外科主任醫師

出汗是我們身體的一種代謝功能，能幫助身體排出代謝產生的廢物，還能調節體溫，使體溫處於恆定狀態，對身體有一定的保護作用。多運動多出汗，對健康來說也有益處，但是如果出汗量過大，甚至不運動就汗出不止，那就屬於異常狀況，不僅會給我們的生活帶來影響，甚至還潛伏著某些重大疾病。多汗嚴重的，往往需要手術才能解決。

多汗症有兩種

天氣熱、運動都會出汗，這叫「生理性出汗」。但有些是病理性出汗，病理性出汗又分「原發性多汗」和「續發性多汗」。

一種是從小就多汗，隨著年齡的增長，也沒有什麼改善，其中遺傳因素占12 ～ 20%。這種由於交感神經興奮，或者遺傳因素引起的，具體原因不明，叫作「原發性多汗」，可以通過交感神經鏈的切斷來治療。

還有一種是由於某些疾病或者器官障礙引起的多汗，比如甲狀腺機能亢進與結核這些疾病都會引起多汗。

結核引起的多汗，一般多是盜汗，就是白天不出汗，晚上一睡覺，一閉眼睛就出汗了，或者睡覺的時候沒有汗，睡醒後就是一身汗。這主要是由結核菌素所引起，或一些毒素刺激交感神經，使汗腺過度分泌。

甲狀腺激素是促進代謝的，甲狀腺機能亢進患者吃得很多，反而會消瘦，因為身體處於高代謝狀態，心率會加快，出汗就會增多。

此外女性到了更年期，一般是 45 歲以後，也會出現多汗，而且會出現臉潮紅，這是更年期體內雌激素水平變化所引起。

這些多汗都是續發性多汗，要治療多汗就要治療原發病，比如治療甲狀腺機能亢進、結核，更年期則要調整激素、補充激素。

多汗症的表現

普通的出汗過多發生在大量運動之後，而多汗症的出汗多是在稍微運動或者沒有運動的時候就大量出汗。所以區別很明顯。

多汗症分為「全身性多汗」和「局部性多汗」兩種。全身性多汗者皮膚表面常是濕潤的，而且有陣發性的出汗。局部性多汗常見於手掌、足跖、腋下，其次為鼻尖、前額、陰部等，多在青少年時發病，還常常伴有手足皮膚濕冷、青紫或蒼白、易生凍瘡等。

足部多汗者還會因為水汽散發不暢，常常使足底表皮浸漬發白。陰部多汗時，易發生擦爛紅斑，伴發毛囊炎等。腋部出汗常有汗水從腋窩往下滴淌，衣服常會被汗水浸濕，當有細菌侵入感染，腋下不僅可發出難聞的氣味，還可併發皮膚炎症等。

手掌出汗太多的人，常常不敢和別人握手，甚至寫字時也會因手上的汗水過多而弄汙紙張。

多汗帶來無窮煩惱

原發性多汗症，雖然對健康影響不大，但帶來的問題卻是無窮。最大的問題是心理問題，有的人性格很開朗，但是他不敢交友，甚至不敢握手，因為害怕自己的汗液帶有某些細菌會傳給別人，於是產生一種自卑心理，漸漸就不敢再接觸外界了，這樣就會造成一種惡性循環。

其次是對工作和社會交往有很大的影響，比如按指紋會按不上，從小到大，考試卷、作業本總是濕的，電腦鍵盤需要頻繁更換，講話時總是不停地擦汗，給人一種沒自信的感覺。

汗的顏色提示疾病

人體出汗是一種排泄，身體的一些疾病往往也能通過排汗顯現出來。正常人沒有任何疾病的話，我們的汗液會含有一點鹽的成分，大概占 1 ～ 2%，其他的都是水分，有時候我們發現浸過汗水的衣服上會有白漬，就是汗液中的鹽結晶。

如果出現黃汗、綠汗、血汗等，就要注意了，這些都是疾病狀態。比如患有尿毒症的人，他的汗液裡所含尿素就會很多，尿素多了就會形成黃汗；再如膽道系統出了問題，比如膽紅素代謝有問題，就會出現綠汗，甚至有的時候汗液發紅，出現血汗。所以發現出汗異常，就要有所警惕。

多汗症要看心胸外科

一般大家覺得出汗應當是皮膚問題，有問題需要看皮膚科，其實多汗症並不是皮膚的問題，而是與胸部有關，因為控制我們出汗的「開關」——交感神經，實際上就在我們胸腔裡，所以多汗症應該是胸外科的事。

嚴重多汗也需要手術

治療多汗症，需要根據原因來治，如果是續發性多汗，也就是由於疾病引起的多汗，首先要治療原發病，有甲狀腺機能亢進治甲狀腺機能亢進，有結核治結核，更年期則需要調整激素。對於原發性多汗，根據情況可能要做胸外科手術，吃藥一般發揮不了作用，或者說不能發揮長久的作用，而且還會有副作用。因為控制出汗就要抑制神經，抑制神經的藥會造成口乾，外用藥如遮蓋霜、止汗露等，都含有重金屬鋁，其實並不能抑制汗腺，只是發揮遮蓋作用，汗出不來，很容易造成皮膚炎，就像長痱子，其實就是汗孔不通暢，汗腺被堵塞形成的皮疹。

雖然是在胸部做手術，但也不必害怕，由於微創技術的發展，尤其胸腔鏡的發展，我們現在已經可以不用開刀，只是在胸部打一個洞，就可以做多汗症手術。

微創手術相對來講是比較安全的，但是並不一定能澈底解決問題，有時可能會出現轉移性多汗，比如手不出汗，但前胸後背又出汗了，這也叫作「代償性出汗」。人總需要出汗，手術也不能把所有的汗腺「閘門」都關了，所以手術治療只是把最苦惱的問題解決了。

至於什麼情況需要手術，要根據嚴重情況、職業需求、心理要求來決定。比如中度出汗，手總是溼溼的，對生活工作影響不大，就不需要手術；重度的，出汗就跟水流一樣，那就要做手術，因為出汗太快、太多會造成脫水，嚴重脫水會對身體帶來極大的危害。

專家 Q & A

Q 平時一劇烈活動就容易出汗，是不是多汗症？

A 不是，這種情況屬於正常，我們活動以後，代謝率增加就會出汗，這是正常，但是出汗有個體差異，有的人活動量很大才出汗，有的人一活動就出汗，稍微活動多一點就出汗，都是一個正常的生理反應。但是如果稍微一動就出汗，就要看一看是不是中醫上講的「虛的問題」。

Q 出汗多是不是腎虛，和體弱是不是有關係？

A 腎虛、體虛也都會引起出汗，但是多汗並不都是因為虛，身體的某些疾病也是多汗的主要原因。出汗存在個體差異，到底是虛的問題、疾病的問題，還是先天的問題，需要診斷才能明確。

Q 腋下老是出汗，是不是就是多汗症？

A 我們身體上出汗發生的部位不一樣，命名不一樣，比如頭出汗的叫「頭汗症」，腋窩出汗的叫「腋汗症」。我們的汗腺分小汗腺和大汗腺，平常的皮膚上，或者四肢皮膚上，軀幹皮膚上，分布的都是小汗腺，在腋下、會陰部分布的是大汗腺，大汗腺分泌的汗液中，氯化鈉、尿素、脂肪酸會多一點，汗液分泌多以後，會造成棒狀桿菌感染，腋汗經常會有味道就是這個原因。一般情況下，腋汗會較其他地方多一些，但是如果過多，也叫「多汗症」，或者「腋汗症」。

附錄

專家所在醫院位址、聯繫電話、官方網址

空軍總醫院
醫院地址：北京市海澱區阜成路 30 號（西釣魚臺）
醫院電話：010-68410099（總機）
　　　　　68437770
就醫諮詢：010-66928200
醫院網址：www.kj-hospital.com

中國中醫科學院廣安門醫院
醫院地址：北京市西城區北線閣 5 號
醫院電話：010-83123311
醫院網址：www.gamhosiptal.al.cn

首都醫科大學附屬北京同仁醫院
醫院地址：北京市東城區東交民巷 1 號
醫院電話：010-58266699
醫院網址：www.trhos.com

首都醫科大學附屬北京中醫醫院
醫院地址：北京市東城區美術館後街 23 號
醫院電話：010-52176677
醫院網址：www.bjzhongyi.com

北京回龍觀醫院
醫院地址：北京市昌平區回龍觀
醫院電話：010-62715511（總機）
　　　　　62715511-6383（門診）
醫院網址：www.bhlgh.com

中國人民解放軍總醫院（301 醫院）
醫院地址：北京市海澱區復興路 28 號
醫院網址：www.301hospital.com.cn
　　　　　www.plagh.com.cn

首都醫科大學附屬北京朝陽醫院
醫院地址：院本部：朝陽區工體南路 8 號
醫院網址：www.bjcyh.com.cn

中國醫學科學院腫瘤醫院
醫院地址：北京市朝陽區潘家園南裡 17 號
醫院電話：010-67781331
醫院網址：www.cicams.ac.cn

首都醫科大學附屬北京兒童醫院
醫院地址：北京市西城區南禮士路 56 號
醫院電話：010-59616161
醫院網址：www.bch.com.cn

首都醫科大學附屬北京安貞醫院
醫院地址：北京市朝陽區安貞路 2 號
醫院電話：010-64412431
門診諮詢：64456637
醫院網址：www.anzhen.org

中國醫學科學院阜外心血管病醫院
醫院地址：北京市西城區北禮士路 167 號
醫院總機：010-88398866、68314466
諮詢電話：88398700
醫院網址：www.fuwaihospital.org
　　　　　www.fuwai.com

北京中醫藥大學東直門醫院
醫院地址：北京市東城區海運倉 5 號（本部）
　　　　　北京市通州區翠屏西路 116 號（東區）
聯繫電話：010-80816655（總）
　　　　　010-69542682（辦）
醫院電話：010-8401327684013151
醫院網址：www.dzmhospital.com

中國人民解放軍第三○二醫院
醫院地址：北京市豐台區西四環中路 100 號
醫院電話：4006111302
醫院網址：www.302hospital.com

北京市肛腸醫院（北京市二龍路醫院）
醫院地址：北京市西城區下崗胡同 1 號
醫院電話：010-66014447
醫院網址：www.ellhospital.com

北京積水潭醫院
醫院地址：北京市西城區新街口東街 31 號
醫院電話：010-58516688
醫院網址：www.jst-hosp.com.cn

北京世紀壇醫院
醫院地址：北京市海澱區羊坊店鐵醫路 10 號
醫院電話：010-63925588（總機）
　　　　　63926624（總值班室）
　　　　　63926251（急診）
醫院網址：www.bjgrh.com.cn

北京協和醫院
醫院地址：北京市東城區帥府園 1 號（東院）
　　　　　北京市西城區大木倉胡同 41 號（西院）
醫院電話：010-6915611469155564
醫院網址：www.pumch.ac.cn

首都醫科大學附屬北京婦產醫院
醫院地址：朝陽區姚家園路 251 號（東院），
　　　　　東城區騎河樓街 17 號（西院）
醫院電話：010-52276666（東院）
　　　　　010-52277666（西院）
醫院網址：www.bjogh.com.cn

以上資訊均摘自各醫院官網

京城 百大名醫詳解十三類常見疾病

作　　者：《健康早班車》創作組

發 行 人：林敬彬

主　　編：楊安瑜

責任編輯：黃谷光

內頁編排：吳海妘

封面設計：張育鈴

編輯協力：陳于雯、曾國堯

出　　版：大都會文化事業有限公司

發　　行：大都會文化事業有限公司

　　　　　11051台北市信義區基隆路一段432號4樓之9

　　　　　讀者服務專線：（02）27235216

　　　　　讀者服務傳真：（02）27235220

　　　　　電子郵件信箱：metro@ms21.hinet.net

　　　　　網　　　　址：www.metrobook.com.tw

郵政劃撥：14050529 大都會文化事業有限公司

出版日期：2015年04月 初版一刷

定　　價：350元

I S B N：978-986-5719-48-7

書　　號：Health⁺71

Chinese (complex) copyright © 2015 by Metropolitan Culture Enterprise Co., Ltd.
4F-9, Double Hero Bldg., 432, Keelung Rd., Sec. 1, Taipei 11051, Taiwan
Tel:+886-2-2723-5216　Fax:+886-2-2723-5220

Web-site:www.metrobook.com.tw
E-mail:metro@ms21.hinet.net

國家圖書館出版品預行編目（CIP）資料

京城百大名醫詳解 13 類常見疾病 /《健康早班車》創作組
編著 . -- 初版 . -- 臺北市：大都會文化 , 2015.04
336 面；23x17 公分 . --
ISBN 978-986-5719-48-7（平裝）

1. 家庭醫學 2. 保健常識
429　　　　　　　　　　　　　　　　104004004